应用型本科 机械类专业"十三五"规划教材

机 电 一 体 化 导 论

主　编　封士彩　　王长全

副主编　王建平　　周连佺

参　编　徐　勇　　陈梅干

主　审　郭兰中

U0208495

西安电子科技大学出版社

内 容 简 介

本书结合"工业 4.0"及"中国制造 2025",详细介绍了机电一体化的基本概念、基础理论和关键技术,阐述了机电一体化系统典型部件、重要构成要素及其相互之间的关系,并着重讲述了机电一体化涵盖的各项技术内容与知识体系。全书共分 11 章,内容包括:绪论、机电一体化产品的组成、机电一体化产品的控制策略、液压气动及其控制技术、计算机接口及控制技术、数控技术、机器人技术、机电一体化产品的检测技术、机电一体化设备故障诊断技术、微机电系统技术、典型机电一体化技术应用的实例分析。各章内容均按突出基础性、创新性、实用性和前沿性的思路编写,力求帮助读者建立机电一体化技术的知识结构,开阔视野,并为后续机电一体化技术的学习、设计、开发和应用奠定前期基础。

本书内容翔实、图文并茂,以通俗易懂的语言讲述机电一体化相关技术知识,将前沿科研成果和发展动态融入教材之中;可作为机械工程及自动化、机械电子工程、电气工程及自动化等机电类专业本科生、专科生的普及性入门教材,也可供机电一体化技术的初学者和希望快速了解机电一体化技术全貌的工程技术人员参考。

本书提供教学课件和测试试卷,读者可扫描书中二维码获取或登录我社官网下载。

图书在版编目(CIP)数据

机电一体化导论/封士彩,王长全主编. —西安:西安电子科技大学出版社,2017.12
应用型本科机械类专业"十三五"规划教材
ISBN 978 - 7 - 5606 - 4805 - 7

Ⅰ.① 机… Ⅱ.① 封… ② 王… Ⅲ.① 机电一体化 Ⅳ.① TH - 39

中国版本图书馆 CIP 数据核字(2018)第 002612 号

策 划	高 樱
责任编辑	李清妍 阎 彬
出版发行	西安电子科技大学出版社(西安市太白南路 2 号)
电 话	(029)88242885 88201467 邮 编 710071
网 址	www.xduph.com 电子邮箱 xdupfxb001@163.com
经 销	新华书店
印刷单位	陕西利达印务有限责任公司
版 次	2017 年 12 月第 1 版 2017 年 12 月第 1 次印刷
开 本	787 毫米×1092 毫米 1/16 印张 15
字 数	350 千字
印 数	1~3000 册
定 价	34.00 元

ISBN 978 - 7 - 5606 - 4805 - 7/TH

XDUP 5107001 - 1

* * * 如有印装问题可调换 * * *

应用型本科 机械类专业规划教材
编审专家委员名单

主　任：张　杰（南京工程学院 机械工程学院 院长/教授）

副主任：杨龙兴（江苏理工学院 机械工程学院 院长/教授）

　　　　张晓东（皖西学院 机电学院 院长/教授）

　　　　陈　南（三江学院 机械学院 院长/教授）

　　　　花国然（南通大学 机械工程学院 副院长/教授）

　　　　杨　莉（常熟理工学院 机械工程学院 副院长/教授）

成　员：（按姓氏拼音排列）

　　　　陈劲松（淮海工学院 机械学院 副院长/副教授）

　　　　郭兰中（常熟理工学院 机械工程学院 院长/教授）

　　　　高　荣（淮阴工学院 机械工程学院 副院长/教授）

　　　　胡爱萍（常州大学 机械工程学院 副院长/教授）

　　　　刘春节（常州工学院 机电工程学院 副院长/副教授）

　　　　刘　平（上海第二工业大学 机电工程学院 教授）

　　　　茅　健（上海工程技术大学 机械工程学院 副院长/副教授）

　　　　唐友亮（宿迁学院 机电工程系 副主任/副教授）

　　　　王荣林（南理工泰州科技学院 机械工程学院 副院长/副教授）

　　　　王树臣（徐州工程学院 机电工程学院 副院长/教授）

　　　　王书林（南京工程学院 汽车与轨道交通学院 副院长/副教授）

　　　　吴懋亮（上海电力学院 能源与机械工程学院 副院长/副教授）

　　　　吴　雁（上海应用技术学院 机械工程学院 副院长/副教授）

　　　　许德章（安徽工程大学 机械与汽车工程学院 院长/教授）

　　　　许泽银（合肥学院 机械工程系 主任/副教授）

　　　　周　海（盐城工学院 机械工程学院 院长/教授）

　　　　周扩建（金陵科技学院 机电工程学院 副院长/副教授）

　　　　朱龙英（盐城工学院 汽车工程学院 院长/教授）

　　　　朱协彬（安徽工程大学 机械与汽车工程学院 副院长/教授）

前　言

　　"工业 4.0"是指利用物联信息系统将生产中的供应、制造、销售信息数据化、智慧化，最后达到快速、有效、个人化的产品供应，旨在提升制造业的智能化水平，是以智能制造为主导和核心的第四次工业革命。"中国制造 2025"实行五大工程，包括制造业创新中心建设工程、强化基础工程、智能制造工程、绿色制造工程和高端装备创新工程；同时，包括新一代信息技术产业、高档数控机床和机器人、航空航天装备、海洋工程装备及高技术船舶、先进轨道交通装备、节能与新能源汽车、电力装备、农机装备、新材料、生物医药及高性能医疗器械等十个重点领域。其中，机电一体化技术是"工业 4.0"和"中国制造 2025"的重要方面。随着机械技术、微电子技术的飞速发展与应用，机械技术和微电子技术的相互渗透，标志着机电有机结合的机电一体化技术也在迅猛发展。机电一体化是机械工业技术和产品的发展方向，是机械与电子的一体化技术。所谓一体化并不是机械和电子等的简单组合，而是取其所长、有机融合（结合），以实现系统的最佳化。

　　机电一体化技术是现代工业的基础，是从系统的观点出发，用机械技术与微机控制技术构造最佳一体化系统的现代化高新技术，具有节省能源、节省材料、多功能、高性能和高可靠性等特点，从而实现系统或产品的短小轻薄和智能化，实现运用机械、电子、液压、气动、信息等方面的知识和技术来解决生产过程中的技术问题，提高产品性能及自动化程度，是高等学校机械工程各专业的莘莘学子急需掌握的技术。

　　根据新一轮应用型本科人才培养方案的要求，针对本科学生在大学一二年级全部学习基础课的状况，本课程安排在大学一二年级教学，旨在培养学生的专业兴趣，了解本专业需要学习的内容，合理利用大学学习时间，开发学生的学习潜力，确定自身的专业学习方向和研究目标，对以后专业课学习及就业或深造具有极大的帮助和启发，有利于克服大学一二年级盲目学习及三四年级紧张学习的状况。本书是提高教学质量的有益尝试。

　　在本书的内容编排上，编者按"机电一体化导论"课程教学大纲编写，全书共分 11 章，包括：绪论、机电一体化产品的组成、机电一体化产品的控制策略、液压气动及其控制技术、计算机接口及控制技术、数控技术、机器人技术、机电一体化产品的检测技术、机电一体化设备故障诊断技术、微机电系统技术、典型机电一体化技术应用的实例分析等。各章内容均遵循突出基础性、创新性、实用性和前沿性的编写原则，并提供多媒体课件，附录提供机电一体化技术主要相关课程简介。

　　全书由常熟理工学院封士彩教授、北京劳动保障职业学院王长全教授担任主编，由常熟理工学院王建平老师、江苏师范大学周连倬教授担任副主编，温州职业技术学院徐勇老师、苏州托普信息职业技术学院陈梅干老师参与了编写。其中，第 3 章内容由王长全编写，第 4 章内容由周连倬编写，第 5 章内容由王建平编写，第 6 章内容由徐勇编写，第 7 章内容由陈梅干编写，第 1～2 章、第 8～11 章内容均由封士彩编写。全书由封士彩统稿，由常熟理工学院郭兰中教授主审。在编写过程中我们参阅了多种同类教材、论文、专著及相关网站，得到了各界人士的帮助、指导和支持，同时得到了常熟理工学院新能源智能汽车机电液系统集成与检测技术项目(KYX20160101)、现代机电技术中心项目(KYZ2012088Z)、天银机电项目(KYZ2011025Z)、矿山机械的理论及应用研究项目(KYZ2013005Z)与电梯智能安全实验室的资助，在此一并表示衷心的感谢。

　　限于编者水平，书中的缺点与疏漏在所难免，恳请广大读者批评指正。

编　者

2017 年 11 月

目　录

第 *1* 章 绪 论

【导读】 "德国工业 4.0"和"中国制造 2025"强调加快发展智能制造装备和产品；组织研发具有深度感知、智慧决策、自动执行功能的高档数控机床、工业机器人、增材制造装备等智能制造装备以及智能化生产线；突破新型传感器、智能测量仪表、工业控制系统、伺服电机及驱动器和减速器等智能核心装置；推进工程化和产业化。加快机械、航空、船舶、汽车、轻工、纺织、食品、电子等行业生产设备的智能化改造；提高精准制造、敏捷制造能力；统筹布局和推动智能交通工具、智能工程机械、服务机器人、智能家电、智能照明电器、可穿戴设备等产品的研发和产业化。机电一体化虽然是一个独立的科学门类，但依然和其他学科有着千丝万缕的关系，也和"工业 4.0"及"中国制造 2025"紧密相连，它是其他学科技术优势的整合体，是建立在其他学科技术的基础上发展起来的，因此它可以被系统地分为五元素三核心。其中，五元素主要是指机械本体部分、动力部分、传感部分、驱动及执行部分、控制及信息处理部分，三核心是机械技术、计算机与电子技术及系统技术。如果把机电一体化比作人的身躯，那么，五元素就是四肢五官，三核心则是大脑。机械技术可以优化材料、性能，缩减体积，提高精度；计算机与电子技术可以进行信息交流、储存、判断、决策，而系统技术则是从全局角度出发，将总体分解成相互关联的若干功能单元，正是因为这些技术的共同发展与协作，才使得机电一体化技术不断推陈出新，极大地扩展了机械系统的发展空间，使其向着更高的方向发展。

1.1 机电一体化系统概述

1.1.1 机电一体化概念的产生

20 世纪 80 年代初，世界制造业进入一个发展停滞、缺乏活力的萧条期，几乎被人们视作夕阳产业。20 世纪 90 年代，微电子技术在该领域的广泛应用，为制造业注入了生机。机电一体化产业以其特有的技术带动性、融入性和广泛适用性，逐渐成为高新技术产业中的主导产业，成为 21 世纪经济发展的重要支柱之一。

机电一体化的概念最权威的说法应是 1992 年 6 月出版的《中国大百科全书·电工卷》的解释：是微电子技术向机械工业渗透过程中逐渐形成的一种综合技术，是一门集机械技术、电子技术、信息技术、计算机及软件技术、自动控制技术以及其他技术互相融合而成的多学科交叉的综合技术。以这种技术为手段开发的产品，既不同于传统的机械产品，也不同于普通的电子产品，而是一种新型的机械电子器件，称为机电一体化产品。

机电一体化(Mechatronics)一词，最早出现在 1971 年日本《机械设计》杂志的副刊上，随后在 1976 年由日本 *Mechatronics Design News* 杂志开始使用。"Mechatronics"是由 Mechanics(机械学)的前半部与 Electronics(电子学)的后半部组合而成的"日本造"英语单词。我国通常称为机电一体化或机械电子学，实质上是指机械工程与电子工程的综合集成，应视为机械电子工程学。但是，机电一体化并非是机械技术与电子技术的简单叠加，而是有着自身体系的新型学科。机电一体化与其他学科的关系如图 1.1 所示。随着计算机技术的迅猛发展和广泛应用，机电一体化技术获得前所未有的发展，目前正向光机电一体化技术(Opto-mechatronics)方向发展，其应用范围愈来愈广。

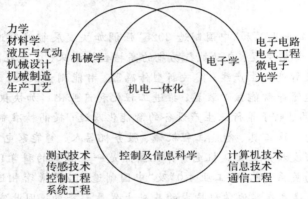

力学
材料学
液压与气动
机械设计
机械制造
生产工艺

机械学

电子学

电子电路
电气工程
微电子
光学

机电一体化

测试技术
传感技术
控制工程
系统工程

控制及信息科学

计算机技术
信息技术
通信工程

图 1.1　机电一体化与其他学科的关系

目前，人们对"机电一体化"的涵义有各种各样的认识，例如"机电一体化是机械工程中采用微电子技术的体现"(渡边茂)；"机电一体化就是利用微电子技术，最大限度地发挥机械能力的一种技术"(日本 1984《机械设计》杂志增刊)；"机电一体化是机械学与电子学有机结合而提供的更为优越的一种技术"(小岛利夫)。总之，由于各自的出发点和着眼点不尽相同，再加上"机电一体化"本身的含义还在随着生产和科学技术的发展不断被赋予新的内容，到目前为止，较为人们所接受的含义是日本"机械振兴协会经济研究所"于 1981 年 3 月提出的解释："机电一体化这个词乃是在机械的主功能、动力功能、信息功能和控制功能上引进微电子技术，并将机械装置与电子装置用相关软件有机结合而构成系统的总称。"随着微电子技术、传感器技术、精密机械技术、自动控制技术以及微型计算机技术、人工智能技术等新技术的发展，以机械为主体的工业产品和民用产品，不断采用诸学科的新技术，在机械化的基础上，正向自动化和智能化方向发展，以机械技术、微电子技术有机结合为主体的机电一体化技术是机械工业发展的必然趋势。

美国也是机电一体化产品开发和应用最早的国家。例如世界上第一台数控机床(1952年)、工业机器人(1962 年)都是由美国研制成功的。美国机械工程师协会(ASME)的一个专家组，于 1984 年在给美国国家科学基金会的报告中，提出了"现代机械系统"的定义："由计算机信息网络协调与控制的、用于完成包括机械力、运动和能量等动力学任务的机械和机电部件相互联系的系统。"这一含义实质上是指多个计算机控制和协调的高级机电一体化产品。

1981 年，德国工程师协会、德国电气工程技术人员协会及其共同组成的精密工程技术专家组的《关于大学精密工程技术专业的建议书》中，将精密工程技术定义为光、机、电一体化的综合技术，它包括机械(含液压、气动及微机械)、电工与电子技术、光学及其不同技术的组合(电工与电子机械、光电子技术与光学机械)，其核心为精密工程技术。促进了精密工程技术中各学科的相互渗透，这一观点是培养机电一体化复合人才的关键。

"机电一体化技术与系统"具有"技术"与"系统"两方面的内容。机电一体化技术主要是指其技术原理和使机电一体化系统(或产品)得以实现、使用和发展的技术。机电一体化系统主要是指机械系统和微电子系统有机结合，从而赋予新的功能和性能的新一代产品。机电一体化的共性包括检测传感技术、信息处理技术、计算机技术、电力电子技术、自动控制技术、伺服传动技术、精密机械技术以及系统总体技术等。各组成部分(即要素)的性能越好，功能越强，并且各组成部分之间配合越协调，产品的性能和功能就越好。这就要求将上述多种技术有机地结合起来，也就是人们所说的融合。只有实现多种技术的有机结合，才能实现整体最佳，这样的产品才能称得上是机电一体化产品。如果仅用微型计算机简单取代原来的控制器，则不能称为机电一体化产品。

机电一体化技术是一个不断发展的过程，是一个从自发状况向自为方向发展的过程。早在"机电一体化"这一概念出现之前，世界各国从事机械总体设计、控制功能设计和生产加工的科技工作者，已为机械与电子的有机结合做了许多工作，如电子工业领域通信电台的自动调谐系统、计算机外围设备和雷达伺服系统。目前人们已经开始认识到机电一体化并不是机械技术、微电子技术以及其他新技术的简单组合、拼凑，而是它们的有机地相互结合或融合，是有其客观规律的。简言之，机电一体化这一新兴交叉学科有其技术基础、设计理论和研究方法，只有对其有了充分理解，才能正确地进行机电一体化工作。

随着以 IC、LSI、VLSI 等为代表的微电子技术的惊人发展，计算机本身也发生了根本变革。以微型计算机为代表的微电子技术逐步向机械领域渗透，并与机械技术有机地结合，为机械增添了"头脑"，增加了新的功能和性能，从而进入以机电有机结合为特征的机电一体化时代。曾以机械为主的产品，如机床、汽车、缝纫机、打字机等，由于应用了微型计算机等微电子技术，使它们都提高了性能并增添了"头脑"。这种将微型计算机等微电子技术用于机械并给机械以智能的技术革新潮流可称为"机电一体化技术革命"。这一革命使得机械闹钟、机械照相机及胶卷等产品遭到淘汰。又如，以往的化油器车辆，其发动机供油是靠活塞下行后形成的真空吸力来完成的，并且节气门开度越大，进气支管的压力越大，发动机转速越高，化油器供油量也就越多。而现在的电子燃油喷射车辆，则已将上述机械动作转变为传感器的信号(如节气门开度用节气门位置传感器来测量，进气支管压力用绝对压力传感器来测量)，当这些信号送到发动机控制计算机后，经过计算机的分析、比较和处理，能够计算出精确的喷油脉宽，控制喷油嘴开启时间的长短，从而控制喷油量的多少。将以往的机械供油转为电控，这样不仅有效地发挥了燃油的经济性和动力性，又使尾气排放降到了最低，这就是机电一体化——由传感器来测量机械的动作，并转变为电信号送至计算机，再由计算机作出决策，控制某些执行元件动作。

机电一体化的目的是使系统（产品）功能增强、效率提高、可靠性增强，节省材料和能源，并使产品结构向轻、薄、短、小巧化方向发展，不断满足人们生活的多样化需求和生产的省时省力、自动化需求。因此，机电一体化的研究方法应该是改变过去那种拼拼凑凑的"混合"式设计法，从系统的角度出发，采用现代设计分析方法，充分发挥边缘学科技术的优势。

由于机电一体化技术对现代工业和技术的发展具有巨大的推动力，因此世界各国均将其作为工业技术发展的重要战略之一。从20世纪70年代起，在发达国家兴起了机电一体化热潮。20世纪90年代，中国也把机电一体化技术列为重点发展的十大高新技术产业之一。

机电一体化技术在制造业的应用从一般的数控机床、加工中心和机械手发展到智能机器人、柔性制造系统（FMS）、无人生产车间和将设计、制造、销售、管理集于一体的计算机集成制造系统（CIMS）。机电一体化产品涉及工业生产、科学研究、人民生活、医疗卫生等各个领域，如集成电路自动生产线、激光切割设备、印刷设备、家用电器、汽车电子化、电梯、微型机械、飞机、雷达、医学仪器、环境监测等。

机电一体化技术是其他高新技术发展的基础，机电一体化的发展依赖于其他相关技术的发展。可以预料，随着信息技术、材料技术、生物技术等新兴学科的高速发展，在数控机床、机器人、微型机械、航空航天装备、海洋工程装备及高技术船舶、先进轨道交通装备、节能与新能源汽车、电力装备、农机装备家用智能设备、医疗设备、现代制造系统等产品及领域，机电一体化技术将得到更加蓬勃的发展。

1.1.2　机电一体化系统的组成

传统的机械产品一般由动力源、传动机构和工作机构等组成。机电一体化系统是在传统机械产品的基础上发展起来的，是机械与电子、信息技术结合的产物，它除了包含传统机械产品的组成部分以外，还含有与电子技术和信息技术相关的组成要素。一个典型的机电一体化系统应包含以下几个基本要素：机械本体、动力与驱动单元、执行机构单元、传感与检测单元、控制及信息处理单元、系统接口等部分。这些部分可以归纳为：结构组成要素、动力组成要素、运动组成要素、感知组成要素、智能组成要素；这些组成要素内部及其之间，形成通过接口耦合来实现运动传递、信息控制、能量转换等有机融合的一个完整系统。机电一体化系统的组成如图1.2所示。

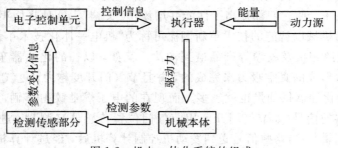

图 1.2　机电一体化系统的组成

1. 机械本体

所有的机电一体化系统都含有机械部分，它是机电一体化系统的基础，起着支撑系统中其他功能单元、传递运动和动力的作用。机电一体化系统的机械本体包括机械传动装置和机械结构装置，机械子系统的主要功能是使构造系统的各子系统、零部件按照一定的空间和时间关系安置在一定的位置上，并保持特定的关系。为了充分发挥机电一体化的优点，必须使机械本体部分具有高精度、轻量化和高可靠性。过去的机械均以钢铁为基础材料，要实现机械本体的高性能，除了采用钢铁材料以外，还必须采用复合材料或非金属材料。因此，要求机械传动装置有高刚度、低惯量、较高的谐振频率和适当的阻尼性能，并对机械系统的结构形式、制造材料、零件形状等方面提出相应的要求。机械结构是机电一体化系统的机体，各组成要素均以机体为骨架进行合理布局，有机结合成一个整体，这不仅是系统内部结构的设计问题，也包括外部造型的设计问题。这就要求机电一体化系统整体布局合理，技术性能得到提高，功能得到增强，使用、操作方便，造型美观，色调协调，具有高效、多功能、可靠和节能、小型、轻量、美观的特点。

2. 动力与驱动单元

动力单元是机电一体化产品能量供应部分，其作用是按照系统控制要求，为系统提供能量和动力，使系统正常运行。提供能量的方式包括电能、气能和液压能，其中电能为主要供能方式。除了要求可靠性好以外，机电一体化产品还要求动力源的效率高，即用尽可能小的动力输入获得尽可能大的功能输出，这是机电一体化产品的显著特征之一。驱动单元是在控制信息的作用下，驱动各执行机构完成各种动作和功能的。

3. 传感与检测单元

传感与检测单元的功能就是对系统运行中所需要的本身和外界环境的各种参数及状态物理量进行检测，生成相应的可识别信号，并传输到信息处理单元，经过分析、处理后产生相应的控制信息。这一功能一般由专门的传感器及转换电路完成，主要包括各种传感器及其信号检测电路，其作用就是监测机电一体化系统工作过程中本身和外界环境有关参量的变化，并将信息传递给电子控制单元，电子控制单元根据检测到的信息向执行器发出相应的控制指令。机电一体化系统的要求：传感器精度、灵敏度、响应速度和信噪比高；漂移小，稳定性高；可靠性好；不易受被测对象特征(如电阻、磁导率等)的影响；对抗恶劣环境条件(如油污、高温、泥浆等)的能力强；体积小，重量轻，对整机的适应性好；不受高频干扰和强磁场等外部环境的影响；操作性能好，现场维修处理简单；价格低廉。

4. 执行机构单元

执行机构单元的功能就是根据控制信息和指令驱动机械部件运动从而完成要求动作。执行机构是运动部件，它将输入的各种形式的能量转换为机械能。常用的执行机构可分为两类：一是电气式执行部件，按运动方式的不同又可分为旋转运动元件和直线运动元件，其中旋转运动元件主要指各种电动机；直线运动元件有电磁铁、压电驱动器等。二是气压和液压式执行部件，主要包括液压缸和液压马达等执行元件。根据机电一体化系统的匹配性要求，执行机构需要考虑改善系统的动、静态性能，一方面要求执行器效率高、响应速度快，另一方面要求对水、油、温度、尘埃等外部环境的适应性好，可靠性高。例如提高刚性、减小重量和保持适当的阻尼，应尽量考虑组件化、标准化和系列化，以提高系统的整体可靠性等。由于电工电子技术的高度发展，高性能步进驱动、直流和交流伺服驱动电机已大量应用于机电一体化系统。

5. 控制及信息处理单元

控制及信息处理单元是机电一体化系统的核心部分。其功能就是完成来自各传感器的检测信息的数据采集和外部输入命令的集中、储存、计算、分析、判断、加工、决策。根据信息处理结果，按照一定的程序和节奏发出相应的控制信息或指令，通过输出接口送往执行机构，控制整个系统有目的地运行，并达到预期的信息控制目的。对于智能化程度高的系统，还包含了知识获取、推理及知识自学习等以知识驱动为主的信息控制。控制及信息单元由硬件和软件组成，系统硬件一般由计算机、可编程逻辑控制器（PLC）、数控装置以及逻辑电路、A/D 与 D/A 转换、I/O（输入/输出）接口和计算机外部设备等组成；系统软件为固化在计算机存储器内的信息处理和控制程序，该程序根据系统正常工作的要求而编写。机电一体化系统对控制和信息处理单元的基本要求是提高信息处理速度和可靠性，增强抗干扰能力以及完善系统自诊断功能，实现信息处理智能化和小型、轻量、标准化等。

以上五单元通常称为机电一体化的五大组成要素。在机电一体化系统中这些单元和它们内部各环节之间都遵循接口耦合、运动传递、信息控制、能量转换的原则。机电一体化产品的五个基本组成要素之间并非彼此无关或简单拼凑、叠加在一起，工作中它们各司其职，互相补充、互相协调，共同完成规定的功能，即在机械本体的支持下，由传感器检测产品的运行状态及环境变化，将信息反馈给电子控制单元，电子控制单元对各种信息进行处理，并按要求控制执行器的运动，执行器的能源则由动力部分提供。在结构上，各组成要素通过各种接口及相关软件有机地结合在一起，构成一个内部合理匹配、外部效能最佳的完整产品。

例如，日常使用的全自动照相机就是典型的机电一体化产品，其内部装有测光测距传感器，所测信号由微处理器进行处理，再根据信息处理结果控制微型电动机，并由微型电动机驱动快门、变焦及卷片倒片机构。这样，从测光、测距、调光、调焦、曝光到卷片、倒片、闪光及其他附件的控制都实现了自动化。

又如，汽车上广泛应用的发动机燃油喷射控制系统也是典型的机电一体化系统。分布在发动机上的空气流量计、水温传感器、节气门位置传感器、曲轴位置传感器、进气歧管绝对压力传感器、爆燃传感器、氧传感器等连续不断地检测发动机的工作状况和燃油在燃烧室的燃烧情况，并将信号传给电子控制装置 ECU。ECU 首先根据进气歧管绝对压力传感器或空气流量计的进气量信号及发动机转速信号，计算基本喷油时间，然后再根据发动机的水温、节气门开度等工作参数信号对其进行修正，确定当前工况下的最佳喷油持续时间，从而控制发动机的空燃比。此外，根据发动机的要求，ECU 还具有控制发动机的点火时间、怠速转速、废气再循环率、故障自诊断等功能。

1.1.3 机电一体化系统的相关技术

机电一体化系统是多学科领域技术的综合交叉应用，是技术密集型的系统工程，其主要包括机械技术、传感检测技术、计算机与信息处理技术、自动控制技术、伺服驱动技术和系统总体技术等。现代机电一体化产品甚至还包含了光、声、磁、液压、化学、生物等技术的应用。

1. 机械技术

机械技术是机电一体化的基础。随着高新技术引入机械行业，机械技术面临着挑战和变革。在机电一体化产品中，机械技术(机械设计与机造技术)不再是单一地完成系统间的连接，而是要优化设计系统的结构、重量、体积、刚性和寿命等参数对机电一体化系统的综合影响。机械技术的着眼点在于如何与机电一体化技术相适应，利用其他高新技术来更新概念，实现结构上、材料上、性能上以及功能上的变更，以满足减少重量、缩小体积、提高精度、提高刚度、改善性能和增加功能的要求。

在机电一体化系统制造过程中，经典的机械理论与工艺应借助于计算机辅助技术，同时采用人工智能与专家系统等形成新一代机械制造技术，而原有的机械技术则以知识和技能的形式存在。

2. 传感检测技术

传感与检测装置是系统的感受器官，它与信息系统的输入端相连并将检测到的信息输送到信息处理部分。传感与检测是实现自动控制、自动调节的关键环节，它的功能越强，系统的自动化程度就越高。传感与检测的关键元件是传感器。传感器是将被测量(包括各种物理量、化学量和生物量等)变换成系统可识别的、与被测量有确定对应关系的有用电信号的一种装置。

现代工程技术要求传感器能快速、精确地获取信息，并能经受各种环境的影响。与计算机技术相比，传感器的发展显得迟缓，难以满足机电一体化技术发展的要求。不少机电一体化装置不能达到满意的效果或无法实现预期的设计，关键原因在于没有较好的传感器。传感检测技术研究的内容包括两方面：一是研究如何将各种被测量(物理量、化学量、生物量等)转换为与之成正比的电量；二是研究如何对转换后的电信号进行加工处理，如放大、补偿、标定、变换等。大力开展传感器的研究对于机电一体化技术的发展具有十分重要的意义。

3. 计算机与信息处理技术

信息处理技术包括信息的交换、存取、运算、判断和决策，实现信息处理的工具是计算机。这里，计算机相当于人类的大脑，指挥整个系统的运行。计算机技术包括计算机的软件技术和硬件技术，网络与通信技术，数据技术等。在机电一体化系统中，主要采用工业控制机(包括可编程序控制器、单片机、总线式工业控制机)等微处理器进行信息处理，可方便高效地实现信息交换、存取、运算、判断和决策。

在机电一体化系统中，计算机信息处理部分指挥整个系统的运行。信息处理是否正确、及时，直接影响到系统工作的质量和效率。计算机与信息处理技术已成为促进机电一体化技术发展和变革的最活跃的因素。

4. 自动控制技术

自动控制技术范围很广，机电一体化技术在基本控制理论指导下，对具体控制装置或控制系统进行设计，并对设计后的系统进行仿真和现场调试，最后使研制的系统可靠地投入运行。由于控制对象种类繁多，所以控制技术的内容极其丰富，有开环控制、闭环控制、传递函数、时域分析、频域分析、校正等基本内容，还有高精度位置控制、速度控制、自适应控制、自诊断、校正、补偿、再现、检索等，以满足机电一体化系统控制的稳、准、快要求。由于控制对象种类繁多，因而控制技术的内容极其丰富，例如定值控制、随动控制、自适应控制、预测控制、模糊控制、学习控制等。

随着微型机的广泛应用，自动控制技术越来越多地与计算机控制技术联系在一起，成为机电一体化中十分重要的关键技术，以解决现代控制理论的工程化与实用化以及优化控制模型的建立等问题。

5. 伺服驱动技术

"伺服"（Serve）即"伺候服侍"的意思。伺服驱动技术就是在控制指令的指挥下，控制驱动元件，使机械运动部件按照指令要求进行运动，并保持良好的动态性能。伺服驱动技术包括电动、气动、液压等各种类型的驱动装置，由微型计算机通过接口与传动装置相连接，控制它们的运动，带动工作机械作回转、直线以及其他各种复杂的运动。伺服驱动技术是直接执行操作的技术，伺服系统是实现电信号到机械动作的转换装置或部件，对系统的动态性能、控制质量和功能具有决定性影响。常见的伺服驱动有电液马达、脉冲油缸、步进电机、直流伺服电机和交流伺服电机等。由于变频技术的发展，交流伺服驱动技术取得突破性进展，为机电一体化系统提供了高质量的伺服驱动单元，极大地促进了机电一体化技术的发展。

6. 系统总体技术

系统总体技术是一种从整体目标出发，用系统的观点立于全局角度，将总体分解成相互有机联系的若干单元，并找出能完成各个功能的技术方案，再把功能和技术方案组成方案组进行分析、评价和优选的综合应用技术。系统总体技术解决的是系统的性能优化问题和组成要素之间的有机联系问题，即使各个组成要素的性能和可靠性很好，但如果整个系统不能很好地协调，那么系统也很难正常运行。

接口技术是系统总体技术的关键环节，主要包括电气接口、机械接口和人机接口。其中，电气接口实现系统间的信号联系；机械接口完成机械与机械部件、机械与电气装置的连接；人机接口则提供人与系统间的交互界面。

此外，机电一体化系统还与通信技术、软件技术、可靠性技术、抗干扰技术等密切相关。

1.1.4 机电一体化技术与其他相关技术的区别

机电一体化技术有着自身的显著特点和技术范畴，为了正确理解和运用机电一体化技术，必须认识机电一体化技术与其他技术之间的区别。

1. 机电一体化技术与传统机电技术的区别

传统机电技术的操作控制主要是通过具有电磁特性的各种器件来实现的，如继电器、接触器等，在设计中不考虑或很少考虑它们彼此间的内在联系。机械本体和电气驱动界限分明，整个装置是刚性的，不涉及软件和计算机控制。机电一体化技术以计算机为控制中心，在设计过程中强调机械部件和电器部件间的相互作用和影响，整个装置在计算机控制下具有一定的智能性。机电一体化的本质特性仍然是一个机械系统，其最主要的功能仍然是进行机械能和其他形式能量的转换，利用机械能实现物料搬移或形态变化以及实现信息传递和变换。机电一体化系统与传统机械系统的不同之处是充分利用计算机技术、传感检测技术和可控驱动元件特性，实现机械系统的现代化、自动化、智能化。

2. 机电一体化技术与并行工程的区别

机电一体化技术在设计和制造阶段就将机械技术、微电子技术、计算机技术、控制技术和传感检测技术有机地结合在一起，十分注意机械和其他部件之间的相互作用。而并行工程各种技术的应用相对独立，只在不同技术内部进行设计制造，最后通过简单叠加完成整体装置。

3. 机电一体化技术与自动控制技术的区别

自动控制技术的侧重点是讨论控制原理、控制规律、分析方法和自动系统的构造等。机电一体化技术将自动控制原理及方法作为重要支撑技术，将自控部件作为重要控制部件，应用自控原理和方法，对机电一体化装置进行系统分析和性能测算。机电一体化技术侧重于用微电子技术改变传统的控制方法与方案，采用更适合于被控对象的新方法进行优化设计，而不仅仅是把传统控制改变成计算机控制，它提出的新方法、新方案往往具有"革命性"和创新性。例如，从异步电动机控制机床进给到用计算机控制伺服电机控制机床进给，从机床主轴的反转制动到现代数控机床的主轴准停和主轴进给，从机床内链环的螺纹加工到具有编码器的自动控制与检测的螺纹加工，从汽车工业发动机化油器供油到电子燃油喷射，从纺织工业的有梭织机到喷气、喷水式无梭织机，从纹板笼头控制提花方式到电子计算机提花方式的转变等。

4. 机电一体化技术与计算机应用技术的区别

机电一体化技术只是将计算机作为核心部件应用，目的是提高和改善机电一体化系统的性能。计算机在机电一体化系统中的应用仅仅是计算机应用技术中的一部分，它还可以在办公、管理及图像处理等方面得到广泛应用。机电一体化技术研究的是机电一体化系统，而不是计算机应用本身。

1.1.5　机电一体化技术的特点

机电一体化技术体现在产品、设计、制造以及生产经营管理等方面的特点如下。

（1）简化机械结构，操作方便，提高精度。

在机电一体化产品中，通常采用伺服电机来驱动机械系统，从而缩短甚至取消了机械传动链，这不但简化了机械结构，还减少了由于机械摩擦、磨损、间隙等引起的动态误差。有时也可以用闭环控制来补偿机械系统的误差，以提高系统的精度，实现最佳操作。

（2）易于实现多功能和柔性自动化。

在机电一体化产品中，计算机控制系统，不但取代其他的信息处理和控制装置，而且易于实现自动检测、数据处理、自动调节和控制、自动诊断和保护，还可以自动显示、记录和打印等。此外，计算机硬件和软件结合能实现柔性自动化，并具有较大的灵活性。

（3）产品开发周期缩短、竞争能力增强。

机电一体化产品可以采用专业化生产的、高质量的机电部件，通过综合集成技术来设计和制造，因而不但产品的可靠性高，甚至在使用期限内无需修理，从而缩短了产品开发周期，增强了产品在市场上的竞争能力。

（4）生产方式向高柔性、综合自动化方向发展。

各种机电一体化设备构成的 FMS 和 CIMS，使加工、检测、物流和信息流过程融为一体，形成人少或无人化生产线、车间和工厂。近 20 年，日本有些大公司已采用了所谓"灵活的生产体系"，即根据市场需要，在同一生产线上可分时生产批量小、型号或品种多的"系列产品家族"，如计算机、汽车、摩托车、肥皂和化妆品等系列产品。

（5）促进经营管理体制发生根本性的变化。

由于市场的导向作用，产品的商业寿命日益缩短。为了占领国内、外市场和增强竞争能力，企业必须重视用户信息的收集和分析，迅速作出决策，迫使企业从传统的生产型向以经营为中心的决策管理体系转变，实现生产、经营和管理体系的全面计算机化。

1.2　机电一体化系统的设计

在机电一体化系统（或产品）的设计过程中，要坚持机电一体化技术的系统思维方法，从系统整体的角度出发分析和研究各个组成要素间的有机联系，确定系统各环节的设计方法，并用自动控制理论的相关手段，采用微电子技术控制方式，进行系统的静态特性和动态特性分析，实现机电一体化系统的优化设计。

1.2.1　机电一体化产品的分类

机电一体化产品所包括的范围极为广泛，几乎渗透到人们日常生活与工作的每一个角落，其主要产品如下：

（1）大型成套设备：大型火力、水力发电设备，大型核电站，大型冶金轧钢设备，大型煤化、石化设备，制造大规模及超大规模集成电路设备等。

（2）数控机床：数控机床、加工中心、柔性制造系统（FMS）、柔性制造单元（FMC）、计算机集成制造系统（CIMS）等。

（3）仪器仪表电子化：工艺过程自动检测与控制系统、大型精密科学仪器和试验设备、智能化仪器仪表等。

（4）自动化管理系统。

（5）电子化量具量仪。

（6）工业机器人、智能机器人。

（7）电子化家用电器。

（8）电子医疗器械：病人电子监护仪、生理记录仪、超声成像仪、康复体疗仪器、数字X射线诊断仪、CT成像设备等。

（9）微电脑控制加热炉：工业锅炉、工业窑炉、电炉等。

（10）电子化控制汽车及内燃机。

（11）微电脑控制印刷机械。

（12）微电脑控制食品机械及包装机械。

（13）微电脑控制办公机械：复印机、传真机、打印机、绘图仪等。

（14）电子式照相机。

（15）微电脑控制农业机械。

（16）微电脑控制塑料加工机械。

（17）计算机辅助设计、制造、集成制造系统。

对于如此广泛的机电一体化产品可按用途和功能进行分类。其中，按用途可分为三类：第一类是生产机械，即以数控机床、工业机器人和柔性制造系统（FMS）为代表的机电一体化产品；第二类是办公设备，主要包括传真机、打印机、电脑打字机、计算机绘图仪、自动售货机、自动取款机等办公自动化设备；第三类是家电产品，主要有电冰箱、摄像机、全自动洗衣机、电子照相机产品等。

1.2.2　机电一体化系统(产品)设计的类型

对于机电一体化系统(产品)设计的类型,可依据该系统与相关产品比较的新颖程度和技术独创性分为开发性设计、适应性设计和变参数设计。

1. 开发性设计

所谓开发性设计,就是在没有参考样板的情况下,通过抽象思维和理论分析,依据产品性能和质量要求设计出系统原理和制造工艺。开发性设计属于产品发明专利范畴。最初的电视机和录像机等都属于开发性设计。

2. 适应性设计

所谓适应性设计,就是在参考同类产品的基础上,在主要原理和设计方案保持不变的情况下,通过技术更新和局部结构调整使产品的性能、质量提高或成本降低的产品开发方式。这一类设计属于实用新型专利范畴,如用电脑控制的洗衣机代替机械控制的半自动洗衣机,用照相机的自动曝光代替手动调整等。

3. 变参数设计

所谓变参数设计,就是在设计方案和结构原理不变的情况下,仅改变部分结构尺寸和性能参数,使其适用范围发生变化。例如,同一种产品的不同规格型号的相同设计。

1.2.3　机电一体化系统(产品)设计方案的常用方法

在进行机电一体化系统(产品)设计之前,要依据该系统的通用性、可靠性、经济性和防伪性等要求合理地确定系统的设计方案。拟定设计方案的方法通常有取代法、整体设计法和组合法。

1. 取代法

所谓取代法,就是指用电气控制取代原系统中的机械控制机构。该方法是改造旧产品、开发新产品或对原系统进行技术改造的常用方法,也是改造传统机械产品的常用方法。如用伺服调速控制系统取代机械式变速机构,用可编程序控制器取代机械凸轮控制机构及中间继电器,等等。这不但大大简化了机械结构和电气控制,而且提高了系统的性能和质量。

2. 整体设计法

整体设计法主要用于新系统(或产品)的开发设计。在设计时完全从系统的整体目标出发,考虑各子系统的设计。由于设计过程始终围绕着系统整体性能要求,各环节的设计都兼顾了相关环节的设计特点和要求,因此使系统各环节间接口有机融合、衔接方便,且大大提高了系统的性能指标和制约了仿冒产品的生产。该方法的缺点是设计和生产过程的难度较大,周期较长,成本较高,维修和维护难度较大。例如,机床的主轴和电机转子合为一体;直线式伺服电机的定子绕组埋藏在机床导轨之中;带减速装置的电动机和带测速的伺服电机等。

3. 组合法

组合法就是选用各种标准功能模块组合设计成机电一体化系统。例如,设计一台数控机床,可以依据机床的性能要求,通过对不同厂家的计算机控制单元,伺服驱动单元,位移和速度测试单元，以及主轴、导轨、刀架、传动系统等产品的评估分析，研究各单元间接口关系和各单元对整机性能的影响，通过优化设计确定机床的结构组成。用此方法开发的机电一体化系统（产品）具有设计研制周期短、质量可靠、生产成本低、有利于生产管理和系统的使用维护等优点。

1.2.4　机电一体化系统设计过程

所谓系统设计，就是用系统思维综合运用各有关学科的知识、技术和经验，在系统分析的基础上，通过总体研究和详细设计等环节，落实到具体的项目上，以实现满足设计目标的产品研发过程。系统设计的基本原则是使设计工作获得最优化效果，在保证目的功能要求与适当使用寿命的前提下不断降低成本。

系统设计的过程就是"目标—功能—结构—效果"的多次分析与综合的过程。其中，综合可理解为各种解决问题要素拼合的模型化过程，这是一种高度的创造行为。而分析则是综合的反行为，也是提高综合水平的必要手段。分析就是分解与剖析，对综合后的解决方案提出质疑、论证和改革。通过分析，排除不合适的方案或方案中不合适的部分，为改善、提高和评价作准备。综合与分析是相互作用的。当一种基本设想（方案）产生后，接着就要分析它，找出改进方向。这个过程一直持续进行，直到一个方案继续进行或被否定为止。

1. 机电一体化系统的设计流程

机电一体化系统设计的流程可概括如下：

（1）确定系统的功能指标。

机电一体化系统的功能是改变物质、信号或能量的形式、状态、位置或特征，归根结底应实现一定的运动并提供必要的动力。其实现运动的自由度数、轨迹、行程、精度、速度、稳定性等性能指标，通常要根据工作对象的性质，特别是根据系统所能实现的功能指标来确定。对于用户提出的功能要求系统一定要满足，反过来对于产品的多余功能或过剩功能则应设法剔除。即首先进行功能分析，明确产品应具有的工作能力，然后提出产品的功能指标。

（2）总体设计。

机电一体化系统总体设计的核心是构思整机原理方案，即从系统的观点出发把控制器、驱动器、传感器、执行器融合在一起通盘考虑，各器件都采用最能发挥其特长的物理效应实现，并通过信息处理技术把信号流、物质流、能量流与各器件有机地结合起来，实现硬件组合的最佳形式——最佳原理方案。

（3）总体方案的评价、决策。

通过总体设计的方案构思与要素的结构设计，常可以得出不同的原理方案与结构方案，因此，必须对这些方案进行整体评价，择优采用。

（4）系统要素设计及选型。

对于完成特定功能的系统，其机械主体、执行器等一般都要自行设计，而对驱动器、检测传感器、控制器等要素，既可选用通用设备，也可设计成专用器件。另外，接口设计问题也是机械技术和电子技术的具体应用问题。通常，驱动器与执行器之间、传感器与执行器之间的传动接口都是机械传动机构，即机械接口；控制器与驱动器之间的驱动接口则是电子传输和转换电路，即电子接口。

（5）可靠性、安全性复查。

机电一体化产品既可能产生机械故障，又可能产生电子故障，而且容易受到电噪声的干扰，因此其可靠性和安全性问题尤为突出，这也是用户最关心的问题之一。因此，不仅在产品设计的过程中要充分考虑必要的可靠性设计与措施，在产品初步设计完成后，还应进行可靠性与安全性的检查和分析，对发现的问题采取及时有效的改进措施。

2. 机电一体化系统设计的途径

机电一体化系统设计的主要任务是创造出在技术上、艺术上具有高技术经济指标与使用性能的新型机电一体化产品。设计质量和完成设计的时间在很大程度上取决于设计组织工作的合理完善，同时也取决于设计手段的合理化及自动化程度。因此，加快机电一体化系统设计的途径主要从以下两个方面来考虑。

（1）针对具体的机电一体化产品设计任务，安排既有该产品专业知识又有机电一体化系统设计能力的设计人员担任总体负责。每个设计人员除了具备机电一体化系统设计的一般能力之外，应在一定的方向上提高、积累经验，成为某个方面设计工作的专业化人员。这种专业化对于提高机电一体化产品的设计水平和加快设计速度都是十分有益的。

熟练地采用各种标准化和规范化的组件、器件和零件对于提高设计质量和设计工作效率有很大的意义。机电一体化系统的产品虽然是各种高技术综合的结果，但无论是机械工程还是电子工程中都有很多标准化和规范化的组件、器件或零件，能否合理地大量采用这些标准运用器件，是衡量机电一体化系统设计人员设计能力的一个重要标志。

设计人员和工艺人员在设计工作的各个阶段都应保持经常性的工作接触，这对缩短设计时间、提高设计质量能起到较大的帮助作用。

（2）选择哪一种手段实现设计的合理化，主要取决于主设计的规模和特点，同时也受设计部门本身的设计手段限制。

随着工业技术的高度发展和人民生活水平的提高，人们迫切要求大幅度提高机电一体化系统设计工作的质量和速度，因此在机电一体化系统设计中推广和运用现代设计方法，提高设计水平，是机电一体化系统设计发展的必然趋势。现代设计方法与用经验公式、图表和手册为设计依据的传统方法不同，它以计算机为手段，其设计步骤通常是：设计预测→信号分析→科学类比→系统分析设计→创造设计→选择各种具体的现代设计方法（如相似设计法、模拟设计法、有限元法、可靠性设计法、动态分析法、优化设计法、模糊设计法等）→机电一体化系统设计质量的综合评价。

3. 机电一体化系统设计的过程

机电一体化系统是从简单的机械产品发展而来的，其设计方法、程序与传统的机械产品类似，一般要经过市场调研、总体方案设计、详细设计、样机试制与试验、小批量生产和大批量生产（正常生产）几个阶段。

1）市场调研

在设计机电一体化系统之前，必须进行详细的市场调研。市场调研包括市场调查和市场预测。所谓市场调查，就是运用科学的方法，系统地、全面地收集所设计产品市场需求和经销方面的情况和资料，分析研究产品在供需双方之间进行转移的状况和趋势；而市场预测就是在市场调查的基础上，运用科学方法和手段，根据历史资料和现状，通过定性的经验分析或定量的科学计算，对市场未来的不确定因素和条件做出预计、测算和判断，为产品的方案设计提供依据。

市场调研的对象主要为产品潜在的用户，调研的主要内容包括市场对同类产品的需求量、该产品潜在的用户、用户对该产品的要求（即该产品有哪些功能，具有什么性能等）和所能承受的价格范围，等等。此外，目前国内外市场上销售的同类产品的情况，如技术特点、功能、性能指标、产销量及价格、在使用过程中存在的问题等也是市场调研需要调查和分析的信息。

市场调研一般采用实地走访调查、类比调查、抽样调查或专家调查法等方法。所谓走访调查，就是直接与潜在的经销商和用户接触，搜集查找与所设计产品有关的经营信息和技术经济信息。类比调查就是调查了解国内外其他单位开发类似产品的过程、速度和背景等情况，并分析比较其与自身环境条件的相似性和不同点，以此推测该种技术和产品开发的可能性和前景。抽样调查就是通过在有限范围调查和搜集的资料、数据来推测总体的方法，在抽样调查时要注意问题的针对性、对象的代表性和推测的局限性。专家调查法就是通过调查表向有关专家征询对该产品的意见。

最后对调研结果进行仔细分析，撰写市场调研报告。市场调研的结果应能为产品的方案设计与细化设计提供可靠的依据。

2) 总体方案设计

（1）产品方案构思。一个好的产品构思，不仅能带来技术上的创新、功能上的突破，还能带来制造过程的简化、使用的方便，以及经济上的高效益。因此，机电一体化产品设计应鼓励创新，充分发挥设计人员的创造能力和聪明才智来构思新的方案。产品方案构思完成后，以方案图的形式将设计方案表达出来。方案图应尽可能简洁地反映出机电一体化系统各组成部分的相互关系，同时应便于后面的修改。

（2）方案的评价。应对多种构思和多种方案进行筛选，选择较好的可行方案进行分析组合和评价，再从中挑选几个方案按照机电一体化系统设计评价原则和评价方法进行深入的综合分析评价，最后确定实施方案。如果找不到满足要求的系统总体方案，则需要对新产品目标和技术规范进行修改，重新确定系统方案。

3) 详细设计

详细设计。详细设计就是根据综合评价后确定的系统方案，从技术上将其细节全部逐层展开，直至完成产品样机试制所需全部技术图纸及文件的过程。根据系统的组成，机电一体化系统详细设计的内容包括机械本体及工具设计、检测系统设计、人-机接口与机-电接口设计、伺服系统设计、控制系统设计及系统总体设计。根据系统的功能与结构，详细设计又可以分解为硬件系统设计与软件系统设计。除了系统本身的设计以外，在详细设计过程中还需完成后备系统的设计、设计说明书的编写和产品出厂及使用文件的设计等内容。在机电一体化系统设计过程中，详细设计是最烦琐费时的过程，需要反复修改，逐步完善。

4) 样机试制与试验

完成产品的详细设计后，即可进入样机试制与试验阶段。根据制造的成本和性能试验的要求，一般需要制造几台样机供试验使用。样机的试验分为实验室试验和实际工况试验，通过试验考核样机的各种性能指标及其可靠性。如果样机的性能指标和可靠性不满足设计要求，则要修改设计，重新制造样机，重新试验；如果样机的性能指标和可靠性满足设计要求，则进入产品的小批量生产阶段。

5）小批量生产

产品的小批量生产阶段实际就是产品的试生产试销售阶段。这一阶段的主要任务是跟踪调查产品在市场上的情况，收集用户意见，发现产品在设计和制造方面存在的问题，并反馈给设计、制造和质量控制部门。

6）大批量生产

经过小批量试生产和试销售的考核，排除产品设计和制造中存在的各种问题后，即可投入大批量生产。

1.3 机电一体化的发展趋势

1.3.1 机电一体化的技术现状

机电一体化的发展大体可以分为三个阶段。

（1）20 世纪 60 年代以前为第一阶段，这一阶段称为初级阶段。

这一时期，人们自觉不自觉地利用电子技术的初步成果来完善机械产品的性能。特别是在第二次世界大战期间，战争刺激了机械产品与电子技术的结合，这些机电结合的军用技术在战后转为民用，对战后经济的恢复起了积极的作用。那时的研制和开发从总体上看还处于自发状态。由于当时电子技术的发展尚未达到一定水平，机械技术与电子技术的结合还不可能广泛和深入发展，已经开发的产品也无法大量推广。

（2）20 世纪 70 — 80 年代为第二阶段，可称为蓬勃发展阶段。

这一时期，计算机技术、控制技术、通信技术的发展，为机电一体化的发展奠定了技术基础。大规模、超大规模集成电路和微型计算机的迅猛发展，为机电一体化的发展提供了充分的物质基础。这个时期的特点是：① Mechatronics 一词首先在日本被普遍接受，大约到 20 世纪 80 年代末期在世界范围内得到比较广泛的承认；② 机电一体化技术和产品得到了极大发展；③ 各国均开始对机电一体化技术和产品给以很大的关注和支持。

日本政府 1971 年制定的《特定的电子工业和特定的机械工业临时措施法》中，把数控机床作为重点扶植对象。1978 年日本颁布的《特定的机械信息产业振兴临时措施法》规定：促进高精度、高性能机器人的工业化和实用化，开展特殊环境作业用的机器人研究。1978 年至 1984 年间日本政府拨款 90 亿日元开发数控技术；1983 年日本组织了机器人、计算机、机械等行业 10 家制造厂参加极限作业环境机器人的开发研制，总投资 300 亿日元，其中一半由政府资助。号称"数控王国"的日本，2000 年金属切削机床的产值数控化率为 88.5%，产量数控化率为 59.4%。

前西德 1984 — 1988 年的五年计划确定，提供 5.3 亿马克用于资助计算机辅助设计和制造的应用，扩大工业机器人、软件操作系统和外围设备的工业基础等先进生产技术的应用。

1985 年法国前总统密特朗提出"尤里卡"计划并于当年正式实施。"尤里卡"计划是西欧一项大型跨国高新技术联合研究与开发计划。该计划提出以五大关键技术领域、24 个重点攻关项目作为欧洲高技术发展战略目标，其中包括研制可自由行动、决策并易于人机对话的欧洲第三代安全民用机器人,广泛合作研究计算机辅助设计、制造、生产、管理的柔性系统,实现工厂全面自动化等机电一体化研究方向。

美国 1983 年制定的"星球大战"计划投资 1000 亿美元用于发展高新技术,其中也包括发展空间机器人、核能机器人、军事机器人及工业机器人等相关技术。彼时,美国国家科学基金会每年投资 100 万美元,国家标准局每年投资 150 万美元用于发展相关技术。1985 — 1995 年,美国用于研制军用机器人和智能机器人的经费从 1.86 亿美元增至 9.75 亿美元。其中,国家规划和支持对美国机器人技术的发展起了很大的推动作用。

(3) 20 世纪 90 年代后期,开始了机电一体化技术向智能化方向迈进的新阶段,机电一体化进入深入发展时期。

一方面,光学、通信技术等进入了机电一体化,微细加工技术也在机电一体化中崭露头角,出现了光机电一体化和微机电一体化等新分支;另一方面,人们对机电一体化系统的建模设计、分析和集成方法以及机电一体化的学科体系和发展趋势都进行了深入研究。同时,由于人工智能技术、神经网络技术及光纤技术等领域取得的巨大进步,也为机电一体化技术开辟了发展的新天地。2013 年进入"工业 4.0"时代,制造业向智能化转型,这些研究将促使机电一体化进一步建立完整的基础和逐渐形成完整的科学体系。

我国是发展中国家,与发达国家相比工业技术水平存在一定差距,但有广阔的机电一体化应用开拓领域和技术产品潜在市场。改革开放以来,面对国际市场激烈竞争的形势,国家和企业充分认识到机电一体化技术对我国经济发展具有战略意义,因此十分重视机电一体化技术的研究、应用和产业化,在利用机电一体化技术开发新产品和改造传统产业结构及装备方面都有明显进展,取得了较大的社会经济效益。

1986 年我国开始实施的《高技术研究发展计划纲要》即"863 计划",将自动化技术重点是 CIMS 和智能机器人技术等机电一体化前沿技术确定为国家高技术重点研究发展领域。1985 年 12 月,国家科委组织完成了《我国机电一体化发展途径与对策》的软科学研究,探讨我国机电一体化发展战略,提出了数控机床、工业自动化控制仪表等 15 个机电一体化优先发展领域和 6 项共性关键技术的研究方向和课题,提出机电一体化产品的产值比率(即机电一体化产品总产值占当年机械工业总产值的比值)在 2000 年达到 15%~20% 的发展目标。2014 年我国提出"中国制造 2025",为全面提升中国制造业发展质量和水平做出重大战略部署,力争通过 10 年的努力,使中国迈入制造强国行列,为到 2045 年将中国建成具有全球引领和影响力的制造强国奠定坚实基础。其中,十个重点领域包括新一代信息技术产业、高档数控机床和机器人、航空航天装备、海洋工程装备及高技术船舶、先进轨道交通装备、节能与新能源汽车、电力装备、农机装备、新材料、生物医药及高性能医疗器械等都和机电一体化技术密切相关。

我国的数控技术经过"六五"~"十二五"计划这 30 多年的发展,基本上掌握了关键技术,建立了多处数控开发和生产基地,培养了一批数控人才,初步形成了自己的数控产业。"八五"计划攻关开发的成果——华中 1 号、中华 1 号、航天 1 号和蓝天 1 号四种基本系统——建立了具有中国自主版权的数控技术平台。随着国民经济的迅速发展,我国对机床产品的需求不断扩大。1990 年,我国数控金属切削机床产量仅 2634 台,而到 2001 年其产量和消费量已分别上升至 17521 台和 28535 台,在 1990 — 2001 年的 11 年中,数控金属切削机床产量和消费量的年均增幅分别达到 18.8% 和 25.3%。随后几年我国机床的数控化率也逐年增长。

在发展数控技术的同时，我国已研制成功了用于喷漆、焊接、搬运以及能前后行走的、能爬墙、能上下台阶、能在水下作业的多种类型机器人。在 CIMS 研究方面，我国已在清华大学建成国家 CIMS 工程研究中心，并在一些著名大学和研究单位建立了 CIMS 单元技术实验室和 CIMS 培训中心，目前已有数十家企业在国家立项实施 CIMS。近年来，我国在高铁、航空航天、军事装备及汽车等领域亦取得诸多国际上标志性成果，形成自主知识产权及品牌。上述成果的取得使我国在制造业机电一体化的研究和应用方面积累了一定的经验，这必将推动我国机电一体化技术向更高层次纵深发展。

1.3.2　机电一体化技术的发展趋势

随着科学技术的发展和社会经济的进步，人们对机电一体化技术提出了许多新的和更高的要求。机械制造自动化中的计算机数控、柔性制造、计算机集成制造及机器人技术的发展代表了机电一体化技术的发展水平。

为了提高机电产品的性能和质量，发展高新技术，现在有越来越多的零件对制造精度的要求越来越高，其形状也越来越复杂，如高精度轴承的滚动体圆度要求小于 $0.2\ \mu m$；液浮陀螺球面的球度要求为 $0.1\sim0.5\ \mu m$；激光打印机的平面反射镜和录像机磁头的平面度要求为 $0.4\ \mu m$，粗糙度为 $0.2\ \mu m$；等等。这些均要求数控设备具有高性能、高精度和稳定加工复杂形状零件表面的能力。因而新一代机电一体化产品正朝着高性能化、智能化、系统化、模块化、网络化、人格化以及轻量化、微型化、绿色化方向发展。

1. 机电一体化的高性能化

高性能化一般包含高速度、高精度、高效率和高可靠性等趋势。现代数控设备就是以此"四高"为基础，为满足生产急需而诞生的。它采用 32 位多 CPU 结构，以多总线连接，以 32 位数据宽度进行高速数据传递。因而，在相当高的分辨率（$0.1\ \mu m$）情况下，系统仍有较高的速度（$100\ m/min$），其可控及联动坐标达 16 轴，并且有丰富的图形功能和自动程序设计功能。为获取高效率，减少辅助时间，必须在主轴转速进给率、刀具交换、托板交换等关键部分实现高速化；为提高速度，一般采用实时多任务操作系统，进行并行处理，使运算能力进一步加强，通过设置多重缓冲器，保证连续微小加工段的高速加工。对于复杂轮廓，通常采用快速插补运算将加工形状用微小线段来逼近。在高性能数控系统中，除了具有直线、圆弧、螺旋线插补等一般功能外，还配置有特殊函数插补运算，如样条函数插补等。微位置段命令用样条函数来逼近，保证了位置、速度、加速度都具有良好的性能，并设置专门函数发生器、坐标运算器进行并行插补运算。对于高速度，超高速通信技术、全数字伺服控制技术均是其重要方面。

高速度和高精度是机电一体化的重要指标。其中，高分辨率、高速响应的绝对位置传感器是实现高精度的检测部件。若采用这种传感器并通过专用微处理器细分处理，则可达到极高的分辨率。当采用交流数字伺服驱动系统时，其位置、速度及电流环都实现了数字化，实现了几乎不受机械载荷变动影响的高速响应伺服系统和主轴控制装置。与此同时，还出现了所谓高速响应内装式主轴电机，它把电机作为一体装入主轴之中，实现了机电融合一体。这样可使系统得到极佳的高速度和高精度。如法国 IBAG 公司等的磁浮轴承的高速主轴最高转速可达 $15\times10^4\ r/min$，一般转速为 $7\times10^3\sim25\times10^3\ r/min$；加工中心换刀时间可达 1.5 s；切削速度方面，目前硬质合金刀具和超硬材料涂层刀具车削和铣削低碳钢的速度达 500 m/min 以上，而陶瓷刀具可达 800～1000 m/min，比高速钢刀具 30～40 m/min 的速度提高数十倍。精车速度甚至可达 1400 m/min。前馈控制可使位置跟踪误差消除，同时使系统位置控制达到高速响应。

至于系统可靠性方面，一般采用冗余、故障诊断、自动检错、系统自动恢复以及软/硬件可靠性等技术，使得机电一体化产品具有高性能。对于普及经济型以及升级换代提高型的机电一体化产品，因其组成部分，如命令发生器、控制器、驱动器、执行器以及检测传感器等都在不断采用具有高速度、高精度、高分辨率、高速响应和高可靠性的零部件，所以产品的性能也在不断提高。

2. 机电一体化的智能化趋势

在机电一体化技术中人们对人工智能的研究日益重视，其中，无人驾驶的飞机、无人驾驶的汽车、机器人与数控机床的智能化就是人工智能在机电一体化技术中的重要应用。智能机器人通过视觉、触觉和听觉等传感器检测工作状态，根据实际变化过程反馈信息并做出判断与决定。数控机床的智能化体现在依靠各类传感器对切削加工前后和加工过程中的各种参数进行监测，并通过计算机系统做出判断，自动对异常现象进行调整与补偿，以保证顺利加工出合格的产品。目前，国外数控加工中心多具有以下智能化功能：对刀具长度、直径的补偿和刀具破损的监测，对切削过程的监测，工件自动检测与补偿等。随着制造自动化程度的提高，信息量与柔性也同样提高，并出现了智能制造系统(IMS)控制器模拟人类专家的智能制造活动。该控制器能对制造中的问题进行分析、判断、推理、构思和决策，可取代或延伸制造工程中人的部分脑力劳动，并对人类专家的制造智能进行收集、存储、完善、共享、继承和发展。

总的来说，机电一体化的智能化趋势包括以下几个方面：

(1) 诊断过程的智能化。诊断功能的强弱是评价一个系统性能的重要智能指标之一。引入人工智能的故障诊断系统，能采用各种推理机制准确判断故障所在，并具有自动检错、纠错与系统恢复功能，大大提高了系统的有效度。

(2) 人机接口的智能化。智能化的人机接口，可以大大简化操作过程，其中包含多媒体技术在人机接口智能化中的有效应用。

(3) 自动编程的智能化。操作者只需输入加工工件素材的形状和需加工形状的数据，就可自动生成全部加工程序，其中包含：① 素材形状和加工形状的图形显示；② 自动工序的确定；③ 使用刀具、切削条件的自动确定；④ 刀具使用顺序的变更；⑤ 任意路径的编辑；⑥ 加工过程干涉校验等。

(4) 加工过程的智能化。① 建立智能工艺数据库，当加工条件变更时，系统自动设定加工参数。② 将机床制造时的各种误差预先存入系统中，利用反馈补偿技术对静态误差进行补偿。③ 对加工过程中的各种动态数据进行采集，并通过专家系统分析进行实时补偿或在线控制。

3. 机电一体化的系统化趋势

机电一体化的系统化特征为：① 进一步采用开放式和模式化的总线结构，使系统可以灵活组态，进行任意剪裁和组合，同时寻求实现多坐标多系列控制功能的 NC 系统。② 大大加强机电一体化系统的通信功能。除 RS-232 等常用通信方式外，实现远程及多系统通信联网需要的局部网络(LAN)也逐渐被采用,且标准化 LAN 的制造自动化协议(MAP)已开始进入 NC 系统,从而可实现异型机异网互联及资源共享。

4. 机电一体化的轻量化及微型化发展趋势

一般地,对于机电一体化产品,除了机械主体部分外,其他部分均涉及电子技术。随着片式元器件(SMD)的发展,表面组装技术(SMT)正在逐渐取代传统的通孔插装技术(THT)成为电子组装的重要手段,目前,电子设备正朝着小型化、轻量化、多功能和高可靠性方向发展。20 世纪 80 年代以来,SMT 发展异常迅速。1993 年,平均 60％以上的电子设备采用了 SMT。同年,世界电子元件片式化率达到 45％以上。因此,机电一体化中具有智能、动力、运动、感知特征的组成部分将逐渐向轻量化、小型化方向发展。

此外,20 世纪 80 年代末期,微型机械电子学及相应结构、装置和系统的开发研究取得了综合成果,科学家利用集成电路的微细加工技术,将工作机构与其驱动器、传感器、控制器与电源集成在一个很小的多晶硅上,使整个装置的尺寸缩小到几毫米甚至几百微米,从而获得完备的微型电子机械系统。这表明机电一体化技术已进入微型化的研究领域。目前,这种微型机电一体化系统已在工业、农业、航天、军事、生物医学、航海及家庭服务等各个领域被广泛应用,它的发展将使现行的某些产业或领域发生深刻的技术革命。

思 考 题

1. 试说明机电一体化的概念并分析机电一体化技术的组成及相互关系。
2. 列举各行业机电一体化产品的应用实例,并分析各产品中相关技术的应用情况。
3. 为什么说机电一体化技术是其他技术发展的基础?请举例说明。
4. 试分析机电一体化系统设计与传统的机电产品设计的区别。
5. 通过查阅资料说明学习机电一体化技术需要掌握哪些方面的相关知识。

第 2 章 机电一体化产品的组成

【导读】 机电一体化产品的功能是通过内部不同组成部分来实现的。机电一体化系统大致上可以分为五个组成部分：① 控制装置（控制要素）：对机电一体化系统的控制信息和传感器的反馈信息进行处理，向执行装置发出动作指令；② 传感器（检测要素）：对输出端的机械运动结果进行测量、监控和反馈；③ 执行装置（能量转换要素）：将信息转换为力和能量，以驱动机械部分运动；④ 机械部分（机构要素）：像机器人的机械手那样实现目标动作；⑤ 动力与驱动：为系统提供能量和动力，使系统正常运行。现在的机电产品一般都具有自动化、智能化和多功能化的特性。

2.1 机电一体化产品的控制器

为了达到一定目的而实行的适当操作称为控制。目前，几乎所有的机电一体化产品控制装置都是由具有微处理器的计算机和输入、输出接口构成的。控制系统一般可以分为开环控制系统和闭环控制系统。对一个自动化产品而言，控制系统是其核心。机电一体化产品的核心是控制器，常用的有单片机、单板机、可编程逻辑控制器（PLC）、嵌入式系统等。

2.1.1 单片机与单板机

1. 单片机

单片机又称单片微控制器，它不是完成某一个逻辑功能的芯片，而是一个计算机系统的集成芯片，相当于一个微型的计算机。和计算机相比，单片机只缺少了 I/O 设备。单片机的体积小、质量轻、价格便宜，为学习、应用和开发提供了便利条件。单片机内部也有和电脑功能类似的模块，比如 CPU、内存、并行总线，还有和硬盘作用相同的存储器件，不同的是它的这些部件性能都比家用电脑弱很多，不过价钱也低廉得多，一般不超过 10 元，它的结构如图 2.1 所示。单片机采用超大规模技术把具有数据处理能力（如算术运算，逻辑运算、数据传送、中断处理）的微处理器（CPU），随机存取数据存储器（RAM），只读程序存储器(ROM)，输入、输出电路(I/O 口)，可能还包括定时计数器，串行通信口(SCI)，显示驱动电路(LCD 或 LED 驱动电路)，脉宽调制电路(PWM)，模拟多路转换器及 A/D 转换器等电路集成到一块芯片上，构成一个小而完善的计算机系统。这些电路能在软件的控制下准确、迅速、高效地完成程序设计者事先规定的任务。单片机有着微处理器所不具备的功能，它可单独地完成现代工业要求的智能化控制，这也是单片机的一个最大特征。

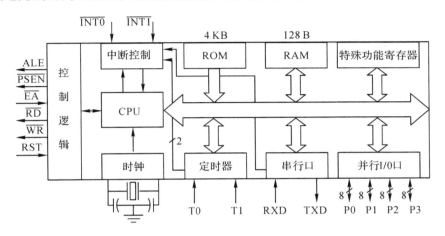

图 2.1　单片机的结构

单片机(Microcontroller)诞生于 1971 年，经历了 SCM、MCU、SoC 三大阶段，早期的 SCM 单片机都是 8 位或 4 位的。其中最成功的是 Intel 的 8051，此后人们在 8051 的基础上发展出了 MCS51 系列的 MCU 系统。基于这一系统的单片机直到现在还在广泛使用。随着工业控制领域要求的提高，开始出现了 16 位单片机，但因为性价比不理想，16 位单片机并未得到很广泛的应用。20 世纪 90 年代后，随着消费电子产品大发展，单片机技术得到了巨大提高。随着 Intel i960 系列特别是后来的 ARM 系列的广泛应用，32 位单片机迅速取代 16 位单片机的高端地位，进入主流市场。单片机的生产厂家和种类很多，如美国 Intel 公司的 MCS 系列、Zilog 公司的 SUPER 系列、Motorola 公司的 6801 和 6805 系列、日本 National 公司的 MN6800 系列、HITACHI 公司的 HD6301 系列等，其中 Intel 公司的 MCS 单片机产品在国际市场上占有较大的份额，在我国也获得较广泛的应用。MCS51 是美国 Intel 公司生产的一系列单片机的总称，这一系列单片机包括了许多品种，如 8031、8051、8751、8032、8052、8752 等，其中 8051、89C51 是较早较典型的产品，该系列其他单片机都是在 8051 的基础上进行功能增、减或改变而来的，所以习惯上用 8051 来称呼 MCS51 系列单片机。8051 单片机引脚及其功能如图 2.2 所示。

单片机的 40 个引脚大致可分电源、时钟、控制和 I/O 引脚四类。

(1) 电源：VCC 为芯片高位电源，接 +5 V；VSS 为接地端。

(2) 时钟：XTAL1、XTAL2 分别为晶体振荡电路反相输入端和输出端。

(3) 控制线：控制线共有 4 根。其中，ALE/PROG 为地址锁存允许/片内 EPROM 编程脉冲。ALE 功能：用来锁存 P0 口送出的低 8 位地址；$\overline{\text{PROG}}$功能：片内有 EPROM 的芯片，在 EPROM 编程期间，此引脚输入编程脉冲。$\overline{\text{PSEN}}$ 为外 ROM 读选通信号。RST/VPD 为复位/备用电源。RST(Reset)功能：复位信号输入端；VPD 功能：在 VCC 掉电情况下，接备用电源。$\overline{\text{EA}}$/VPP 为内外 ROM 选择/片内 EPROM 编程电源。EA 功能：内外 ROM 选择端；VPP 功能：片内有 EPROM 的芯片，在 EPROM 编程期间，施加编程电源 VPP。

（4）I/O 线：80C51 共有 4 个 8 位并行 I/O 端口，它们是 P0、P1、P2、P3 口，共 32 个引脚。P3 口还具有第二功能，用于特殊信号输入输出和控制信号（属控制总线）。

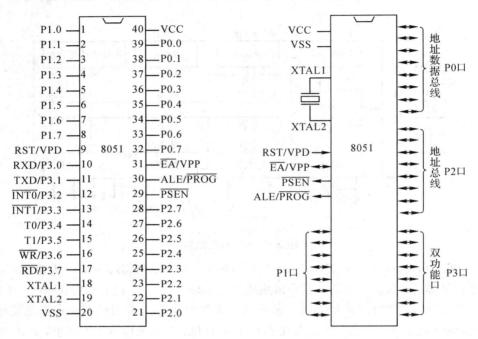

图 2.2　8051 单片机引脚图及引脚功能

单片机是靠程序工作的，其程序可以修改。通过不同的程序可使单片机实现不同的功能，尤其是一些特殊的功能，这是别的器件不一定能做到的。单片机具有高智能性、高效率性及高可靠性，其程序既可使用汇编语言，也可使用 C 语言。

2. 单板机

在一块印刷电路板上由各种集成电路组装成的具有一定功能的微型计算机，称为单板机。它装有微处理器（MPU），固化程序的只读存储器（ROM 或 EPROM），读写存储器（RAM），可编程输入、输出接口适配器（PIA 和 ACIA），实时时钟，定时器，总线缓冲器，波特率发生器和其他支持芯片。有的单板机还有简易输入、输出设备，如小键盘、液晶显示器和微型打印机等。单板机也可连接软盘驱动器、盒式磁带机或针式打印机等外部设备。单板机的各部件集中装在一块印刷电路板上，可以用较少的硬件得到较高的性能，极大限度地发挥微处理器的特点，即可靠性好、灵活度高，作为一个部件插在工业设备或仪表内。单板机一般都具有扩充能力，可组装成较大的微型计算机系统。单板机自 1976 年制造成功以来，就广泛用于各种工业控制领域，以实现设备或仪器的自动化和程序化。开始时主要是 8 位单板机，20 世纪 80 年代后 16 位单板机约占一半以上。单板机种类繁多，性能各异，支持芯片多达 60 片，存储容量为 4000～64000 字节，至多可访问 8 个输入、输出设备，有 300 条指令。其中，8 位单板机采用微处理器 8080、M6800、Z80 等芯片；16 位单板机采用微处理器 8086、Z8000 等芯片。

单板机的硬件主要由下列五部分组成：

① 微处理器及其外围电路。通常选用结构简单、接口容易、单一电源的微处理器，以减少芯片数目。由于一般微处理器能直接驱动的组件数目有限，可增加驱动电路芯片。

② 存储器及地址译码电路。单板机一般作为插件使用，一旦定型，软件就固化，只需少量存储单元。因此单板机的 ROM 与 RAM 的比例，一般为 8：1 到 4：1。通常 ROM 为 4000～16000 字节，而 RAM 为 256～4000 字节。可先采用 EPROM，待软件定型后进行掩模型 ROM 生产。RAM 容量较小，一般采用静态器件。单板机的地址译码电路要尽量简化，并有一定的扩展地址空间，可采用部分译码方案。

③ 输入、输出接口适配器及其附属电路。单板机通常备有并行的外部接口和串行的通信接口。并行接口适配器是可编程的，每一条线均可由程序定义为输入或输出，配置灵活，使用方便，可直接与外部设备相连而不必再配置逻辑电路芯片。通信接口适配器也是可编程的，配有波特率发生器和可编程的计数器/定时器芯片。

④ 总线及总线缓冲器。单板机备有两种总线：一种是实现插件间通信的总线，称为内总线；另一种是实现单板机与外部设备或控制对象之间通信的总线，称为外总线。目前流行的内总线有四种标准：S-100 总线（IEEE696 标准），Multibus 总线（IEEE 696.2 标准），EXOR 总线和 STD 总线。单板机的外总线可由通用接口直接输出或缓冲输出，也可做成标准外总线。并行总线标准是 IEEE 488，又称 HPIB 接口总线，已作为一种仪器标准广泛使用。该总线由 8 条双向数据线、3 条字节传输控制线和 5 条通用控制线组成。为了把单板机与 IEEE 488 总线直接连接，需要专门的接口器件。接口电路采用电平转换芯片。单板机的内总线和外总线都要考虑驱动能力，可配置缓冲驱动器。单板机一般采用双边出线方式：一边是内总线，与某一标准总线兼容；一边是外总线，与其他插件或控制对象相连。这样不仅布线方便，而且便于采取隔离措施。

⑤ 监控程序及外设控制电路。单板机要有监控程序及相应的外部设备。监控程序一般固化在 ROM 上，并根据监控程序配置所需的外部设备和有关控制电路。单板机的软件包括监控程序、调试程序、诊断程序、汇编程序和编译程序，等等。

2.1.2 可编程序控制器

1. 可编程序控制器的定义

在制造业的自动化生产线上，每道工序都是按预定的时间和条件顺序执行的，这种对自动化生产线进行控制的装置称为顺序控制器。以往顺序控制器主要是由继电器组成的。随着大规模集成电路和微处理器在顺序控制器中的应用，顺序控制器开始采用类似微型计算机的通用结构，把程序存储于存储器中，用软件实现开关量的逻辑运算、延时等过去需继电器完成的功能，形成了可编程序控制器（PLC）。

国际电工委员会（IEC）对 PLC 的定义：可编程序控制器是一种数字运算操作的电子系统，专为在工业环境下应用而设计。它采用可编程的存储器来存储程序，执行逻辑运算、顺序控制、定时、计数和算术运算等操作指令，并通过数字式和模拟式的输入和输出，控制各种类型的机械或生产过程。可编程序控制器及其有关外围设备，易于与工业控制系统联成一个整体，也易于扩充自身功能设计。

2. 可编程序控制器的组成

PLC 主要由中央处理单元(CPU)、存储器、输入输出单元(I/O 单元)和电源单元四部分组成。小型 PLC 的结构框图如图 2.3 所示。

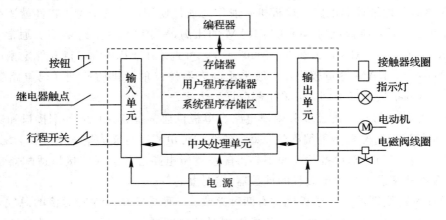

图 2.3　小型 PLC 的结构框图

图 2.3 中输入信号由按钮开关、行程开关、继电器触点等提供，并通过接口进入 PLC，经 PLC 的中央处理单元处理后产生控制信号，再通过输出接口送给线圈、指示灯、电动机等输出装置。其中，电源为输入单元、CPU 和输出单元提供能量。用户可以通过编程器采用梯形图编程语言(LAD)、指令语句表编程语言(STL)、功能图编程语言(CSF)和高级语言来编写控制程序，然后通过存储器将控制程序输入 CPU 并进行控制运算等操作。

3. 可编程序控制器的工作方式

PLC 采用循环扫描的工作方式，包括内部处理、通信操作、输入处理、程序执行、输出处理等几个阶段。全过程扫描一次所需的时间称为扫描周期。内部处理阶段中 PLC 需检查 CPU 模块的硬件是否正常；通信操作阶段中 PLC 与一些智能模块通信，响应编程器键入的命令。当 PLC 处于停止状态时，只执行内部处理和通信操作两步；当处于运行状态时，上述扫描周期不断循环，扫描过程见图 2.4。

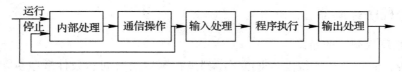

图 2.4　扫描过程

4. 可编程序控制器的特点

PLC 的特点为：① 可靠性高，抗干扰能力强；② 编程直观、简单；③ 环境要求低，适应性好；④ 功能完善，接口功能强等。

2.1.3　工业计算机

1. 工业计算机的特点

计算机在近几十年中，极大地改变了人们的生活。不仅如此，在工业中，计算机也得到了相应的应用。工业计算机也叫工业控制计算机，简称工控机，它与普通计算机有所不同。

（1）两者的用途不同。工业计算机主要用于工业控制、测试等方面，主要功能有：数据处理、周期性巡回检测、直接数字控制、监控、反馈指导操作、通信联网等。工控机的环境适应强，这和普通计算机的娱乐、办公、编程方面的应用是完全不同的。

（2）两者的组成部件不同。工业计算机与普通计算机的工作场合不同，这必然导致二者组成部件的不同。其中，工业计算机主要由全钢机箱、无源底板、工业电源、CPU 卡，以及鼠标、键盘、显示器、硬盘等附件组成。

（3）工业计算机的软件系统和普通计算机不同。工业计算机的软件系统比较单一，主要实现一个特定的功能。而普通计算机拥有大量的通用的应用程序，其处理器的速度非常快。

（4）工业计算机的可靠性高，实时性强。工业计算机一般用于不间断运行，运行期间不允许停机检修，而且它还要对控制对象进行实时检测，所以要求其具有较高的可靠性和良好的实时性。

以上特点都反映了两种计算机组成上的差别。目前，工业计算机已经成为工业应用中一个不可缺少的器件。工业计算机既有计算机的特点，又有工业设备的实用性，会在未来的自动化进程中起到不可替代的作用。

2. 工业计算机的选择

根据机电一体化系统的大小和控制参量的复杂程度，可以选用不同的工业计算机。对于小型系统，一般监视控制量为开关量和少量数据信息的模拟量，因此可采用单板机、单片机或可编程控制器；对于数据处理量大的系统，可以选用基于总线结构的工控机，如 STD 总线工控机、IBM - PC 总线工控机等；对于多层次、复杂的机电一体化系统，则需要采用分级分步式控制系统，在这种系统中，可根据各级及控制对象的特点，分别选用单片机、可编程控制器、总线工控机和微型计算机来完成所需的功能。

2.1.4　嵌入式系统

1. 嵌入式系统的定义

工业自动化是德国启动"工业 4.0"的重要前提之一，其应用主要是在机械制造和电气工程领域。目前在德国和国际制造业中广泛采用的"嵌入式系统"，正是将机械或电气部件完全嵌入到受控器件内部，是一种特定应用设计的专用计算机系统。关于嵌入式系统的定义，目前存在多种，有的是从嵌入式系统的应用定义的，有的是从嵌入式系统的组成定义的，也有的是从其他方面定义的，下面给出两种比较常见的定义。

第一种，根据 IEEE（国际电气和电子工程师协会）的定义：嵌入式系统是用于控制、监视或者辅助操作机器和设备的装置。可以看出此定义是从应用上考虑的，嵌入式系统是软件和硬件的综合体，还可以涵盖机电等附属装置。

第二种定义：嵌入式系统是以应用为中心，以计算机技术为基础，软/硬件可裁剪，对功能、可靠性、成本、体积、功耗严格要求的专用计算机系统。广而言之，可以认为凡是带有微处理器的专用软硬件系统都可以称为嵌入式系统。嵌入式系统采用量体裁衣的方式把所需功能嵌入到各种应用系统中,它融合了计算机软/硬件技术、通信技术和半导体微电子技术,是信息技术(Information Technology,IT)的最终产品。

2. 嵌入式系统的组成

与普通计算机系统一样,嵌入式系统也是由硬件和软件两大部分组成的,前者是整个系统的物理基础,能提供软件运行平台和通信接口,后者实际控制系统的运行。

嵌入式系统的硬件可分为 3 部分:核心处理器(CPU)、外围电路和外部设备,如图 2.5 所示。图中,CPU 是嵌入式系统的核心处理器,又称为嵌入式微处理器,负责控制整个嵌入式系统的执行;外围电路包括嵌入式系统的内存、I/O 端口、复位电路、模数转换器/数模转换器(ADC/DAC)和电源等,它与核心处理器一起构成一个完整的嵌入式目标系统,其中 SRAM(Static Random Access Memory)为静态随机存储器,DRAM(Dynamic Random Access Memory)为动态随机存数器,Flash 为闪存器;外部设备指嵌入式系统与真实环境交互的各种设备,包括通用串行总线(Universal Serial Bus,USB)、存储设备、鼠标、键盘(Keyboard)、液晶显示器(Liquid Crystal Display,LCD)、红外线数据传输(Infrared Data Association,IrDA)和打印设备等。其中微处理是嵌入式系统硬件的核心。

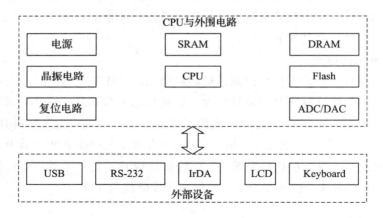

图 2.5 嵌入式系统的硬件组成

嵌入式系统的软件可分为设备驱动接口(Device Driver Interface,DDI)、实时操作系统(Real Time Operation System,RTOS)、可编程应用接口(Application Programmable Interface,API)和应用软件 4 个层次。其中 DDI 负责嵌入式系统与外部设备的信息交换。RTOS 分为基本和扩展两部分,前者是操作系统的核心,负责整个系统的任务调度,存储分配、时钟管理和中断管理,提供文件、图形用户界面等基本服务;后者为用户提供操作系统的扩展功能。应用软件是针对不同应用而由开发者编写的软件。

2.2 机电一体化产品中的传感器

机电一体化产品的自动化控制是通过传感器来检测被测量的。所谓检测,就是从外界获得信息,并从中提取有用信息的过程。

2.2.1　传感器概述

1. 传感器的定义

人们为了获取外界信息，必须借助于感觉器官，在研究自然现象和规律以及生产活动中，若单靠人类自身的感觉器官就远远不够了。为适应这种情况，人类研制了传感器。可以说，传感器是人类五官的延长，因此它又称为电五官。传感器（transducer/sensor）是一种检测装置，它能感受到被测量的信息，并能将被测信息，按一定规律变换成为电信号或其他所需形式输出，以满足信息的传输、处理、存储、显示、记录和控制等要求。现代化工业生产中需要采用各种传感器来检测、监控各种静态及动态参数，它是实现自动检测和自动控制的首要环节。例如，一辆汽车需要 100 多个传感器，一辆高铁需要 2000 余个传感器，一架飞机需要 3600 多个传感器。可见进行信息采集的传感器技术是工业自动化技术的重要基础，传感器的存在和发展，让物体有了触觉、味觉和嗅觉等感官，让机电一体化产品慢慢变得"活"了起来。

2. 传感器的组成

传感器通常由敏感元件、转换元件和测量电路三部分组成，如图 2.6 所示。敏感元件是指能直接感受（或响应）被测量的部分，即将被测量通过传感器的敏感元件转换成与被测量有确定关系的非电量或其他量。转换元件可将上述非电量转换成电参量。测量电路的作用是将转换元件输入的电参量经过处理转换成电压、电流或频率等可测电量，以便显示、记录、控制和处理等环节的应用，在机电一体化技术中，测量电路一般由测量放大器、调制与解调电路、滤波及其变换运算电路等环节构成。

图 2.6　传感器组成框图

3. 传感器的分类

传感器的种类很多，如果按被测对象分类，则有物理量传感器、化学量传感器及生物量传感器；如果按输出量分类，则有模拟式和数字式传感器；如果按测量原理分类，则有结构型、物性型及复合型三类。结构型传感器是利用机械构件的变形、位移将被测量转换成相应的电阻、电感、电容等物理量的传感器。物性型传感器是利用材料的固态物理特性及其各种物理、化学效应进行工作的传感器。另外，还可以按输入输出特性分为线性、非线性传感器，按能量转换方式分为能量转换型（有源型或发电型）、能量控制型（无源型或参数型）传感器，等等。也可根据其基本感知功能分为热敏元件、光敏元件、气敏元件、力敏元件、磁敏元件、湿敏元件、声敏元件、放射线敏感元件、色敏元件和味敏元件等十大类。

4. 传感器的基本特性

传感器的基本特性主要是指输出与输入之间的关系特性。当输入量为常量或变化极慢时，其关系为静态特性；当输入量随时间较快变化时，其关系为动态特性。传感器的静态特性参数包括线性度、灵敏度、重复性、迟滞、零漂和温漂、分辨力等。传感器的动态特性是指其输出对随时间变化的输入量的响应特性，通常采用正弦输入信号和阶跃输入信号作为输入，考察传感器的动态响应特性等。在传感器的静态特性中，常用的如下：

（1）线性度（非线性误差）：在规定条件下，传感器校准曲线与拟合直线间的最大偏差与满量程输出值的百分比称为线性度或非线性误差。

（2）灵敏度：稳定工作状态时传感器输出变化量 Δy 和输入量的变化量 Δx 之比，用 S 表示为

$$S = \frac{\Delta y}{\Delta x} \qquad (2-1)$$

注意：线性传感器的灵敏度为一常数，而非线性传感器的灵敏度是随输入变化的量。

（3）重复性：传感器输入量按同一方向在全测量范围内连续变化多次所得特性曲线的不一致的程度，如图 2.7 所示。

（4）迟滞：传感器在正反行程中输出与输入曲线不重合，如图 2.8 所示。

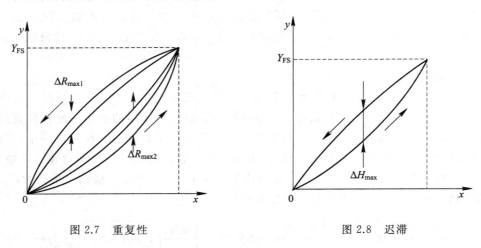

图 2.7　重复性　　　　　　　　　　图 2.8　迟滞

（5）零漂和温漂：传感器在无输入或输入为某一值时，每隔一定时间，输出值偏离原始值的最大偏差与满量程的百分比即为零漂。而温度每升高 1℃，传感器输出值的最大偏差与满量程的百分比，称为温漂。

（6）分辨力与阈值：传感器在规定的测量范围内能够检测出的被测量的最小变化量称为分辨力。数字式传感器的分辨力一般为输出数字指示值的最后一位数字。在传感器输入零点附近的分辨力称为阈值。

（7）稳定性：传感器使用一段时间后，其性能保持不变的能力称为稳定性。

2.2.2　传感器的选用原则及注意事项

1. 传感器的选择

为了获得较好测量效果和较低的测量成本，现代工业中对传感器的主要要求是：① 输入和输出信号间尽量成线性关系；② 有一定的灵敏度；③ 内部噪声小，外界干扰小；④ 所需能量和功耗小；⑤ 对被测对象影响小；⑥ 动态特性好；⑦ 稳定性、重复性、可靠性及方向性好；⑧ 防水、防爆、防化学腐蚀等性能要好；⑨ 使用方便、易于维修等。

当然，一个传感器不可能满足上述全部性能要求，应根据具体测量目的、使用环境、被测对象等合理选择传感器。传感器选用的原则如下：

（1）根据测量对象与测量环境确定传感器的类型：在进行具体的测量工作之前，首先

要考虑采用何种原理的传感器，这需要多方面分析才能确定。通常，应根据被测量的特点和传感器的使用条件考虑以下问题：量程的大小；被测位置对传感器体积的要求；测量方式为接触式还是非接触式；传感器的产地、价格等。在确定选用何种类型的传感器后，需要考虑传感器的具体性能指标。

（2）灵敏度的考虑：通常在传感器的线性范围内，传感器的灵敏度越高越好。为减小外界干扰，要求传感器本身应具有较高的信噪比。此外，传感器的灵敏度是有方向性的。当被测量是单向量，而且对方向性要求较高时，应选择其他方向灵敏度小的传感器；如果被测量是多维向量，则要求传感器的交叉灵敏度越小越好。

（3）线性范围的考虑：传感器的线性范围是指输出与输入成正比的范围。传感器的线性范围越宽，其量程则越大，即能保证一定的测量精度。在选择传感器时，若传感器的种类已确定则下一步应查看传感器的量程是否满足要求。实际上，在一定的范围内，可将非线性误差较小的传感器近似看作线性的，这能极大地方便测量。

（4）稳定性的考虑：影响传感器稳定性的因素除传感器本身结构外，主要是其使用环境。因此，在对传感器使用环境进行调查后，应选择对环境具有较强适应能力的传感器。

（5）精度的考虑：精度是传感器的一个重要的性能指标，它是关系到整个测量系统测量精度的一个重要环节。传感器的精度越高，价格就越昂贵，因此，传感器的精度只要满足整个测量系统的精度要求就可以，不必选得过高。这样就可以在满足同一测量目的的诸多传感器中选择比较便宜和简单的传感器。如果是为了定性分析，则应选用重复精度高的传感器，不宜选用绝对量值精度高的传感器；如果是为了定量分析，必须获得精确的测量值，就需选用精度等级能满足要求的传感器。

（6）频率响应特性的考虑：传感器的频率响应特性决定了被测量的频率范围，考虑传感器的频率响应特性时，必须保证在频率范围内不失真。通常频率高的传感器，其测量的信号频率范围高；频率低的传感器，其测量的信号频率范围低。

2. 选择传感器的注意事项

为了选择合适的传感器，一般应注意如下事项。

（1）与测量条件有关的事项：包括测量目的、被测试量的选择、测量范围、输入信号的最大值、频带宽度、指标要求、测量所需要的时间等。

（2）与传感器有关的事项：包括静态特性指标、动态特性指标、模拟量还是数字量、输出量及其数量级、被测物体产生的负载效应、校正周期、过载保护等。

（3）与使用条件有关的事项：包括传感器的设置场所、工作环境条件（温度、振动、湿度等）、测量时间、与其他设备的连接及距离、所需功率容量等。

（4）与购买和维护有关的事项：包括性价比、零配件的储备、售后服务与维修、保修时间、交货日期等。

2.2.3　智能传感器

1. 智能传感器的定义

所谓智能传感器，就是将微执行器和微变送器的部分或全部处理器件、处理电路集成在一个芯片上，同时具有信息检测、信息处理、信息记忆、逻辑思维与判断功能的传感器。它使传感器由单一功能、单一检测向多功能和多变量检测发展，使传感器由被动进行信号转换向主动控制和主动进行信息处理方向发展，并使传感器由孤立元件向系统化、网络化方向发展。

2. 智能传感器的组成

智能传感器主要由传感器、微处理器（或计算机）及相关电路组成，其原理框图如图 2.9 所示。

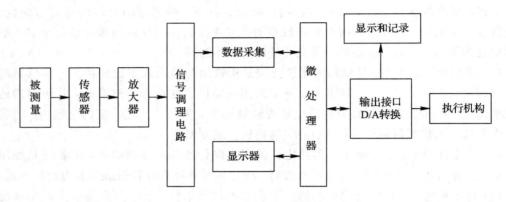

图 2.9　智能传感器原理框图

3. 智能传感器的作用

传感器将被测量的物理量和化学量转换成相应的电信号，经放大后送到信号调理电路中，进行滤波、放大、模/数转换，随后送到数据采集电路中，经数据采集电路处理后再送到微处理器中。微处理器是智能传感器的核心，它不但可以对传感器测量数据进行计算、存储、数据处理，还可以通过反馈回路对传感器进行调节。

4. 智能传感器的分类

智能传感器按结构不同可分为集成式、混合式和模块式三种形式。集成式是将敏感元件、微处理器、信号处理电路等集成在同一个硅片上，特点是集成度高，体积小。混合式是将传感器、微处理器和信号处理电路做在不同的芯片上，目前应用较多。模块式是将微处理器、信号调理电路模块、输出电路模块、显示电路模块和传感器装配在同一壳体内。

2.3　机电一体化产品的驱动器

伺服驱动在机电一体化系统中是一个重要的组成部分，它具有良好的动态性能，并可以控制驱动元件，使机械运动部件按照指令的要求进行运动。

2.3.1　驱动器的种类及其应满足的基本要求

1. 伺服驱动器的分类

伺服驱动系统根据动力源的不同可以分为液压伺服驱动系统、气动伺服系统和电气伺服系统三种。前两种驱动系统较复杂，包括泵、阀、油（气）缸、管路等结构；电气伺服驱动是以伺服电动机作为驱动元件的伺服系统，它具有精度高、速度快、可靠性高以及控制灵活、费用低等特点，在工业上得到了广泛应用。

伺服电机是指能精密控制产品位置的一类电机，常见的有直流伺服电机、交流伺服电机、直接驱动电机和步进电机。前三种伺服电机均采用位置闭环控制，一般用于精度高、速度快的机电一体化产品。步进电机是一种开环控制系统，它和现代数字控制技术有着本质的联系。在目前国内的数字控制系统中，步进电机的应用十分广泛。随着全数字式交流伺服系统的出现，交流伺服电机也越来越多地应用于数字控制系统中。为了适应数字控制的发展趋势，运动控制系统中大多采用步进电机或全数字式交流伺服电机作为执行电动机。

直流伺服电机又分为永磁、无槽电枢、空心杯电枢、印制绕组直流伺服电机等四种。永磁直流伺服电机用于一般的直流伺服电机系统。无槽电枢直流伺服电机用于需要快速动作、功率较大的伺服系统。空心杯电枢直流伺服电机用于需要快速动作的伺服系统。印制绕组直流伺服电机用于低速运行和启动、反转频繁的系统。直流伺服电机也可分为有刷和无刷两种。有刷直流伺服电机具有电机成本低，结构简单，启动转矩大，调速范围宽，控制容易，需要维护，但维护方便（换碳刷），会产生电磁干扰，对环境有要求等特点。因此它可以用于对成本敏感的普通工业和民用场合。无刷直流伺服电机具有电机体积小，重量轻，出力大，响应快，速度高，惯量小，转动平滑，力矩稳定等特点，容易实现智能化，其电子换相方式灵活，可以方波换相或正弦波换相且电机免维护不存在碳刷损耗的情况，效率很高，运行温度低且噪音小，电磁辐射很小，寿命长，可用于各种环境。交流伺服电机分为同步型和异步型两种，前者常用于位置伺服系统，功率范围一般在十瓦到数千瓦，个别达几十千瓦；后者主要用于需要以恒功率扩展调速范围的大功率调速系统，功率一般为数千瓦以上。

2. 伺服驱动装置应满足的基本要求

伺服驱动装置应满足可靠性高、动态性能良好、精度高、效率高和成本低等基本要求。伺服系统的执行结构应满足改善机构的性能，如提高刚性、减轻重量、实现组件化、标准化和系列化，提高系统整体可靠性等要求。伺服电动机技术性能直接影响着伺服系统的动态性能、运动精度、调速性能等。一般情况下，伺服电动机应满足如下的技术要求。

（1）具有较硬的机械性能和良好的调节特性。机械特性是指在一定的电枢电压条件下转速和转矩的关系。调节特性是指在一定的转矩条件下转速和电枢电压的关系。

（2）具有宽广而平滑的调速范围。

（3）具有快速响应特性。即，要求伺服电机从获得控制指令到按指令要求完成动作的时间要短，其中时间越短，系统的灵敏度就越高。

（4）具有小的空载始动电压。电机空载时，控制电压从零开始逐渐增加，直到电动机开始连续运转，此时电压称为空载始动电压。空载始动电压越小，电动机启动越快。

2.3.2 直流伺服系统

1. 直流伺服系统的工作原理

直流伺服系统的原理框图如图 2.10 所示。该系统包括 PWM 功率放大、速度负反馈和位置负反馈等环节。控制系统是对 PWM 功率放大电路进行控制，它能接收电压、速度、位置变化信号，并进行处理产生正确的控制信号，控制 PWM 功率放大器工作，使伺服电动机运行在给定的状态。由此可知，只要改变加在功率放大器上的控制脉冲宽度，就能控制电机的转向、停止和速度。

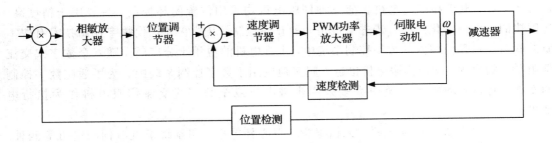

图 2.10 直流伺服系统的原理框图

2. 直流伺服系统的 PWM 控制

脉冲宽度的调节常采用脉冲宽度调制器，它是一个能将电压信号转变为脉冲宽度的调节变换装置，它能给功率放大器提供一个由速度指令信号调节宽度的控制脉冲序列。常用的 PWM 调制器有锯齿波 PWM、三角波 PWM 和数字 PWM。

由于在微机系统中，速度指令是以数字量的形式给出的，因而采用数字 PWM 调制器较为方便。数字 PWM 可用硬件、硬件加软件或软件方式来实现。其中，微机控制的 PWM 驱动系统框图如图 2.11 所示。图中采用的是数字 PWM 调制器。微机输出脉宽控制信号经驱动电路放大，驱动 PWM 主电路中的功率晶体管开关。开关频率及脉冲宽度都可采用软件形式的数字脉冲宽度调制器来调节。计算机同时对速度和位置反馈信号采样，并利用软件对速度和位置进行调节。

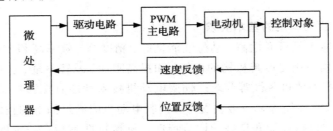

图 2.11 微机控制的 PWM 驱动系统框图

3. 直流伺服系统的直流电机的选择

直流伺服系统中直流伺服电机的选择除了要满足惯性匹配原则和容量匹配原则外，还要考虑固有频率和阻尼比等。应根据负载转矩、惯性负载来选择直流伺服电机的种类（大惯量还是小惯量电机），按照电机的工作特性曲线及设计要求来进行计算并确定型号，同时，应检查电机的启动与加减速能力，必要时还应检查其温升。

2.3.3 交流伺服系统

1. 交流伺服系统的矢量控制

矢量控制是一种很有前途的控制交流电机的方案。采用矢量变换的感应电机具有和直流电机一样的控制特点，且其结构简单、可靠。图 2.12 是采用交流伺服电机作为执行元件的矢量控制交流伺服系统框图，其工作原理是：速度指令与检测传感器传来的信号（经过 A/D 转换）比较器进行相比之后，经放大器送出转矩指令 $M(M = 3/2K_sI_z\Psi$，式中 K_s 为比例系数，I_z 为电枢电流，Ψ 为有效磁场束）至矢量处理电路，该电路由转角计算回路、乘法器、比较器等组成。此外，检测器的输出信号也送到矢量处理电路的转角计算回路中，将电机的回转位置 θ_r 变换成 $\sin\theta_r$，$\sin(\theta_r-2\pi/3)$ 和 $\sin(\theta_r-4\pi/3)$ 的信号，再分别送到矢量处理电路的乘法器中，由矢量处理电路输出 $M\sin\theta_r$，$M\sin(\theta_r-2\pi/3)$ 和 $M\sin(\theta_r-4\pi/3)$ 三种信号，经放大并与电机回路的电流检测信号比较再经脉宽调制电路（PWM）调制及放大，控制三相桥式晶体管电路，使交流伺服电机按规定的转速值旋转，最后输出要求的转矩值。检测器检测出的信号还可送到位置控制回路中，与插补器来的脉冲信号进行比较，完成位置控制。

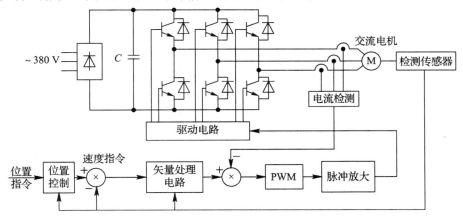

图 2.12　交流伺服系统框图

2. 交流伺服系统的变频调速控制

由电机学可知，交流感应电机的转速 n 为

$$n = \frac{60f}{p}(1-S) \qquad (2-2)$$

式中，n 为电机转速（r/min），f 为外加电源频率（Hz），p 为电机极对数，S 为滑差率。从式（2-2）可知改变交流电机的转速有变频调速、变极调速和变转差率调速三种方法。变频调速是通过改变外加电源频率来实现电机调速的，其特点是调速范围宽、平稳性好、效率高，具有优良的静态和动态特性；变极调速是通过改变极对数来实现电机调速的，这种方法是有级调速且调速范围窄；变转差率调速可以通过改变在转子绕组中的串联电阻和改变定子电压两种方法来实现，这种方法损耗较大。通过比较发现，变频调速具有很大优势，因此目前高性能交流调速系统都采用这种技术。

异步电机变频调速所需的变频和变压功能（VVVF）是通过变频器完成的。变频器常采用脉冲幅值调制 PAM 和脉冲宽度调制 PWM 控制方式实现 VVVF。

PAM 控制方式主电路如图 2.13 所示。它将 VV 和 VF 分开，在可控整流电路中将交流电整流为直流，同时进行相控调压，而后再将直流电逆变为频率可调的交流电。

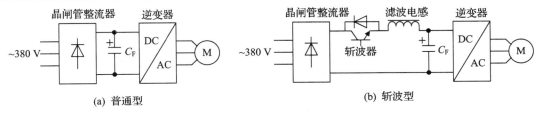

图 2.13　PAM 控制方式主电路

PWM 控制方式主电路如图 2.14 所示。它将 VV 和 VF 功能在逆变器中一起完成。这种情况下，不可控整流器只完成整流功能，其整流后的直流电压是恒定不变的，然后通过逆变器完成变频和变压。

正弦 SPWM 变频调速是近几年发展起来的，其触发电路是一系列频率可调的脉冲波，脉冲的幅值恒定且宽度可调，因而可以根据电压和频率的比值在变频的同时改变电压，并可按一定规律调制脉冲宽度，如按正弦波规律调制。SPWM 方式可以由模拟和数字电路等硬件电路实现，也可用微机软件或软硬件结合的方式实现。采用硬件实现 SPWM 的原理如图 2.15 所示，图中用一个正弦波发生器产生可以调频调幅的正弦波信号（调制波），用三角波发生器生成幅值恒定的三角波信号（载波），将它们在电压比较器中进行比较，并输出 PWM 调制电压脉冲。其中三角波电压和正弦波电压分别接电压比较器的"一""＋"输入端。当 $u_\triangle < u_{sin}$ 时，电压比较器输出高电平；反之则输出低电平。PWM 脉冲宽度（电平持续时间长短）由三角形波和正弦波交点之间的距离决定，两者的交点随正弦波电压大小的改变而改变。于是在电压比较器的输出端就输出幅值相等而脉冲宽度不等的 PWM 电压信号。逆变器输出电压的每半周由一组等幅而不等宽的矩形脉冲构成，近似等于正弦波，这种脉宽调制波是通过控制电路按 PWM 信号控制半导体开关元件的通断而产生的。

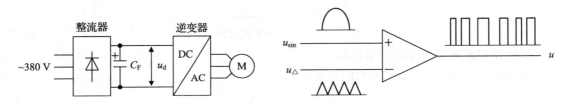

图 2.14　PWM 控制方式主电路　　　　图 2.15　采用硬件实现 SPWM 的原理

交流伺服电机通常有异步型伺服电机和永磁同步伺服电机两种。异步型电机采用矢量控制。永磁同步伺服电机具有直流伺服电机的调速特性；采用变频调速时，能方便地获得与频率 f 成正比的转速 n，即 $n = \dfrac{60f}{p}$，同时还能获得较宽的调速范围和硬机械性能。

2.4　机电一体化产品的机械传动与执行机构

机电一体化产品的机械系统一般包括传动机构、导向机构和执行机构三大机构。

（1）传动机构：其功能是传递转矩和转速。传动部件对伺服特性有很大影响，特别是其传动类型、传动方式、传动刚性及传动的可靠性对系统的精度、稳定性和快速响应性有重大影响。

（2）导向机构：其作用是支承和限制运动部件按给定的运动要求和规定的运动方向运动。

（3）执行机构：所谓执行机构（或装置），就是按照指令将电信号转换成流体或机械能，驱动机械部分进行运动的装置。机电一体化产品的执行机构可以分为电动、液压、气动三大类。一般要求它具有较高的灵敏度、精确度，以及良好的重复性和可靠性等。

本节主要介绍机电一体化产品的传动机构与执行机构。

2.4.1　传动机构

机电一体化产品机械系统的传动机构要求具有传动精度高、工作稳定性好、响应速度快等特点。随着科技进步，其传动机构正朝着精密化、高速化、小型化、轻量化的方向发展。常用的传动机构有齿轮传动、滚珠丝杠副、同步带传动、棘轮传动等。

1. 齿轮传动

齿轮传动是机电一体化系统中使用最多的一种机械传动机构，其原因是齿轮传动的瞬时传动比为常数，传动精确，且强度大、能承受重载、结构紧凑、摩擦力小、效率高。用于伺服系统的齿轮传动一般是减速系统，其输入是高速、小转矩，输出是低速、大转矩。要求齿轮系统不但具有足够的强度，而且有尽可能小的转动惯量，在同样的驱动功率下，其加速度响应为最大。通常采用负载加速度最大原则选择总传动比，以提高伺服系统的响应速度。

2. 滚珠丝杠副

滚珠丝杠副是在丝杠和螺母间以钢球为滚动体的螺旋传动机构。它可将直线运动转变为旋转运动，或者将旋转运动转变为直线运动。所以滚珠丝杠副既是传动机构，也是直线运动和旋转运动相互转换的转换机构。本节以螺旋槽式滚珠丝杠副为例进行讲解。螺旋槽式滚珠丝杠副的结构原理如图 2.16 所示，在丝杠和螺母上都有半圆弧形的螺旋槽；当它

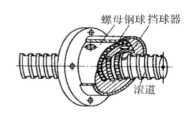

图 2.16　螺旋槽式滚珠丝杠副的结构原理

们套装在一起时便形成了滚珠的螺旋滚道。螺母上有滚珠回路管道，将几圈螺旋滚道的两端连接起来构成封闭的循环滚道，滚道内装满滚珠。当丝杠转动时，带动滚珠在滚道内既自转又沿滚道循环转动，因而迫使螺母（或丝杠）轴向移动。为防止滚珠从螺纹滚道端面掉出，在螺母的螺旋槽两端应设有挡球器。

3. 同步带传动

同步带传动是一种综合了带传动、齿轮传动和链传动特点的新型传动方式，如图 2.17 所示。同步带传动是利用齿形带的带齿和带轮的轮齿依次相啮合来传递运动和动力的。它与平带传动相比较具有传动比准确、传动效率较高、能吸振、噪音低、传动平稳、能高速传动等优点。

4. 棘轮传动

棘轮传动机构是间歇传动机构的一种，它能将原动机构的连续运动转换成间歇运动。如图 2.18 所示，棘轮传动主要由棘轮和棘爪组成。棘爪装在摇杆上，能围绕 O_1 点转动，摇杆空套在棘轮凸缘上作往复运动。当摇杆作逆时针方向摆动时，棘爪与棘轮齿啮合，克服棘轮轴上的外加力矩 M，拖动棘轮朝逆时针方向转动，此时动爪在棘轮齿上打滑。当摇杆摆过一定角度 θ 而反向作顺时针方向摆动时，止动爪把棘轮闸住，使其不至于因外加力矩 M 的作用而随摇杆一起作返回转动，此时棘爪在棘轮齿上打滑而返回起始位置。这样，摇杆不停地往复摆动，棘轮就不断地按逆时针方向间歇转动。其中扭簧可帮助棘爪与棘轮齿

啮合。

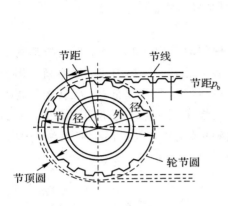

图 2.17　同步带传动

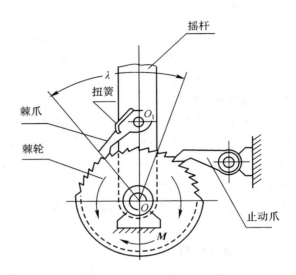

图 2.18　棘轮传动

其他的间歇机构还有槽轮传动机构、凸轮传动机构等。

注意：在电气系统中，如果电源的内部阻抗与负载阻抗相同，那么负载消耗的电能最大，效率最高。在机械系统和流体系统中也具有类似的性质。要从某一能源以最高效率获得能量，一般都要使负载的阻抗与能源内部的阻抗一致，这叫作阻抗匹配。因此，当传动机构满足阻抗匹配原则时可获得较高的传递效率。

2.4.2　执行机构

1. 执行机构的定义

执行机构就是按照电信号的指令，将来自电、液压和气压等各种能源的能量转换成旋转运动、直线运动等方式的机械能的装置。执行机构是实现机电一体化产品的一个重要环节，它要能够保证按时、准确地完成预期动作。目前，执行机构正向着采用新材料、新工业来提高机构的动态性能、响应速度，向着高精度、高灵敏度和高可靠性的方向发展。

2. 执行机构的分类

为了实现不同的功能，机电一体化系统采用了不同形式的执行机构，主要有机械式、电子式、激光电动式，等等。其中，机械式的执行机构主要有微动机构。按利用的能源形式，执行机构大体可分为电动执行机构、液压执行机构和气动执行机构。在电动执行机构中，又分为实现旋转运动的直流（DC）电机、交流（AC）电机、步进电机和直接驱动（DD）电机，以及实现直线运动的直线电机。直流电机等电动执行机构，都是由电磁力来产生直线驱动力和旋转驱动力矩的，其基本工作原理相同。此外，还有实现直线运动的螺线管和可动线圈。由于电动执行机构的能源容易获得，且使用较为方便，所以得到了广泛的应用。液压执行机构有液压油缸、液压马达等，这些机构具有体积小、输出功率大等特点。气动执行机构有气缸、气动马达等，这些机构具有重量轻、价格便宜等特点。液压和气动执行机构的基本工作原理比较简单，即用油压或空气压力推动活塞或叶片产生直线运动的力或旋转运动的力矩。

本节以微动机构为例进行详细介绍。

3. 微动机构

微动机构是一种能在一定范围内精确、微量地移动到给定位置或实现特定的进给运动的装置。微动机构根据执行件的原理不同可分为手动机械式、电气-机械式、弹性变形式、热变形式、磁致伸缩式、压电式等。下面介绍其中的三种。

1）手动机械式微动机构

手动机械式微动机构如图 2.19 所示。它由紧固螺母、调节螺母、微动手轮、螺杆和钢珠等组成。整个装置固定在测微套上，旋转微动手轮时，螺杆顶动工作台，实现工作台的微动。

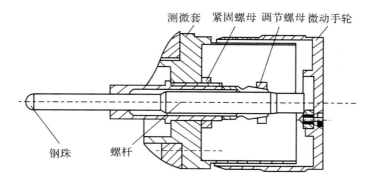

图 2.19　手动机械式微动机构

2）热变形式微动机构

热变形式微动机构是利用电热元件作为动力源，靠电热元件通电后产生的热变形实现微小移动的。如图 2.20 所示，传动杆的一端固定在导轨移动的运动件上。当电阻丝通电加热时，传动杆受热伸长。当传动杆由于伸长而产生的力大于导轨副中的静摩擦力时，运动件开始移动。最理想的情况是运动件的移动量等于传动杆的伸长量。但由于导轨副的摩擦力、位移速度、运动件的质量以及系统阻尼等因素的影响，使得运动件的移动量与传动件的伸长量有一定差值，此值称为运动误差。为减小微量位移的相对误差，需要加大传动杆的弹性模量、线膨胀系数和截面积等。热变形式微动机构可利用变压器、变阻器来调节传动杆的加热速度，以实现对位移速度和微进给量的控制。为使传动件恢复原来位置，可利用压缩空气或乳化液流经传动杆的内部使之冷却。热变形式微动机构具有刚度高和无间隙的优点，但由于热惯性和冷却速度难以精确控制等原因，这种机构只适用于行程较短、频率不高的场合。

3）磁致伸缩式微动机构

磁致伸缩式微动机构是利用某些材料在磁场作用下具有改变尺寸的磁致伸缩效应，来实现微量位移的。如图 2.21 所示，磁致伸缩棒左端固定在机座上，右端与运动件相连，绕在伸缩棒外的磁致线圈通电励磁后，在磁场作用下，伸缩棒产生伸缩变形而使运动件实现微量移动。通过改变线圈的通电电流来改变磁场强度，使伸缩棒产生不同的伸缩变形，从而带动运动件得到不同的位移量。磁致伸缩式微动机构的特点是重复精度高、无间隙、刚度好、工作稳定性好，结构简单等，但其提供位移量很小，只用于精确位移调整的场合。

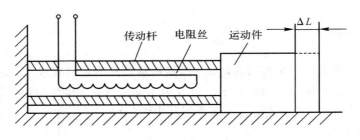

图 2.20　热变形式微动机构

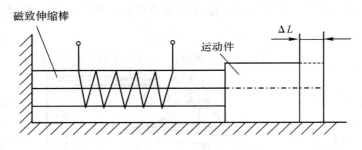

图 2.21　磁致伸缩式微动机构

思 考 题

1. 机电一体化产品一般由哪几部分组成？
2. 单片机、单板机、PLC 和嵌入式系统的区别是什么？
3. 什么是传感器，传感由哪几部分组成？其基本特性是什么？
4. 机电一体化产品的驱动器有哪些？
5. 机电一体化产品机械系统由哪几部分组成？
6. 机电一体化产品的执行器有哪些？
7. 学习机电一体化产品组成需要掌握的相关知识有哪些？

第 **3** 章　机电一体化产品的控制策略

【导读】　智能工厂构成"工业4.0"的一个关键特征。智能工厂能够管理复杂的事物，不容易受到干扰，可以更有效地制造产品。在智能工厂里，人、机器和资源能够自然地相互沟通协作。智能产品可以"理解"它们被制造的细节以及将来的用途。它们积极协助生产过程，回答诸如"我是什么时候被制造的""哪组参数应被用来处理我""我应该被传送到哪"等问题。未来，智能产品与智能移动性、智能物流和智能系统网络的对接将使智能工厂成为智能基础设施中的一个关键组成部分。其中，智能化正是机电一体化技术与传统机械自动化技术的主要区别之一。智能控制是在人工智能及自动控制等多学科的基础上发展起来的一门新兴、交叉学科，它在机电一体化系统中的应用正日益得到重视。除此之外，机电一体化产品中还应用过其他控制技术。

3.1　传统控制策略

3.1.1　比例-积分-微分(PID)控制

1. PID 的概念

在工程实际中，应用最为广泛的调节器控制规律为比例-积分-微分控制，简称 PID 控制，又称 PID 调节。PID(比例-积分-微分)控制技术是最早实用化的控制技术，它以结构简单、稳定性好、工作可靠、调整方便等特点成为工业控制的主要技术之一。若被控对象的结构和参数不能完全掌握，或得不到精确的数学模型，控制理论的其他技术又难以采用，则必须依靠经验和现场调试来确定系统控制器的结构和参数，此时应用 PID 控制技术最为方便。即当我们不完全了解一个系统和被控对象，或不能通过有效的测量手段来获得系统参数时，最适合用 PID 控制技术。实际中也有 PI 和 PD 控制。PID 控制器就是根据系统的误差，利用比例、积分、微分计算出控制量进行控制的。

2. PID 的参数整定方法

PID 控制器的参数整定是控制系统设计的核心内容。它能根据被控过程的特性确定 PID 控制器的比例系数、积分时间常数和微分时间常数的大小。PID 控制器参数整定的方法很多，概括起来有两大类：一是理论计算整定法。它主要是依据系统的数学模型，经过理论计算确定控制器参数。这种方法所得到的计算数据未必可以直接用，还必须通过工程实际进行调整和修改。二是工程整定方法，它主要依赖工程经验，直接在控制系统的试验中进行，其方法简单、易于掌握，在工程实际中被广泛采用。PID 控制器参数的工程整定方法主要有临界比例法、反应曲线法和衰减法。这三种方法各有特点，其共同点是通过试验，然后按照工程经验公式对控制器参数进行整定。但无论采用哪一种方法得到的控制器参数，都需要在实际运行中进行最后调整与完善。现在一般采用的是临界比例法。利用该方法进行 PID 控制器参数的整定步骤如下：① 预选一个足够短的采样周期让系统工作；② 仅加入比例控制环节，直到系统对输入的阶跃响应出现临界振荡，记下这时的比例放大系数和临界振荡周期；③ 在一定的控制下通过公式计算得到 PID 控制器的参数。

3. 模拟 PID 和数字 PID 控制

PID 根据被控对象是模拟量还是数字量分为模拟 PID 控制和数字 PID 控制。

1）模拟 PID 控制

模拟 PID 就是常说的 PID，其控制系统原理框图如图 3.1 所示。模拟 PID 是一种线性调节器，它将给定值 $r(t)$ 与实际输出值 $c(t)$ 偏差的比例（Proportional，P）、积分（Integral，I）和微分（Derivative，D）通过线性组合构成控制量，对被控对象进行控制。

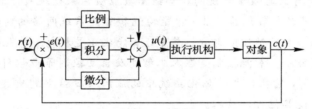

图 3.1 模拟 PID 控制系统原理框图

模拟 PID 调节器的微分方程为

$$u(t) = K_P \left[e(t) + \frac{1}{T_I} \int_0^t e(t) \mathrm{d}t + T_D \frac{\mathrm{d}e(t)}{\mathrm{d}t} \right] \qquad (3-1)$$

式中，$e(t) = r(t) - c(t)$；K_P 为比例系数；T_I 为积分时间常数；T_D 为微分时间常数。

其传递函数为

$$G(s) = \frac{U(s)}{E(s)} = K_P \left(1 + \frac{1}{T_I s} + T_D s \right) \qquad (3-2)$$

PID 调节器各环节的校正作用分别如下：

① 比例环节：能成比例地反应控制系统的偏差信号 $e(t)$，偏差一旦产生，调节器将立即产生控制作用以减小偏差。

② 积分环节：主要用于消除静差，提高系统的无差度。积分作用的强弱取决于积分时间常数 T_I，T_I 越大，积分作用越弱，反之则越强。

③ 微分环节：能反应偏差信号的变化趋势（变化速率），并能在偏差信号的值变得太大

之前，在系统中引入一个有效的早期修正信号，从而加快系统的动作速度，减小调节时间。

2）数字 PID 控制

若对模拟 PID 控制规律离散化，就可以得到数字 PID 的差分方程，即

$$u(n) = K_P \left\{ e(n) + \frac{T}{T_I} \sum_{i=0}^{n} e(i) + \frac{T_D}{T} [e(n) - e(n-1)] \right\} + u_0$$

$$= u_P(n) + u_I(n) + u_D(n) + u_0 \tag{3-3}$$

式中，$u_P(n) = K_P e(n)$，称为比例项；$u_I(n) = K_P \dfrac{T}{T_I} \sum_{i=0}^{n} e(i)$，称为积分项；$u_D(n) = K_P \dfrac{T_D}{T} \cdot$

$[e(n) - e(n-1)]$，称为微分项。

数字 PID 采样周期越小，数字模拟越精确，控制效果则越接近连续控制。对大多数算法来说，缩短采样周期可使控制回路性能改善，但采样周期缩短时，频繁的采样必然会占用较多的计算工作时间，同时也会增加计算机的计算负担，而有些变化缓慢的受控对象无需很高的采样频率即可很好地进行跟踪，过多的采样反而没有多少实际意义。

采样周期的选择一般要满足采样定理，也就是最大采样周期 T_{max} 满足：

$$T_{max} = \frac{1}{2f_{max}} \tag{3-4}$$

式中，f_{max} 为信号频率组分中最高频率分量。

此外，选择采样周期 T 应综合考虑的因素还有：

① 给定值的变化频率：加到被控对象上的给定值变化频率越高，采样频率也应越高，以使给定值的改变量通过采样得到迅速反映，而不致在随动控制中产生大的时延。

② 被控对象的特性：考虑对象变化的缓急，若对象是慢速的热工或化工对象，则 T 一般取得较大，在对象变化较快的场合，T 应取得较小；考虑干扰的情况，从系统抗干扰的性能要求来看，要求采样周期短，使扰动能迅速得到校正。

③ 使用的算式和执行机构的类型：采样周期太小，会使积分作用、微分作用不明显。同时，因受微机计算精度的影响，当采样周期小到一定程度时，前后两次采样的差别反映不出来，故使调节作用减弱；执行机构的动作惯性大，采样周期的选择要与之适应，否则执行机构不能及时反映数字控制器输出值的变化。

④ 控制的回路数：要求控制的回路较多时，相应的采样周期越长，以使每个回路的调节算法都有足够的时间来完成。控制的回路数 n 与采样周期 T 满足 $T \geqslant \sum_{j=1}^{n} T_j$，其中 T_j 是第 j 个回路控制程序的执行时间。

3.1.2　串级控制

1. 串级控制的概念

串级控制是一种复杂控制系统，它根据系统结构命名，由两个或两个以上的控制器（主环、副环、次副环……）串联组成，其中一个控制器的输出是另一个控制器的设定值，且每个回路中都有一个属于自己的调节器和控制对象。主回路中的调节器称为主调节器，作为系统的主被控变量，又称主对象；副回路中的调节器称副调节器，控制对象为副被控变量，又称副对象，它的输出是一个辅助的控制变量。

2. 串级控制中副回路的作用

串级控制回路系统增加了副回路，使性能得到改善，主要表现在以下几个方面：

（1）能迅速克服进入副回路扰动的影响。当扰动进入副回路后，首先，副被控变量检测到扰动的影响，并通过副回路的定值作用及时调节操纵变量，使副被控变量恢复到副设定值，从而减少扰动对主被控变量的影响。即副环回路对扰动进行粗调，主环回路对扰动进行细调。因此，串级控制系统能够迅速克服进入副环扰动的影响，并使系统余差大大减小。

（2）串级控制系统具有串级控制、主控和副控等多种控制方式，其中主控方式是切除副回路，以主被控变量作为被控变量的单回路控制；副控方式是切除主回路，以副被控变量作为被控变量的单回路控制。因此，在串级控制系运行过程中，如果某些部件发生故障，则可进行灵活切换，以减少对生产的影响。

3. 串级控制的组成

串级控制系统组成框图如图3.2所示，在串级系统中起主导作用的被控变量为主对象，主对象是用主参数（工艺控制指标）表征其特性的生产设备，副对象是用副参数（为了稳定主参数，或为某种需要引入的辅助变量）表征其特性的生产设备。主控制器按主参数与其给定值的偏差工作，其输出为副控制器的给定值，在系统中起主导作用。副控制器按副参数与主控制器送的外给定的偏差工作。

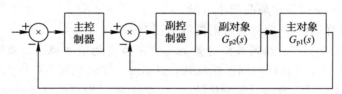

图 3.2　串级控制系统组成框图

3.1.3　纯滞后对象的控制

1. 纯滞后对象的数学模型

在化工过程控制系统中，普遍存在纯滞后环节。大多数工业控制对象可以用惯性加纯滞后环节来描述，即传递函数为

$$G_0(s) = \frac{Ke^{-\tau s}}{(1+T_1 s)(1+T_2 s)} \text{ 或 } G_0(s) = \frac{Ke^{-\tau s}}{1+T_1 s} \qquad (3-5)$$

2. 纯滞后对象的控制系统结构组成

设某一带纯滞后环节的单回路控制系统的结构图如图3.3所示。

图 3.3　带纯滞后环节的单回路控制系统的结构图

图3.3中，$D(s)$表示控制器的传递函数，用于校正$G_p(s)$部分；$G_p(s)e^{-\tau s}$表示被控对象的传递函数，$G_p(s)$为被控对象中不包含纯滞后部分的传递函数，$e^{-\tau s}$为被控对象纯滞后部分的传递函数，τ为纯滞后时间。

3. 纯滞后对象的常用控制方法

对象的纯滞后时间对控制系统的控制性能极为不利，它使系统的稳定性降低，过渡过程特性变坏。当对象的纯滞后时间 τ 较大时，控制系统的调节作用不及时，导致被调参数的最大偏差增大，甚至出现发散振荡，降低调节系统的动态品质。对这种控制对象，采用常规的 PID 调节器已很难取得满意的控制效果。因此，纯滞后对象的控制方法常采用大林（Dahlin）算法和纯滞后补偿（Smith 预估）控制等。

1）大林算法

大林算法的设计目标是将期望的闭环响应设计成一阶惯性环节与纯滞后环节串联，使滞后时间与被控对象滞后时间相同，然后反过来得到能满足这种闭环响应的控制器。

对于图 3.3 所示的系统而言，其闭环系统传递函数为

$$\phi(s) = \frac{Y(s)}{R(s)} = \frac{D(s)G_0(s)}{1 + D(s)G_0(s)} \qquad (3-6)$$

于是有

$$D(s) = \frac{U(s)}{E(s)} = \frac{1}{G_0(s)} \cdot \frac{\phi(s)}{1 - \phi(s)} \qquad (3-7)$$

根据式（3-7），如果能事先设定系统的闭环响应 $\phi(s)$，则可得到控制器 $D(s)$。大林算法指出，通常的期望闭环响应为一阶惯性环节加纯延迟环节形式，且其延迟时间等于对象的纯延迟时间 τ，即

$$\phi(s) = \frac{Y(s)}{R(s)} = \frac{1}{T_b s + 1} \cdot e^{-\tau s} \qquad (3-8)$$

式中，T_b 为闭环系统的时间常数。这种由闭环传递函数 $\phi(s)$ 确定控制器 $D(s)$ 的控制方法称为大林算法。

2）纯滞后补偿控制

Smith（史密斯）提出了一种纯滞后补偿模型，原理是与 PID 控制器并联形成一个补偿环节，该补偿环节称为 Smith 预估控制器。

对于图 3.4 所示有扰动的带纯延迟环节的单回路控制系统而言，其闭环传递函数为

$$\phi(s) = \frac{Y(s)}{R(s)} = \frac{D(s)G_p(s)e^{-\tau s}}{1 + D(s)G_p(s)e^{-\tau s}} \qquad (3-9)$$

其特征方程为

$$1 + D(s)G_p(s)e^{-\tau s} = 0 \qquad (3-10)$$

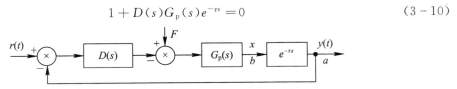

图 3.4　有扰动的带纯延迟环节的单回路控制系统

由式（3-10）可知，其中出现了纯延迟环节，使系统的稳定性降低，如果 τ 足够大，系统将变得不稳定。而 $e^{-\tau s}$ 之所以在特征方程中出现，是因为反馈信号从 a 点引出而非 b 点，如果从 b 点引出，则把纯延迟环节移到控制回路的外边，经过 τ 时间的延迟后，被调量 y 将重复 x 的变化，由于反馈信号 x 没有延迟，系统的响应会大大改善。然而在实际系统中，不存在 b 点或无法从 b 点引出反馈信号。针对这种问题，Smith 提出采用人造模型的方法

构造如图 3.5 所示的控制系统。

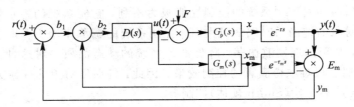

图 3.5　Smith 预估控制系统

如果模型是精确的，即 $G_p(s) = G_m(s)$，$\tau = \tau_m$，且不存在扰动（$F = 0$），则 $y = y_m$，$E_m = 0$，$x = x_m$，就可以将 x_m 移动到 x 处，将 $G_m(s)$ 和 $e^{-\tau_m s}$ 项去掉，构成第一条反馈回路，实现将纯延迟环节移到控制回路的外边。如果模型不精确或存在扰动（$F \neq 0$），则 $E_m \neq 0$，可采用 E_m 实现第二条反馈回路，提高系统的控制精度，这就是 Smith 控制器的控制策略。其实质就是将纯延迟环节移出控制回路。这种方法的前提是必须知道被控对象的数学模型。

3.1.4　解耦控制

1. 解耦控制的概念

生产过程中的实际系统，往往有多个被调量和多个调节量。如果任一调节量只影响其对应的被调量，则可构成多个彼此独立的系统，它们彼此间互不干扰。若任一调节量对多个被调量都有影响，即系统之间相互关联，则构成了耦合系统。处理存在相互干扰的多重控制回路时，有必要运用一种相互作用的控制系统将多重回路互相隔离以避免各回路间相互干扰，此类设计称为解耦控制。

2. 解耦控制的结构

图 3.6 为一简单耦合系统结构图，就是在系统中加入解耦装置，使图中调节器 G_{c1} 的输出只影响 Y_1，不影响 Y_2；调节器 G_{c2} 的输出只影响 Y_2，不影响 Y_1。由图 3.6 可知：

$$Y(s) = G_p(s)U(s)$$
$$U(s) = N(s)U_c(s) \tag{3-11}$$

于是得

$$Y(s) = G_p(s)N(s)U_c(s) \tag{3-12}$$

因此，只要使矩阵 $G_p(s)N(s)$ 满足某种关系，就能解除 R_1 与 Y_2，R_2 与 Y_1 之间的耦合关系。

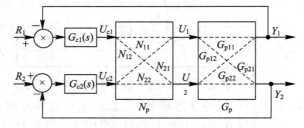

图 3.6　简单耦合系统结构图

3. 解耦控制的常用方法

常用解耦控制方法有前馈补偿解耦和单位矩阵解耦等。

3.2　现代控制策略

3.2.1　自适应控制

1. 自适应控制的概念

自适应控制就是能自动地适时地调节系统本身控制规律的参数，以适应外界环境变化、系统本身参数变化、外界干扰等影响，使整个系统按某一性能指标运行在最佳状态。能实现这种控制的系统称为自适应控制系统。

2. 自适应控制系统的原理结构

自适应控制系统的原理结构如图 3.7 所示。

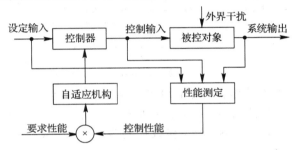

图 3.7　自适应控制系统的原理结构

自适应控制的对象是一个未知系统，包括系统参数未知和系统状态未知两个方面，同时被控对象还受外界干扰、环境变化以及系统本身参数变化的影响。严格地说，通常所控制的系统，由于环境条件、外界因素等影响，都可以说是一个未知系统。例如，飞行器系统和液压控制系统。

3. 自适应控制的分类

自适应控制方式大致分为以下两类：

1）模型参考自适应控制（MRAC）

模型参考自适应控制系统由参考模型、被控对象、常规的反馈控制器和自适应控制器等构成，其系统结构如图 3.8 所示。图 3.8 中，$r(t)$ 为参考输入；$y_m(t)$ 为模型输出；$y_p(t)$ 为被控对象输出；$e_m(t)$ 为自适应控制误差。

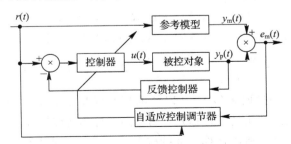

图 3.8　模型参考自适应控制系统结构图

如果系统的数学模型不确定（或事先未知），控制器的初始参数不能很好调节，则被控

对象的输出 $y_p(t)$ 与参考模型的输出 $y_m(t)$ 之间会产生一定的误差 $e_m(t)$，这个误差称为自适应控制误差。当自适应控制误差被引进自适应调节器时，经过自适应控制规律运算，可直接改变控制器的参数，产生新的控制作用 $u(t)$（称为被控对象的控制输入）控制被控对象，从而使被控对象的输出渐近一致地跟随参考模型输出，直到 $y_p(t)=y_m(t)$，即自适应控制误差 $e_m(t)=0$ 为止。设计这类系统的核心问题是如何综合自适应控制调节规律。

2）自适应调节器

自适应调节器的控制对象也是一个未知或部分未知系统，其系统结构如图3.9所示。

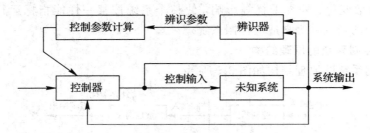

图3.9 自适应调节器系统结构

自适应调节器系统的设计思想是先假设被控系统的参数已知，适当选择目标函数，决定最优控制规律，即先确定控制器结构，接着根据输入输出信息，通过辨识器进行系统参数辨识，将辨识参数看成系统实际参数，修改控制器参数，构成控制输入，调节未知系统，使被控系统动态性能达到最优。

自适应调节器由参数辨识器和自适应控制器构成，其中，参数辨识器通常是用最小二乘法、扩张最小二乘法或卡尔曼滤波器反复计算进行辨识的。自适应控制器包括使输出误差方差为最小的最小方差自适应控制器和使闭环极点为希望极点的极点配置自适应控制器两种。

3.2.2 变结构控制

1. 变结构控制的概念

如果存在一个或几个切换函数，当系统的状态达到切换函数值时，系统将从一个结构自动转换成另一个确定的结构，那么这种系统称为变结构系统。此处，系统的一种结构，也称为系统的一种模型（由一组数学方程所描述）。如果选择并确定了系统的控制规律后，得到的闭环系统是一个变结构系统，则称此系统为变结构控制系统。

对于某一非线性控制系统有

$$\dot{x}=f(x,u,t),\ x\in R^n,\ u\in R^m,\ t\in R \tag{3-13}$$

如果能够确定切换函数向量 $s(x)$，$s\in R^m$，并能寻求到控制函数 u 为

$$u_i(x)=\begin{cases}u_i^+(x),\ s_i(x)>0\\u_i^-(x),\ s_i(x)<0\end{cases}\quad(\text{其中，}u^+(x)\neq u^-(x)) \tag{3-14}$$

且满足：① 到达条件：切换面 $s_i(x)=0$ 以外的相轨线将于有限时间内到达切换面；② 切换面是滑动模态区，且滑动运动渐近稳定，动态品质好，则称这种控制方法为变结构控制。由于此处利用了滑动模型，所以常称为变结构滑动模态控制或滑模变结构控制。

2. 变结构控制的分类

从广义上讲，变结构系统主要有两类：一类是具有滑动模态的变结构系统；另一类是

不具有滑动模态的变结构系统。通常说的变结构系统均指前者。具有滑动模态的变结构系统不仅对外界干扰和参数摄动具有较强的鲁棒性，而且可以通过滑动模态的设计来获得满意的动态品质。

3. 滑模变结构控制的切换函数常见模型

对于单输入的（即 u 为标量函数）滑模变结构控制，其切换函数主要存在以下模型。

（1）线性模型。即控制对象和切换函数都是线性的，其数学表达式为

$$\dot{x} = Ax + bu$$
$$s = c^{\mathrm{T}}x \tag{3-15}$$

式中，A 为 $n \times n$ 阵，b、c 为 n 维向量。

（2）线性对象，二次型切换函数模型。即控制对象是线性的，切换函数为二次型，其数学表达式为

$$\dot{x} = Ax + bu$$
$$s = x_1 c^{\mathrm{T}}x \tag{3-16}$$

（3）非线性对象，线性切换函数模型。即控制对象是非线性的，切换函数是线性的，其数学表达式为

$$\dot{x} = A(x) + b(x)u$$
$$s = c^{\mathrm{T}}x, \quad x = [x_1, \cdots, x_n]^{\mathrm{T}} \tag{3-17}$$

属于这类系统的有机器人、飞机和太空飞行器等。

3.2.3　鲁棒控制

1. 鲁棒控制的概念

鲁棒性是指控制对象在一定范围内变化时，系统在某种程度上保持自身稳定性与动态性的能力。在单变量控制系统中，系统的鲁棒性可以从系统的开环传递函数的幅频和相频特性中可靠地估计出来，例如稳定裕度的概念就可以反映系统抗模型摄动的能力。对于多变量控制系统，由于系统中有众多不同的输入输出量，使幅值与相位的意义变得模糊，因此在多变量控制系统中照搬单变量系统的结果是不行的，这样就需引入状态空间来处理多变量情况。

鲁棒概念可以描述为：假定对象的数学模型属于一集合 P：只考察反馈系统的某些特性，如内部稳定性，并给定一控制器 K，如果集合 P 中的每一个对象都能保持这种特性成立，则称该控制器对此特性是鲁棒的。因此谈及鲁棒性时必有一个控制器、一个对象的集合和某些系统特性。设 r 为参考输入，e 为跟踪误差，y 为输出，这样即

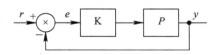

图 3.10　反馈系统框图

可通过一个反馈系统进行说明（如图 3.10 所示）。其中，全面理解"对象的数学模型属于一集合"是正确理解"鲁棒"的基础。

2. 鲁棒稳定性和鲁棒性能

设假定对象的传递函数属于集合 P，并给定一个控制器 K，如果对集合 P 中的每个对象都能保证内部稳定，则称它为鲁棒稳定性。

假定对象的传递函数属于集合 P，鲁棒性能是指集合中的所有对象都满足内部稳定性

和一种特定的性能。

图 3.10 中，假定控制器使标称反馈系统达到内部稳定，则引进灵敏度函数为

$$S = \frac{1}{1+PK} = \frac{1}{1+L} \qquad (3-18)$$

式中，$L = PK$ 为回路开环传递函数。

此时，补灵敏度函数为

$$T = 1 - S = \frac{L}{1+L} = \frac{PK}{1+PK} \qquad (3-19)$$

对图 3.10 中系统，设 W_1、W_2 为一权函数，则控制器 K 能保证鲁棒稳定性的充要条件是

$$\| W_2 T \|_\infty < 1 \qquad (3-20)$$

鲁棒性能的充要条件是

$$\| |W_1 s| + |W_2 T| \|_\infty < 1 \qquad (3-21)$$

鲁棒的实质问题就是如何设计控制器 K 使被控对象的不确定性模型集合全部稳定或满足其他性能。鲁棒控制包括区间系统鲁棒控制和 H_∞ 鲁棒控制等。

3.2.4　预测控制

1. 预测控制的概念

预测就是借助对已知、过去和现在的分析得到对未知和未来的了解。预测控制是一种基于预测过程模型的控制算法，能根据历史信息判断将来的输入和输出。预测控制又称为模型预测控制（MPC），它以各种不同的预测模型为基础，采用在线滚动优化指标和反馈自校正策略，力求有效克服受控对象的不确定性，以及迟滞和时变等因素的动态影响，从而达到参考轨迹输入的目的，使系统具有良好的鲁棒性和稳定性。

2. 预测控制的结构组成

预测控制的系统组成主要包括参考轨迹、滚动优化、预测模型和在线校正四个部分，其结构如图 3.11 所示。

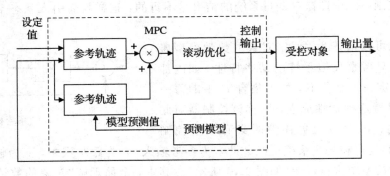

图 3.11　预测控制系统结构

（1）参考轨迹：人们希望的被控对象工作状态的一种参考轨迹。

（2）滚动优化：即采用滚动式的有限时域优化策略。也就是说优化策略不是一次离线完成的，而是反复在线进行的，即在每一采样时刻，优化性能指标只涉及从该时刻起到未来的有限时间段，而到下一个采样时刻，这一优化时段会同时向前推移。

（3）预测模型：预测控制所需描述动态行为的基础模型。它有预测功能，即能根据系统现时刻和未来时刻的控制输入及历史信息，预测过程输出的未来值。

（4）在线校正：在实际过程中，由于存在非线性时变、模型失配和干扰等不确定性因素，使基于模型的预测不可能与实际相符。因此通过输出的测量值与模型的预估值进行比较，得出模型的预测误差，再利用这个误差来校正模型的预测值，从而得到更为准确的输出预测值。

3. 预测控制的常用算法

预测控制的常用算法有模型算法控制（MAC）、动态矩阵控制（DMC）、广义预测控制（GPC）和内模控制（IMC）等。

（1）模型算法控制：采用基于脉冲响应的非参考模型作为内部模型，用过去和未来的输入输出信息，预测系统未来的输出状态，经过用模型输出误差进行反馈校正后，再与参考输入轨迹进行比较，并应用二次型性能指标滚动优化，再计算当前时刻加于系统的控制量，完成整个循环。该算法控制分为单步、多步、增量型、单值等多种模型算法控制。目前已在电厂锅炉、化工精馏塔等工业过程中获得成功应用。

（2）动态矩阵控制：与模型算法控制不同，动态矩阵控制采用工程上易于测取的对象阶跃响应作为模型，其计算量少，鲁棒性较强。它是由 Culter 等人提出的一种有约束的多变量优化控制算法，在 1974 年就应用于美国壳牌石油公司的生产装置上。现已在石油、石油化工、化工等领域的过程控制中成功应用，且有商品化软件出售。动态矩阵控制也适用于渐近稳定的线性过程。

（3）广义预测控制：在自适应控制的研究中发展起来的一种预测控制算法。它的预测模型采用离散受控自回归积分滑动平均模型或离散受控自回归滑动平均模型，克服了脉冲响应模型、阶跃响应模型不能描述不稳定过程和难以在线辨识的缺点。广义预测控制保持了最小方差自校正控制器的模型预测，在优化中引入了多步预测的思想，其抗负载扰动随机噪声、时延变化等能力均得到显著提高，具有许多可以改变各种控制性能的调整参数。它不仅能用于开环稳定的最小相位系统，而且可用于非最小相位系统，不稳定系统和变时滞、变结构系统。它在模型失配情况下仍能获得良好的控制性能。

（4）内模控制：由 Garcia 等人于 1982 年提出。应用内模控制算法来分析预测控制系统有利于从结构设计的角度来理解预测控制的运行机理，可进一步利用它来分析预测控制系统的闭环动静态特性、稳定性和鲁棒性。内模控制结构为预测控制的深入研究提供了一种新方法，推动了预测控制的进一步发展。在内模控制中，由于引入了内部模型，反馈量由原来的输出反馈变为扰动估计量的反馈，而且控制器的设计也十分容易。

3.3　智能控制策略

3.3.1　模糊控制

1. 模糊控制的概念

模糊控制是一类应用模糊集合理论的控制方法。模糊控制的价值可从两个方面来考虑。一方面，模糊控制提供了一种新的实现基于知识（基于规则）甚至语言描述控制规律的机理。另一方面,模糊控制为非线性控制器提供了一个比较容易的设计方法,尤其是当受控装置(对象或过程)含有不确定性且很难用常规非线性控制理论处理时,更是有效。

2. 模糊系统的结构组成

模糊系统的结构如图 3.12 所示。

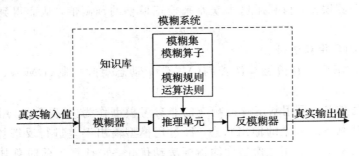

图 3.12　模糊系统的结构

模糊系统的基本组成要素如下:

(1) 知识库:包括模糊集和模糊算子的定义。

(2) 推理单元:执行所有的输出计算。

(3) 模糊器:将真实的输入值表示为一个模糊集。

(4) 反模糊器:将输出模糊集转化为真实的输出值。

其中,知识库中包含了每一个模糊集的定义,并保持一套算子以实现基本的逻辑,同时用一个规则信度矩阵表示模糊规则映射。推理单元与模糊器和反模糊器一起,由真实的输入值计算出真实的输出值。模糊器将真实输入值表示为一个模糊集,使推理单元在存储十知识库的规则下与之匹配。然后推理单元计算每一规则的作用强度,并输出一个模糊分布(所有模糊输出集的并),该模糊分布表示真实输出的模糊估计。最后,这些信息被反模糊化为单值,该值即为模糊系统的输出。

3. 模糊控制器的设计

模糊控制器的设计主要涉及以下内容和步骤:

(1) 模糊化。

用模糊集表示实值信号的过程称为模糊化。它是模糊系统处理实值输入的必要过程。通常采用单值化的方法实现模糊化,即将输入 ξ' 转化为一个二值的或具有如式(3-22)所示的隶属度的确切单变量模糊集 A。

$$\mu_A(\xi) = \begin{cases} 1 & \xi = \xi' \\ 0 & \text{其他} \end{cases} \tag{3-22}$$

(2) 建立模糊推理规则。

模糊规则表示为"if … then…"条件语句。实际应用中,模糊规则常表示为模糊规则表的形式。常用的模糊语言变量符号包括:负大 NB、负中 NM、负小 NS、几乎为零 ZO、正小 PS、正中 PM、正大 PB 等。

(3) 确定权与规则信度。

(4) 选择适当的关系生成方法和推理合成算法。

(5) 反模糊化:当推理过程的输出构成一个模糊输出集时,有必要压缩其分布以产生一个表达模糊系统输出的单值,这个过程称为反模糊化。

3.3.2　专家控制系统

1. 专家控制系统的概念

专家系统(ES)亦称专家咨询系统,它是一种具有大量专门知识与经验的智能计算机系统,通常指计算机软件系统。它把专门领域中人类专家的知识和思考解决问题的方法、经验、诀窍组织整理并存储在计算机中,不但能模拟领域专家的思维过程,而且能让计算机如人类专家那样智能地解决实际问题。基于专家系统的控制方法称为专家控制系统(ECS),它已广泛应用于故障诊断、工业设计和过程控制等方面。

2. 专家控制系统的结构组成

专家控制系统的结构简图如图 3.13 所示。

由于专家控制系统的应用场合和控制要求不同,其结构也可能不同。然而,几乎所有的专家控制系统(控制器)都包含知识库、推理机、控制规则集和/或控制算法等。例如图 3.14 所示的工业专家控制器结构框图。

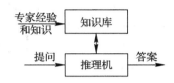

图 3.13　专家控制系统的结构简图

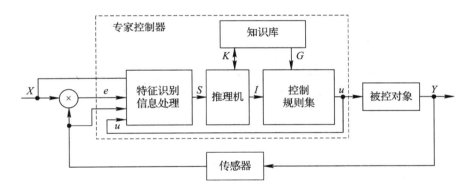

图 3.14　工业专家控制器结构框图

其中,专家控制器(EC)的基础是知识库(KB)。KB 存放工业过程控制领域的知识,由经验数据库(DB)和学习与适应装置(LA)组成。经验数据库主要存储经验和事实。学习与适应装置的功能就是根据在线获取的信息,补充或修改知识库内容,改进系统性能,提高系统解决问题的能力。控制规则集(CRS)是对被控过程的各种控制模式和经验的归纳和总结。由于规则条数不多,搜索空间很小,所以推理机(IE)十分简单。IE 采用向前推理方法逐次判别各种规则的条件,若满足则执行,否则继续搜索。特征识别与信息处理部分的作用是实现对信息的提取与加工,为控制决策和学习适应提供依据,主要包括抽取动态过程的特征信息,识别系统的特征状态并对特征信息作必要的加工。

3. 专家控制系统的构建

构建专家系统的步骤主要包括:

① 设计初始知识库,包括问题知识化、知识概念化、概念形式化、形式规则化、规则合理有效化。

② 原型机开发与试验。在选定知识表达方法之后,即可着手建立整个系统所需要的实

验子集，它包括整个模型的典型知识，而且只涉及与试验有关的足够简单的任务和推理过程。

③ 知识库改进与归纳。反复对知识库及推理规则进行改进试验，归纳出更完善的结果。经过相当长时间的努力，使系统在一定范围内达到人类专家的水平。

3.3.3 神经网络控制

1. 神经网络控制的概念

基于人工神经网络的控制简称神经控制。神经网络是由大量人工神经元（处理单元）广泛互联而成的网络，它是在现代神经生物学和认识科学对人类信息处理研究的基础上提出来的，具有很强的自适应性和学习能力、非线性映射能力、鲁棒性和容错能力。

2. 生物神经元模型

人脑大约包含 10^{12} 个神经元，分成约 1000 种类型，每个神经元大约与 $10^2 \sim 10^4$ 个其他神经元相连接，形成错综复杂而又灵活多变的神经网络。虽然每个神经元都十分简单，但是大量的神经元之间有着复杂的连接。同时，神经元与外部感受器之间也有着多样的连接方式。神经元结构的模型示意图如图 3.15 所示。

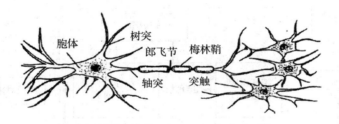

图 3.15　神经元结构模型示意图

由图可以看出，神经元由胞体、树突和轴突构成。胞体是神经元的代谢中心，它本身又由细胞核、内质网和高尔基体组成。其中，内质网是合成膜和蛋白质的基础；高尔基体的主要作用是加工合成物及分泌糖类物质。树突是神经元的主要接受器。轴突外面可能包有一层厚的绝缘组织，称为髓鞘（梅林鞘），髓鞘规则地分为许多短段，段与段之间的部位称为郎飞节。

3. 人工神经元模型

人工神经元是对生物神经元的一种模拟与简化，它是神经网络的基本处理单元。图 3.16 所示为一种简化的人工神经元模型。它是一个多输入、单输出的非线性元件。

人工神经元模型输入、输出的关系为

$$I_i = \sum_{j=1}^{n} w_{ij} x_j - \theta$$
$$y_i = f(I_i) \qquad (3-23)$$

式中，$x_j(j=1, 2, \cdots, n)$ 是从其他神经元传来的输入信号；w_{ij} 表示从神经元 j 到神经元 i 的连接权值；θ 为阀值；$f(\cdot)$ 称为激发函数或作用函数，它决定神经元（节点）的输出。

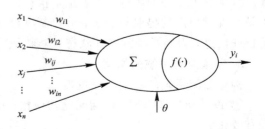

图 3.16　人工神经元模型

常见的激发函数有阀值函数、饱和型函数、双曲函数、S 型函数和高斯函数等。

4. 人工神经网络模型

人工神经网络是以工程技术手段来模拟人脑神经网络结构与特征的系统。人工神经元可以构成各种不同拓扑结构的神经网络，它是生物神经网络的一种模拟和近似。目前已有数十种不同的神经网络模型，其中前馈型网络和反馈型网络是两种典型的结构模型。

1）前馈型神经网络

前馈型神经网络，又称前向网络，如图 3.17 所示。前馈型神经网络中，神经元分层排列，分为输入层、隐含层（亦称中间层，可有若干层）和输出层，每一层的神经元只接受前一层神经元的输入。

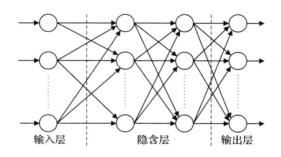

图 3.17　前馈型神经网络

从学习的观点来看，前馈网络是一种强有力的学习系统，其结构简单且易于编程；从系统的观点看，前馈网络是一静态非线性映射，通过简单非线性处理单元的复合映射，可获得复杂的非线性处理能力。但从计算的观点看，缺乏丰富的动力学行为。大部分前馈网络都是学习网络，它们的分类能力和模式识别能力一般都强于反馈网络，典型的前馈网络有感知器网络、BP 网络等。

2）反馈型神经网络

反馈型神经网络的结构如图 3.18 所示。如果总节点（神经元）数为 N，那么每个节点都有 N 个输入和一个输出；所有节点都是一样的，它们之间可以相互连接。反馈神经网络是一种反馈动力学系统，它需要工作一段时间才能达到稳定。Hopfield 神经网络是反馈网络中一种简单且应用广泛的模型，它具有联想记忆的功能，如果将 Lyapunov 函数定义为寻优函数，那么 Hopfield 神经网络还可以用来解决快速寻优问题。

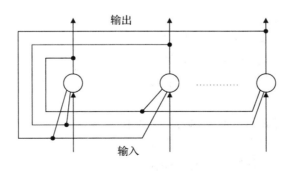

图 3.18　反馈型神经网络

5. 神经网络的学习机制

学习算法是体现人工神经网络智能特性的主要标志，正是由于有学习算法，人工神经网络才具有了自适应、自组织和自学习的能力。目前神经网络的学习算法有多种，若按有无教师来分，则分为有教师学习、无教师学习和再励学习等几大类。在有教师的学习方式中，会将网络的输出和期望的输出（即教师信号）进行比较，然后根据两者之间的差异调整网络的权值，最终使差异变小。在无教师的学习方式中，输入模式进入网络后，网络按照预先设定的规则（如竞争规则）自动调整权值，使网络最终具有模式分类等功能。再励学习是介于上述两者之间的一种学习方式。

3.3.4 遗传算法

1. 遗传算法的概念

遗传算法来源于自然遗传学。1975 年由美国 J.Holland 教授提出的遗传算法（Genetic Algorithm，GA）是基于自然选择原理、自然遗传机制和自适应搜索（寻优）的算法。GA 启迪于生物学的新达尔文主义（达尔文的进化论、魏茨曼的物种选择学说和孟德尔的基因学说），模仿物竞天演、优胜劣汰、适者生存的生物遗传和进化规律。

2. 遗传算法中的基本术语

染色体：遗传物质的主要载体，指多个遗传因子的集合。

遗传因子：控制生物性状的基本遗传单位，又称基因。

遗传子座：染色体上遗传因子的位置。

遗传子型：遗传因子组合的模型叫遗传子型，它是性状染色体内部表现，又称基因型。

表现型：根据遗传子型形成的个体，即由染色体决定性状的外部表现。

个体：染色体中带有特征的实体。

群体：染色体中带有特征的个体集合，又称集团。该集合内的个体数称为群体的大小。

适应度：个体适应环境的程度。

选择：以一定的概率从群体中选取若干对个体。

交叉：把两个染色体换组的操作，又称重组。

突然变异：突然让遗传因子以一定的概率变化。

编码：从表现型到遗传子型的映射。

解码（译码）：从遗传子型到表现型的映射。

3. 遗传算法的运算过程

基本遗传算法的一般运算过程如图 3.19 所示。

（1）初始化，随机产生一组初始个体构成初始群体。

（2）计算适应度，判断是否满足算法收敛准则，若满足就输出搜索结果，否则进行下一步骤。

（3）选择运算，按优胜劣汰原则执行复制操作。

（4）交叉运算，按一定方式进行交叉操作。

（5）变异运算，按一定规则执行变异操作。

（6）返回步骤（2）。

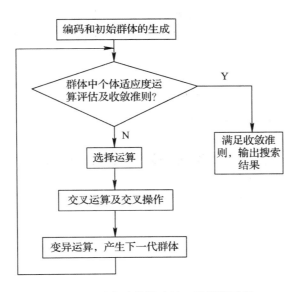

图 3.19　基本遗传算法的一般运算过程

4. 遗传算法的特点

遗传算法主要特点是直接对结构对象进行操作，不存在求导和函数连续性的限定；具有内在的隐含并行性和更好的全局寻优能力；采用概率化的寻优方法，能自动获取和指导优化的搜索空间，自适应地调整搜索方向，不需要确定的规则。它能以一种群体中的所有个体为对象，并利用随机化技术指导一个被编码的参数空间进行高效搜索。其中，选择、交叉和变异构成了遗传算法的遗传操作；参数编码、初始群体的设定、适应度函数的设计、遗传操作设计、控制参数设定五个要素组成了遗传算法的核心内容。作为一种新的全局优化搜索算法，遗传算法以其简单通用、鲁棒性强、适于并行处理，以及高效、实用等显著特点，在各个领域得到了广泛应用，取得了良好效果，并逐渐成为重要的智能算法之一。与传统优化计算方法相比，遗传算法具有以下特点：

（1）对优化问题，遗传算法不是直接处理决策变量本身的实际值，而是对它进行编码并作为运算对象。此编码处理方式，使优化计算过程可以借鉴生物学中染色体和基因等概念，通过模拟自然界中生物的遗传和进化等机理，方便地应用遗传操作算子，特别是对一些无数值概念或很难有数值概念而只有代码概念的优化问题，这种编码处理方式更显示出了独特的优越性，使得遗传算法具有广泛的应用领域。

（2）许多传统的优化方法是单点搜索法，但遗传算法在搜索空间中可以同时处理群体中的多个个体，即同时对搜索空间多个解进行评估，包括对一群搜索点进行寻优，从而提高了搜索的效率，有效防止了搜索过程陷入局部最优解，同时减少了陷入局部最优解的风险，而且具有较大的可能求得全局最优解。

（3）对目标函数不要求连续，更不要求可微，目标函数既可以是数学解析所表示的显函数，也可以是其他方式（映射矩阵或神经网络）的隐函数，可以说遗传算法对目标函数几乎没有限制，仅用适应度来评估个体。对适应度的唯一要求是输入可计算出能够比较的输出，从而利用适应度来指导搜索向不断改进的方向前进。

（4）很多传统的优化算法通常使用的是确定性搜索方法，从一个搜索点到另一个搜索点有确定的转移方法和转移的关系，这种确定性往往也有可能使得搜索难以达到最优点。然而遗传算法是属于一种自适应概率的搜索技术，采用概率变迁规则而非确定性规则来指导其搜索空间。虽然这种概率特性也会使群体中产生一些适应度不高的个体，但随着进化过程的进行，新的群体中总会产生出更多优良个体，继续沿着最优解方向前进。

（5）遗传算法具有隐含并行性，不但能优化设计计算提高搜索效率，而且易于采用并行机和并行高速计算，因此适合大规模复杂问题的优化。

3.4　控制策略的渗透和结合

工业生产的过程控制非常复杂，单一的控制方法难以实现生产过程的高精度、高效率控制要求。因此，结合两种或两种以上控制方法的优点，形成复合控制方法是目前发展的趋势。以下是几种常见的复合控制方法。

3.4.1　模糊预测控制

常用的模糊预测控制方法有两种：一种是基于预测模型对控制效果进行预报，并根据目标偏差和操作者的经验，应用模糊决策方法进行在线修正控制。这种方法已用于一类复杂工艺过程的终点控制。另一种是基于辨识模糊模型的多变量预测控制方法，它由模糊辨识和广义预测控制器两部分组成。采用线性系统理论来设计广义预测器，简化了设计。这种模糊预测控制的跟踪速度快、抗干扰能力强、控制效果好。

3.4.2　神经模糊控制

采用模糊规则来实现神经网络系统初始化的神经网络系统称为神经模糊系统。它在一个单独的非线性信息处理装置中结合了神经网络和模糊逻辑的特性。其结构如图 3.20 所示。

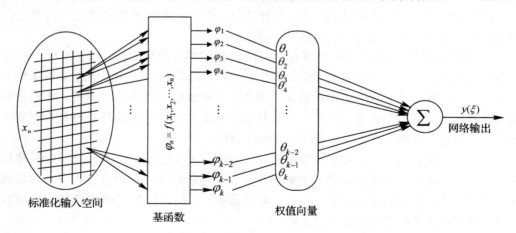

图 3.20　神经模糊系统的三层结构

3.4.3　自适应 PID 控制

极点配置自适应控制算法是自适应控制中的一个重要组成部分，其主要思想是寻求一个反馈控制律，使得闭环传递函数的极点位于希望的位置。在此基础上提出的极点配置自适应 PID 控制算法的原理是通过调整 PID 参数，使系统具有期望的闭环特征方程。其设计步骤为：

　　① 确定期望系统闭环极点位置；

　　② 在线估计、辨识系统参数；

　　③ 计算控制器参数；

　　④ 计算控制律。

极点配置自适应 PID 控制器的计算量较小，鲁棒性较强，适合于非最小相位系统且可推广到多变量系统。

3.4.4　神经网络预测控制

预测控制又称为基于模型的控制，是 20 世纪 70 年代发展起来的一种新的控制算法，其算法的本质是预测模型、滚动优化和反馈校正。预测模型用于描述控制对象的动态行为，它能根据系统当前输入和输出信息以及未来输出信息，预测未来的输出值。由于神经网络模型能够足够精确地描述动态过程，所以可用作基本模型，使控制器具有更强的鲁棒性。图 3.21 所示为神经网络预测控制的结构。

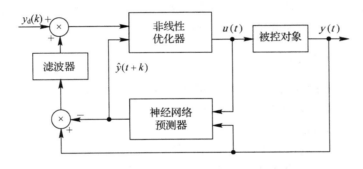

图 3.21　神经网络预测控制的结构

3.4.5　神经网络自适应控制

对于复杂的控制对象和环境，希望控制器能够根据受控对象行为的观测量，自适应地控制对象至期望要求。神经网络自适应控制器能够通过学习，不断获取控制对象的知识，且不断适应过程的变化。模型参考自适应控制（MRAC）是应用较广的自适应控制，而且多采用间接控制方式。间接控制对应于神经网络中的泛化学习，即利用受控对象的输入数据来学习对象的逆系统或预报模型。在训练时，随意地产生控制器的输出信号，传送至对象，由该输出信号和对象的实际输出来训练控制器，使控制器最终能够产生正确的控制信号，以求对象的输出尽可能地接近期望轨迹。为了使泛化学习具有自适应能力，可把它与 MRAC 结合构成神经网络 MRAC 控制，即神经网络间接自适应控制，如图 3.22 所示。图中，TDL 为延时线，对当前信号进行一定的延时。神经网络 N_i 是对非线性对象的识别，它利用当前及先前时刻对象的输入输出数据来预报下一步对象的输出。

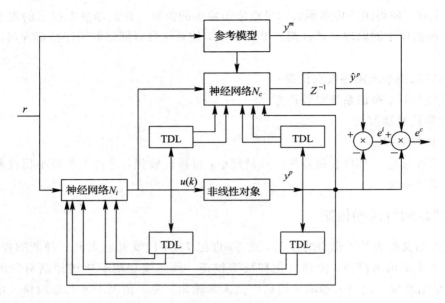

图 3.22　神经网络间接 MRAC 框图

引入神经网络 N_i 后，如果辨识的模型中当前控制器 $u(k)$ 是显式的非线性映射，那么可直接由辨识模型构成控制器。如果当前控制 $u(k)$ 不便表达，那么需要再引入一个神经网络 N_c 进行训练，直至获得明显的非线性映射为止。

3.4.6　神经网络 PID 控制

PID 控制要取得好的控制效果，就必须对比例、积分和微分三种控制作用进行调整以形成相互配合又相互制约的关系，这种关系不是简单的"线性组合"，可从变化无穷的非线性组合中找出最佳的关系。

BP 神经网络具有逼近任意非线性函数的能力，而且结构和学习算法简单明确。通过神经网络自身的学习，可以找到某一最优控制律下的 P、I、D 参数。基于 BP 神经网络的 PID 控制系统结构框图如图 3.23 所示，其控制器由两个部分组成：① 经典的 PID 控制器：直接对被控对象进行闭环控制，并且 K_P、K_I、K_D 三个参数为在线整定；② 神经网络：根据系统的运行状态，调节 PID 控制器的参数，以期达到某种性能指标的最优化。该控制可使输出层神经元的输出状态对应于 PID 控制器的三个可调参数 K_P、K_I、K_D，并通过神经网络的自学习、调整权系数，使输出的稳定状态对应于某种最优控制律下的 PID 控制器参数。

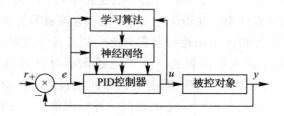

图 3.23　基于 BP 神经网络的 PID 控制系统结构框图

除此之外，还有许多其他复合控制方法，如神经网络鲁棒自适应控制、模糊神经网络控制和神经网络变结构控制，等等。

思 考 题

1. 机电一体化系统中采用的传统控制策略有哪些？它们各有什么特点？
2. 机电一体化系统中采用的现代控制策略有哪些？
3. 自适应控制和预测控制各有什么特点？
4. 机电一体化系统中常用智能控制方法有哪些？
5. 遗传算法的工作原理是什么？
6. 复合型的控制方法有什么特点？
7. 机电一体化系统控制方法的发展对我们有什么启示？
8. 学习机电一体化产品的控制策略需要掌握哪些相关知识？

第 *4* 章　液压气动及其控制技术

【导读】　2015 年 7 月 2 日，力士乐中国产品管理总监施瑞德先生介绍了"工业 4.0"经验：在成功进行"工业 4.0"改造后，其液压阀生产线可通过软件切换生产 200 种不同型号的产品，实现少批量定制化生产，提升 10% 的生产效率，并减少 30% 的库存。该生产线因实现人、机、加工工艺的最佳互联而荣获德国"工业 4.0 奖"。

液压气动技术是传动与控制不可或缺的技术，其重要性日益受到各领域的关注。尽管在低功率应用领域它受到电应用的分割，但在大功率、体积限制严、特殊场合或电难以获得的领域液压气动技术仍然是无可替代的。例如，风能、海洋能、太阳能、工程机械、海洋装备、航空航天、机器人等领域。

工作机构要获得所需的运动，必须通过一定的传动装置将原动机的动力传送过来。这些装置可以是机械的、电动的，也可以是流体传动的，或者是它们的组合。流体传动主要包括液压传动和气压传动。液压传动是在密闭的回路中，利用液体作为工作介质进行能量转换、传递、分配的一种传动形式。气压传动是在密闭的回路中，利用气体作为工作介质进行能量转换、传递、分配的一种传动形式。当前，液压气动技术在实现高压、高速、大功率、高效率、低噪声、经久耐用、高度集成化等各项要求方面都取得了重大的进展，在完善比例控制、伺服控制、数字控制等技术上也有许多新成就。此外，在液压元件和液压系统的计算机辅助设计、计算机仿真和优化以及微机控制等开发性工作方面，日益显示出显著的优势。微电子技术的进展，渗透到液压传动技术中并与之相结合，创造出了很多高可靠性、低成本的微型节能元件，为液压传动技术在工业各部门中的应用开辟了更为广阔的前景。可以预测"液压 4.0"①的时代正在来到。

---

①　对于液压行业而言，"液压 4.0"包括三大部分：液压智能生产、液压智能工厂、液压智能产品与液压智能服务。

4.1　液压气动概述

4.1.1　液压气动的工作原理

液压气动的工作原理框图如图 4.1 所示。液压、气压传动分别以液体、气体为工作介质，把原动机(或电动机)的机械能先转化为工作介质的压力能，再由传送管道将具有压力能的工作介质输送到执行机构，最后由执行机构驱动负载运动，把液体、气体的压力能再转变为工作机构所需的机械运动和动力。

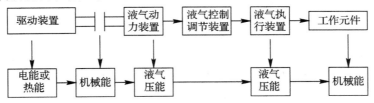

图 4.1　液压气动工作原理框图

液压传动是以密封容积中的液体来传递力和运动的。在传递力时，利用了帕斯卡原理；而在传递运动时，则利用了密封容积中主动件(液压泵)挤出的液体体积和从动件(执行元件)接收的液体体积相等的原理(质量守恒定律)。对于气压传动，依据的是气体方程和质量守恒定律等。

4.1.2　液压气动系统组成

液压、气压传动系统一般由以下五部分组成。

(1) 动力装置：该装置将原动机输入的机械能转换为流体的压力能，作为系统供油能源装置。由于工作介质不通，液压系统的动力装置由液压泵及其保护装置构成；气压系统的动力装置由空气压缩机、储气罐、控制净化、安全保护和调压装置等组成，它是一个压力源。

(2) 执行装置：该装置用于连接工作部件并把流体压力能转换为工作部件的机械能，它可以是作直线运动或摆动运动的液压缸、气缸(统称压力缸)，也可以是作回转运动的液压马达、气马达。

(3) 控制调节装置：该装置用于控制、调节系统中流体的压力、流量和流动方向，以使执行装置完成预期的工作任务。例如系统的压力阀、流量阀、方向阀等。

(4) 辅助装置：该装置用以组成整个系统并对系统的正常工作起重要的辅助作用，如液压系统中的油箱、油管、滤油器等；气动系统中的冷却器、油水分离器、分水滤气器、油雾器、消声器、管件、管接头和各种信号转换器等。

(5) 工作介质：液压油或压缩空气作为传递运动和动力的载体。

简单的液压系统由液压泵、减压阀、管路、控制阀、执行装置等组成。其中，液压泵将电机或发动机驱动的旋转机械能转变为流体能。减压阀可将液压泵的出口压力保持为一定的压力值。管路相当于电气系统的导线，用于传递流体能和流体信号。因为控制阀用于控制液压油的流量、压力和流动方向，所以分别称为流量控制阀、压力控制阀和方向控制阀。

执行装置是将流体能再转变为机械能的装置，能够产生位移、速度和力等机械量。

4.1.3 液压气动系统的控制方式

1. 单参数分散与多参数集中控制

单参数分散控制是把执行元件的输出量分解为运动方向、运动速度和推力等项，并分别由方向控制阀、流量控制阀和压力控制阀来控制。一般的液压、气压传动均采用此种方式。多参数集中控制是由伺服阀、比例复合阀（或比例、伺服控制变量泵）对执行元件输出的运动方向、速度和推力实施全面集中的控制。液压、气压伺服控制系统和一部分比例控制系统采用此种控制方式。

2. 离散与连续控制

液压气动系统中，执行元件的动力输出信号是随时间连续变化或是离散的非连续变化的信号。在离散控制方式中有开关式控制和数字脉冲式控制。一般液压、气压系统都采用开关式控制。数字脉冲式控制则是用各类高速开关阀实施对执行元件的高速脉冲控制，使执行元件的宏观输出（平均输出）正比于输入的数字信号。在电液比例和液压、气压伺服控制系统中，所用的各类比例阀和伺服阀可随输入信号连续变化，因而其控制为连续控制方式。

3. 开环与闭环控制

开环与闭环控制控制的原理框图如图 4.2 所示。在液压气动系统中，执行元件的动力输出无检测或不与输入信号比较时，系统仅按预定程序完成整个循环，此方式为开环控制方式。当对系统输出时时检测并用与输入信号比较的误差进行控制时，称为闭环控制。

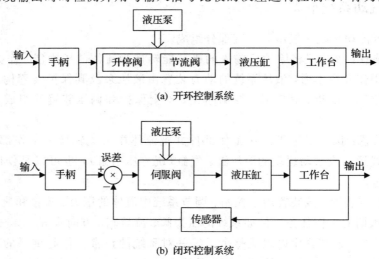

图 4.2 开环与闭环控制的原理框图

4.1.4 液压气动系统的特点

1. 液压传动系统的特点

（1）功率重量比和转矩惯性比大。

（2）工作稳定，寿命长。

（3）易于实现自动化，易于实现过载保护。

（4）易于实现元件的通用化、标准化和系列化。

（5）效率低、污染环境、造价高等。

2. 气压传动系统的特点

（1）空气为介质不污染环境。

（2）可长距离传输。

（3）维护方便、成本低。

（4）环境适应性好。

（5）平稳定性差、动力小、噪声大等。

4.2　液压气动动力元件

众所周知，液压与气压的主要区别就是工作介质不同，即采用的压力源不同。液压系统的动力元件主要是液压泵，而气压系统的动力元件主要是空气压缩机，它们都是系统中的能量转换装置。

4.2.1　液压泵

液压泵的作用是将原动机（电动机）输入的机械能转换为液体的压力能并进行输出，从而完成向系统供油的任务。

1. 工作原理

液压泵是依靠周期性变化的密封容积和相应的配流装置来实现工作的。图 4.3 所示为单柱塞式液压泵的工作原理。柱塞在弹簧的作用下紧靠偏心轮的外圆表面，当电动机带动偏心轮旋转时，柱塞在偏心轮和弹簧的作用下作往复运动。当柱塞被偏心轮推向下运动时，密封工作腔 a 的容积逐渐增大，形成局部真空，油箱中的油液在大气压力作用下，经吸油管顶开单向阀 1 进入 a 腔，这就是液压泵的吸油过程。当柱塞被偏心轮推向上运动时，密封油腔 a 的容积逐渐减小，油腔 a 内的油液受到压缩而产生压力，顶开单向阀 2 进入系统，这就是液压泵的压油过程。随着偏心轮的不断旋转，液压泵不断地吸油和压油，这样，单柱塞泵就将电动机带动偏心轮转动的机械能转换为液压泵输出压力油所得的压力能。

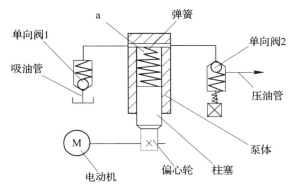

图 4.3　单柱塞式液压泵工作原理图

通过分析可知液压泵正常工作的基本条件是：

（1）必须具备一个或若干个密封油腔，且密封油腔的容积应能不断变化，液压泵的吸、压油过程就是靠密封容积的不断变化而实现的。密封容积的大小、数量和变化率决定了液压泵的输油量。这种靠密封容积的变化来工作的液压泵统称为容积泵。

（2）油箱必须与大气相连，这是自吸式液压泵的吸油条件。

（3）油压决定于外界负载，这是油压形成的条件。

（4）泵在吸油时必须使吸油腔与油箱相通，而与压油腔不通；在压油时，必须使压油腔与压油管道相通，而与吸油腔不通。

2. 液压泵的分类

液压泵按结构形式分为齿轮泵、叶片泵和柱塞泵；按输出流量是否可调分为定量泵和变量泵；按使用压力分为低压泵、中压泵、中高压泵、高压泵和超高压泵；按输油方向能否改变分为单向泵和双向泵。

3. 液压泵的主要性能参数

（1）压力：额定压力是指在正常工作条件下，按试验标准规定能连续运行的最高压力。工作压力是指实际工作时泵的出口压力。

（2）流量和排量：流量是单位时间内平均输出的体积；排量是指泵的轴每转一转，其工作腔几何容积的变化量。

（3）功率和效率：泵的输入功率为原动机的驱动功率，输出功率为输入功率减去输入压力能。泵的效率等于输出功率除以输入功率。

4.2.2　空气压缩机

空气压缩机的作用是将原动机（电动机）输入的机械能转换为空气压力能并进行输出，从而完成向系统供气的任务。

1. 工作原理

图4.4所示为气压传动系统中较常用的往复活塞式空气压缩机的工作原理。当活塞向右移动时，气缸内活塞左腔的压力低于大气压力 P_0，吸气阀被打开，空气在大气压力作用下进入气缸内，此过程称为"吸气过程"；当活塞向左运动时，吸气阀在缸内压缩气体的作用下关闭，缸内气体被压缩，此过程称为"压缩过程"。当气缸内空气压力升到略高于输气管内压力 P 后排气阀被打开，压缩空气排入输气管内，此过程称为"排气过程"。活塞的往复运动是由电机带动曲柄装置，通过连杆滑块、活塞杆把曲柄输入转动，转化成活塞的往复直线运动而产生的。图4.4中只表示了由一个活塞一个气缸组成的空气压缩机，大多数

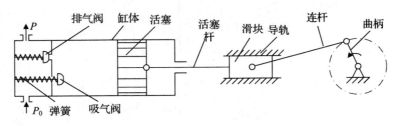

图 4.4　往复活塞式空气压缩机工作原理图

空气压缩机是多缸多活塞的组合。

2. 空气压缩机的分类

空气压缩机根据其工作原理分为容积式和速度式。容积式压缩机是靠周期地改变气体容积的方法来提高气体的压力(缩小体积增加分子密度),活塞式、膜片式和螺杆式属于此类。速度式压缩机是靠改变气体的速度来提高气体的压力,离心式、轴流式和混流式属于这一类。按机能构造,空气压缩机可以分为润滑方式、冷却方式、设置方式、构成方式和驱动方式等。

3. 空气压缩机的选择

选择空气压缩机的根据是气压传动系统所需要的工作压力和流量这两个主要参数。一般情况下,气压传动系统工作压力为 0.5~0.6 MPa,选用额定排气压为 0.7~0.8 MPa 的空气压缩机。特殊需要时选用中压、高压或超高压的空气压缩机。

4.3　液压气动执行元件

在液压和气压传动中,液压缸和气缸通称为动力缸,是实现直线往复运动的执行元件。而液压马达和气压马达是实现旋转运动的执行元件。这些执行元件是把流体的压力能转换成机械能的能量转换装置。动力缸按作用方式分为单作用缸和双作用缸;按结构形式分为活塞式、柱塞式等。液压马达按结构分为柱塞式、叶片式和齿轮式;按排量是否可调分为变量马达和定量马达。

4.3.1　液压执行元件

液压执行元件主要包括液压缸和液压马达。

1. 液压缸

图 4.5 所示为单活塞杆液压缸的结构。这种缸主要由缸筒 10、活塞 5、活塞杆 16、缸底 1 和缸盖 13 等组成。两端进出油口 A 和 B 都可以通过压力出油或回油从(A 处进油推动活塞向右运动;从 B 处进油推动活塞向左运动),以实现活塞的双向运动。活塞用卡环 4(两个半环)、套筒 3 和弹簧挡圈 2 等定位。活塞上套有一个聚四氟乙烯制成的支撑环 7,密封

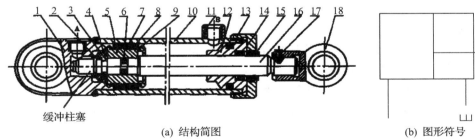

(a) 结构简图　　　　　　　　　　　　(b) 图形符号

1—缸底;2—弹簧挡圈;3—套筒;4—卡环;5—活塞;6—O 型密封圈;
7—支撑环;8—挡圈;9—Y 型密封圈;10—缸筒;11—管接头;12—导向套;
13—缸盖;14—密封圈;15—防尘圈;16—活塞杆;17—定位螺钉;18—耳环

图 4.5　单活塞杆液压缸结构

则靠一对 Y 型密封圈 9 保证。O 型密封圈 6 用以防止活塞杆与活塞内孔配合处产生泄露，导向套 12 用以保证活塞杆不偏离中心。

2. 液压马达

图 4.6 示出了横梁传力式内曲线径向柱塞马达的工作原理。柱塞马达由定子、转子、柱塞、横梁和配流轴等基本部件组成。这种马达由柱塞传力给横梁，使横梁在径向槽内滑动；切向力由横梁传给转子，柱塞只承受液压力，无侧向力作用。转子沿径向均布 10 个柱塞孔，孔内有柱塞组，包括柱塞 6、横梁 4、滚轮 5 等。当滚轮沿定子曲线滑动时，每经过一曲线段，柱塞组往复一次，每个柱塞随转子转一圈往复的次数，即所谓作用次数，也就是曲面的段数。P 与柱塞面的液压力平衡，切向分力 T 使转子按逆时针旋转。处在排油区的柱塞组被另一组曲面 BC、DE 等压向转子中心，柱塞孔的油液从排油窗口 e 中排出，转子转一圈柱塞往复 6 次。由于内曲线柱塞马达在任何瞬间都有若干柱塞的底部通压力油，故一转内输出的转矩较均匀。

液压马达的主要性能参数是转速和转矩。其中，转速取决于输入流量和液压本身的排量。理论转矩等于进回油压差与排量的乘积的 $\pi/2$ 倍。

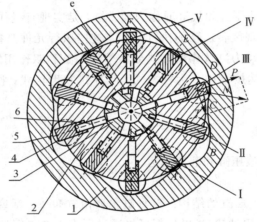

1—定子；2—转子；3—配流轴；4—横梁；5—滚轮；6—柱塞

图 4.6　内曲线径向柱塞马达的工作原理

4.3.2　气动执行元件

1. 气缸

常用气缸中的活塞缸、柱塞缸及其组合和液压缸类似。此外还有薄膜气缸、冲击气缸等。本节以普通冲击气缸为例说明气缸的工作原理。冲击气缸与普通气缸相比增加了储能腔和带喷嘴有排气孔的中盖，其结构简图及工作过程如图 4.7 所示。图 4.7(b)中，气缸控制阀处于原始位置，压缩空气由 A 孔进入冲击气缸头腔，储能腔与尾腔通大气，活塞上移，处于上限位置，封住中盖上的喷嘴口，中盖与活塞间的环形空间（即尾腔）经小孔口与大气相通；图 4.7(c)中，控制阀切换，储能腔进气，压力 p_1 逐渐上升，作用在与中盖喷嘴口相密封接触的活塞侧一小部分面积上的力也逐渐增大。与此同时，头腔排气，压力 p_2 逐渐降低，使作用在头腔一侧活塞面上的力逐渐减小。如图 4.7(d)所示，当活塞上下两边的力不能保持平衡时，活塞即离开喷嘴口向下运动，在喷嘴打开的瞬间，储能腔的气压突然加到尾腔的整个活塞面上,于是活塞在很大的压差作用下加速向下运动,使活塞、活塞杆等运动部件在瞬间达到很高的速度,以很高的动能冲击工件。图 4.7(e)示出了气缸活塞向下自由冲击运动的三个阶段,经过三个阶段后,控制阀复位,冲击气缸开始另一个循环。

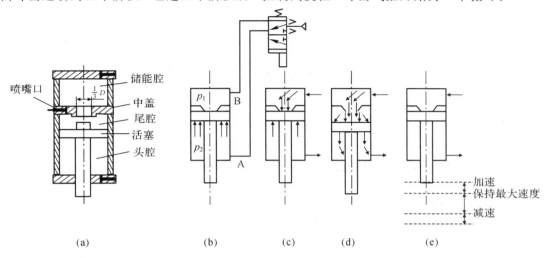

图 4.7　普通冲击气缸结构简图及工作过程

2. 气马达

气马达是将压缩空气的压力能转换成旋转机械能的装置。相同结构类型的气马达和液压马达的工作原理相似。常用的气马达有叶片式、活塞式和薄膜式等。

叶片泵是应用较广的气马达之一。下面以叶片泵为例说明气马达的工作原理。叶片式气马达结构和工作原理如图 4.8 所示。叶片式气马达主要由定子 2、转子 3、叶片 15 和 16 等零件组成。定子上有进排气用的配气槽孔。转子上铣有径向槽,槽内装有叶片。定子两端有密封盖,密封盖上有弧形槽与两个进排气孔 A、B 与各叶片相通。转子与定子偏心安装,偏心矩为 e。这样,转子的外表面、定子底部的内表面、叶片及两端密封盖之间形成了若干个密封工作空间。压缩空气由 A 气孔输入时,分为两个路径:一路经定子两端密封盖的弧形槽,进入叶片底部将叶片推出,叶片就是靠气压推力及转子转动的离心力的综合作

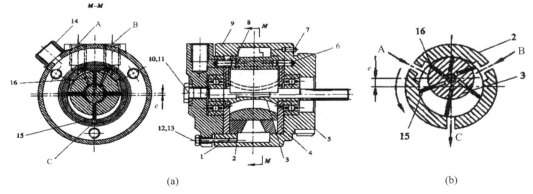

1—机体;2—定子;3—转子;4—前密封盖;5—轴承;6、7—圆柱销;
8—后密封盖;9—机盖;10—螺塞;11、13—垫圈;12—螺栓;14—排气管;15、16—叶片

图 4.8　叶片式气马达

用，较紧密地抵在定子内壁上的。另一路经 A 孔进入相应的密封工作空间，压缩空气作用在叶片 15 和 16 上，产生相反方向的转矩。但由于叶片 15 伸出长，作用面积大，产生的转矩大于叶片 16 产生的转矩，因此转子在两叶片上产生的转矩差的作用下，按逆时针方向旋转。做功后的气体由定子的孔 C 排出。残余气体经孔 B 排出，改变压缩空气输入方向即可改变转子的转向。

4.4 液压气动控制元件和控制回路

控制元件在液气压系统中被用来控制流体的方向、压力和流量，以保证执行元件按负载的需求进行工作。

4.4.1 液压控制元件和控制回路

1. 液压控制元件的分类

液压传动系统中用来控制液流方向、压力、流量的元件或控制调节装置统称为控制阀或液压阀，它们是液压系统控制元件。液压控制阀按工作特性可分成三大类：第一类是压力控制阀，用来控制或调节系统的流体压力，如溢流阀、减压阀、顺序阀等；第二类是流量控制阀，用来控制或调节系统的流体流量，如节流阀、调速阀等；第三类是方向控制阀，用来控制和改变系统中流体的方向，如单向阀、换向阀等。这些阀尽管特性不同，但存在两个相同点：一是都是由阀体、阀芯和驱使阀动作的元部件（如弹簧、电磁铁）组成；二是所有阀的开口大小，阀进、出口间的压差以及流过阀的流量之间的关系都符合孔口流量公示，只是各种阀的控制参数不同而已。

2. 方向控制阀

方向控制阀用来控制油液的流动方向，可分为单向阀（如普通单向阀、液控单向阀、换向阀，如图 4.9 所示）和双向阀。

图 4.9 中，图（a）普通单向阀只允许油液从 P_1 口流向 P_2 口，不允许反向流动；图（b）液控单向阀油液可以从 P_1 口流向 P_2 口，而反向时（从 P_2 口流向 P_1 口）受液流 K 的控制；图（c）中换向阀在图示位置截止，阀芯向右侧移动，使 P、A 口连通时液流导通。

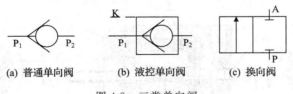

(a) 普通单向阀   (b) 液控单向阀   (c) 换向阀

图 4.9 三类单向阀

换向阀通过变换阀芯在阀体内的相对位置，使阀体各油口连通或断开，从而控制执行元件的换向或启停。

多向阀是指多位多通阀，其中位指的是阀的位置，通指的是阀中气体的通道。常用的多位多通阀结构包括二位二通、二位三通、二位四通、二位五通和三位五通等。

3. 压力控制阀

压力控制阀由阀体、阀芯、弹簧、调节螺帽等组成，它们可以控制液压系统的压力，或利用压力作为信号来控制执行元件，通常分为溢流阀、减压阀、顺序阀和压力继电器等。

1）溢流阀

溢流阀在液压传动系统中的作用可由图 4.10 来说明。在图 4.10（a）所示定量泵液压系统中，流量控制阀调节进入液压缸的流量，多余的压力油经溢流阀流回油箱，这样可使泵的工作压力保持定值，此时溢流阀起稳压溢流作用；在图 4.10（b）所示液压系统中，正常工作状态下，溢流阀是关闭的，只有在系统压力大于其调整压力时，溢流阀才被打开溢流，对系统起过载保护作用。

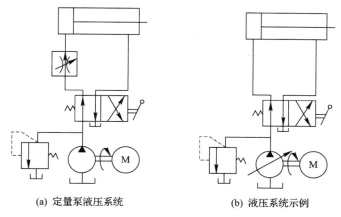

(a) 定量泵液压系统　　　　　　(b) 液压系统示例

图 4.10　溢流阀在液压传动系统中的作用示意图

2）减压阀

减压阀在液压系统中的主要用途是当回路内有两个以上液压缸时，若其中之一需要较低的工作压力，而其他液压缸仍需高压动作，则可用减压阀提供一个比系统压力低的压力给低压缸。其减压原理是利用油液在某个地方的压力损失，使出口压力低于进口压力，并保持恒定，故又称定值减压阀。

3）顺序阀

顺序阀在液压系统中的作用是利用液压系统压力变化来控制油路的通断，从而实现多个液压元件按一定的顺序动作。按结构形式分为直动式和先导式；按泄漏方式分为内泄式和外泄式。图 4.11 为直动式顺序阀结构图。

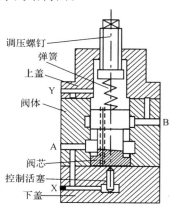

图 4.11　直动式顺序阀结构

直动式顺序阀的工作原理是：当图中 A 口的压力小于弹簧力时，阀芯在弹簧力作用下使阀口关闭，A 到 B 不通；当 A 处的流体压力大于弹簧张力时，流体通过控制活塞推动阀芯，使阀口打开，A 与 B 相通，下一个执行元件动作。

4）压力继电器

压力继电器包括压力-位移转换器(有柱塞式、弹簧管式、膜片式、波纹管式)和微动开关。在液压系统中，压力继电器根据系统压力变化，自动接通或断开电路，实现程序控制或安全保护。

4. 流量控制阀

流量控制阀通过改变阀口过流面积来调节输出流量，从而控制执行元件的运动速度。它可分为节流阀、调速阀、分流阀等。

图 4.12 为节流阀结构图和图形符号。图中节流阀由阀体、阀芯、弹簧、调节手轮等组成。其工作原理是调节手轮使阀芯移动，引起节流口面积变化，从而改变阀口液体流量。

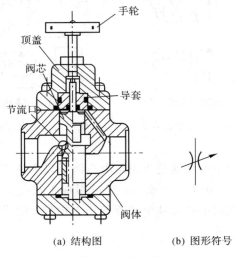

(a) 结构图　　　　(b) 图形符号

图 4.12　节流阀

图 4.13 为调速阀的结构原理图。图中调速阀由差减压阀与节流阀串联而成。当图中弹簧力和 p_3 压力增加时，减压阀阀芯向右移动，弹簧位移增大，其减压作用降低，p_2 压力增加，使得 $\Delta p = p_2 - p_3$ 基本不变；反之，外力和 p_3 压力减小，减压阀阀芯左移，弹簧位移减小，其减压作用增强，p_2 压力下降，使得 $\Delta p = p_2 - p_3$ 仍基本不变。所以，不管外力如何变化，$\Delta p = p_2 - p_3$ 都基本不变，如阀口截面积不变，液体流量就基本不变。

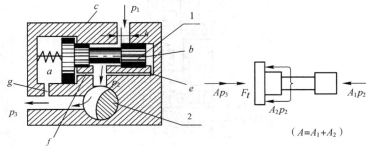

图 4.13　调速阀

4.4.2　气动控制元件和控制回路

　　气动控制元件是气压传动系统中控制和调节压缩空气的压力、流量、流动方向和发送信号的重要元件，它们主要是各种气阀。常用的气动控制元件有方向控制阀、压力控制阀、速度(流量)控制阀和气动逻辑元件。气动控制元件基本回路有方向控制回路、压力控制回路和速度(流量)控制回路。

1. 方向控制阀

　　方向控制阀可分为单向型控制阀和换向型控制阀。单向阀是气流只能向一个方向流动而不能反向流动通过的阀。换向阀通过改变气体通路使气流方向发生改变。

　　图 4.14 为单向阀结构及工作原理图。当空气从 A 口流入时，在气体压力和弹簧压力作用下，阀芯堵塞阀口，气体不能通过；当压缩空气从 P 口流入时，如压缩空气的压力大于弹簧的推力，则阀芯向左移动，空气从 P 到达 A 处，使气体流动。单向阀多与节流阀组合起来控制执行元件的运动速度。

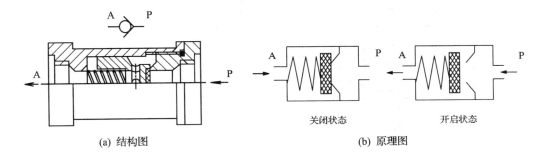

图 4.14　单向阀结构及工作原理图

　　梭阀(或门)相当于两个单向阀的组合，其结构与工作原理如图 4.15 所示。由图可以看出只要两个单向阀有一个导通，梭阀中的空气就是导通的。

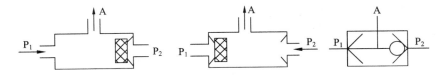

图 4.15　梭阀的结构与工作原理图

　　双压阀(与门)也是两个单向阀的组合，其结构与工作原理如图 4.16 所示。从图中可看出，只有两个单向阀都导通时，双向阀才是导通的。

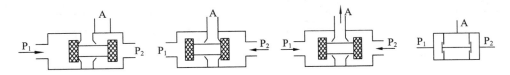

图 4.16　双压阀的结构与工作原理图

　　换向型控制阀是利用气体压力推动阀芯运动实现换向的。图 4.17 为单向截止换向阀的结构与工作原理示意图。图中 K 口通以气体，根据 K 口通入气体压力的高低可以实现气流的换向。当 K 压力较低时，气流从 A 到达 O 处；反之，气体可以从 P 到 A。

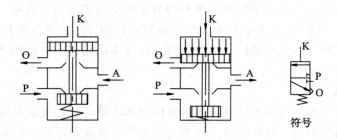

图 4.17 单向截止换向阀的结构与工作理图

除了气流外，还可以利用电磁铁和弹簧制成电磁控制换向阀。这种阀可以利用电磁铁的衔铁直接推动阀芯进行换向，如图 4.18 所示。

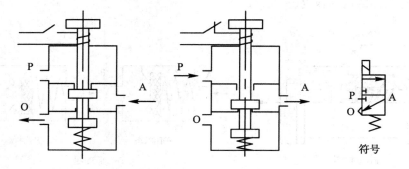

图 4.18 单电磁铁换向阀工作原理图

由方向控制型气阀可以组成方向控制回路，如图 4.19 所示。图 4.19(a)采用电磁换向阀可以实现气体的进入和排出；图 4.19(b)采用三位四通的换向阀实现气缸的左右运动。

此外，还有延时换向阀。如图 4.20 所示，延时换向阀的工作原理是使气流通过气阻（如小孔、缝隙等）流入气容（储气空间），经过一定时间当气容内建立起一定的压力后，再使阀芯动作。

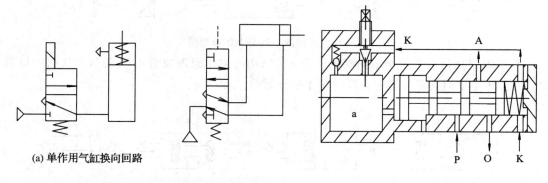

(a) 单作用气缸换向回路

图 4.19 方向控制回路   图 4.20 延时换向阀工作原理图

2. 压力控制阀

压力控制阀的功能是控制系统中压缩空气的压力,以满足系统对不同压力的需要。压力控制阀是利用空气压力和弹簧力相平衡的原理来工作的。压力控制阀可分为减压阀、顺序阀、安全阀等。

减压阀(调压阀)在系统中起减压和稳压作用,是气动系统中必不可少的一种调压元件。图 4.21 为减压阀的结构图。通过调整手柄可以调节弹簧压力的大小,从而调节通过阀口的气流的压力。

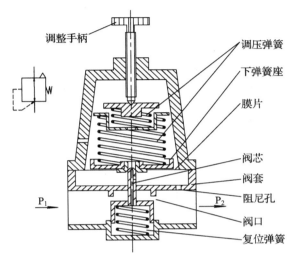

图 4.21　减压阀结构图

顺序阀也是一种压力阀,它是依靠回路中压力的高低变化实现执行元件的顺序动作。图 4.22 为顺序阀的工作原理图。从图中可知,当 P 口进入的空气压力较小时,不能推动阀芯向上运动,气流无法从 P 到 A;当进入空气压力足够大时,可以推开阀芯,气流从 P 到 A,从而实现执行元件的顺序动作。

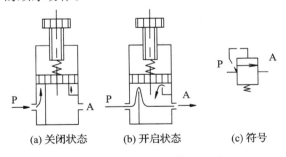

(a) 关闭状态　　　(b) 开启状态　　　(c) 符号

图 4.22　顺序阀的工作原理图

安全阀(溢流阀)的功能是当储气罐或气动回路的压力超过一定值时,安全阀立即打开放气,以阻止压力继续升高产生危险,起到过压保护作用。如图 4.23 所示,当储气罐或气路的压力超过一定值时,高压气流推动阀芯向上运动,使 P、O 口连通,将高压气体放出,从而降低气路中的气压,减小了爆炸的危险,起到安全保护作用。

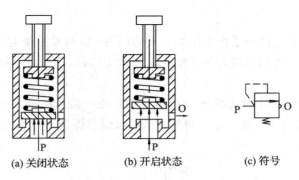

(a) 关闭状态　　　(b) 开启状态　　　(c) 符号

图 4.23　安全阀的工作原理图

由压力阀组成的二次压力控制回路如图 4.24 所示。该回路由空气过滤器、减压阀、油雾器(气动三大件)组成。这种回路可用于气动控制系统气源压力控制,以保证系统使用的气体压力为一稳定值。注意,逻辑单元的供气应接在油雾器之前。

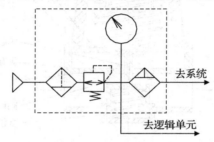

图 4.24　二次压力控制回路

3. 速度(流量)控制阀

典型的速度控制阀有节流阀。它能通过改变阀口通流面积来调节流量。图 4.25 所示为节流阀的结构和工作原理。具体原理如下:调节螺钉,改变阀芯处的气流通道面积,从而调节通过气体的流量。

图 4.26 所示为单作用气缸速度控制回路。其工作原理为:通过调节节流阀流通面积的大小来控制气体管道中气体进入气缸的流量,从而改变气缸活塞杆向上运动的速度。流量大,速度快;反之,速度就慢。

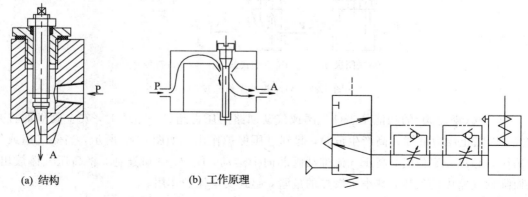

(a) 结构　　　　　　(b) 工作原理

图 4.25　节流阀结构和工作原理　　　　图 4.26　单作用气缸速度控制回路

4. 气动逻辑元件

气动逻辑元件又称逻辑阀，其工作原理是：用压缩空气为工作介质，通过元件内部可动部件的动作，改变气流方向，从而实现逻辑控制功能。

4.5　液压气动控制方式

在液压、气压控制系统中，除了采用各种控制阀的开关式控制外，还可用模拟及数字信号进行连续或脉冲式控制。

4.5.1　连续控制

1. 连续控制的概念

液压动力的连续控制是指动力输出信号是一个连续变化的信号。输入信号可以是连续变化的模拟信号，也可以是离散的数字信号。使用数字信号输入时，一般要经过 D/A 转换器或步进电机操纵的液压阀门方可实现输出动力的连续式控制。

2. 连续控制的实例

在液压动力系统控制中，比例和伺服控制是常用的方式。液压电梯速度控制系统中采用电液比例控制的情况如图 4.27 所示。其中，阀 4 为电液安全止回阀，装在液压缸端盖上，用于防止因阀 2 失控或油管破裂而造成的轿箱自由下滑事故；阀 1 和阀 2 是电液比例三通调速阀和二通调速阀，分别用于控制轿箱的上升和下降。轿箱运行时，先给阀 4 通电，此时，若断开阀 2 电流，接通阀 1 电流，便可使轿箱按预定的启动加速和制动减速曲线上升到要求的楼层；若断开阀 1 电流，接通阀 2 电流，便可使轿箱按预定规律下降到要求的楼层。

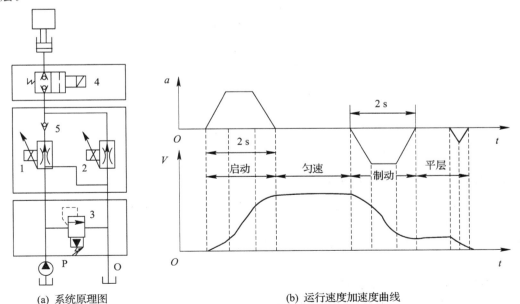

(a) 系统原理图　　　　　　　　　(b) 运行速度加速度曲线

1—电液比例三通调速阀；2—电液比例二通调速阀；3—溢流阀；4—电液安全止回阀；5—单向阀

图 4.27　液压电梯速度控制原理

4.5.2 脉冲控制

1. 脉冲控制的概念

脉冲控制就是运用数字信号(脉冲电信号)直接控制各类高速开关阀,形成高速间断的脉冲液体并达到控制平均流量输出及至液压缸或马达的速度、位移等目的。这类控制有脉冲宽度调制(PWM)、脉冲幅值调制(PAM)、脉冲频率调制(PFM)、脉冲编码调制(PCM)、脉冲数调制(PNM)等多种。其中,PWM 控制是采用脉冲宽度调制信号,经放大再控制高速开关阀及至执行元件的脉冲控制系统。

2. 脉冲控制的实例

图 4.28 所示为采用 PWM 控制高速电磁阀从而实现液压马达转速调节的例子。图中的误差信号 e 经 PWM 回路变为脉宽调制信号 t_p,再经电流放大环节推动高速开关阀,其所形成的脉冲液体流入液压马达,使马达旋转。转速传感器检测出马达的转速并将检测信号反馈至输入端,与输入信号比较得到误差信号 e,由于速度闭环使马达的平均速度正比于PWM 信号的调制率,所以改变调制率(脉冲宽度变化)比可实现转速的控制。

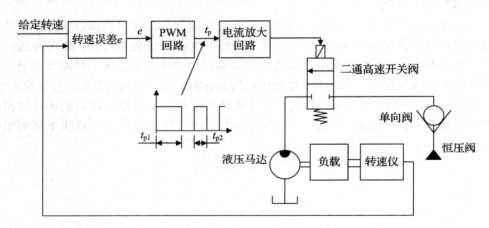

图 4.28 调节液压马达转速的 PWM 控制

脉冲控制具有结构简单、抗干扰能力强等优点。

4.5.3 开环和闭环控制

1. 开环控制和闭环控制的概念

在液压气动系统中,执行元件的动力输出无检测或不与输入信号比较时,系统仅按预定程序完成整个循环,此方式为开环控制方式。若检测系统输出信号,并用输出信号与输入信号比较的误差进行控制,则称该控制方式为闭环控制。图 4.29 为开环和闭环控制系统框图。

2. 开环控制和闭环控制的原理

从图 4.29 中可以看出,有无反馈是开环和闭环控制的主要区别。开环控制相对简单,但控制效果不太理想。而闭环控制尽管结构较为复杂,但控制效果比较理想,因此在一些需要高精度控制的场合主要采用闭环控制。

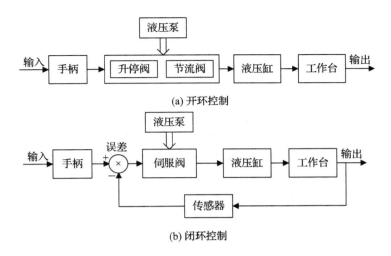

图 4.29　开环和闭环控制系统框图

对于通常的液压传动自动控制系统,可以分析判断其是开环控制还是闭环控制。

3. 液压自动控制系统的闭环控制

液压传动自动控制系统除能源、辅助元件外,其基本结构框图如图 4.30 所示。

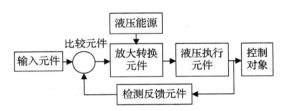

图 4.30　液压传动自动控制系统的结构框图

液压传动自动控制系统的基本元件如下:

(1) 输入元件:给出与反馈信号相同形式和量纲的控制指令(输入信号)。

(2) 检测反馈元件:检测被控制量(系统的输出量)并转换成反馈信号,加于系统的输入端与输入信号相比较,并构成反馈控制。

(3) 比较元件:把指令信号和反馈信号加以比较,给出偏差信号即控制信号。

(4) 放大转换元件:在液压源的支持下,将偏差信号成倍放大,转换成巨大的液体压力和流量从而控制执行元件运动。

(5) 液压执行元件:液压缸和液压马达等。

(6) 控制对象:系统的负载装置。

从图 4.30 中可以看出,该系统存在反馈环节,所以其为闭环控制系统。

4.5.4　伺服控制

伺服控制系统分为液压伺服系统和气动伺服系统,是一个由液压或气压伺服机构组成的自动调节系统。其特点是输出量能够自动而准确地复现输入量的变化规律,控制精度高,响应速度快。本节以液压伺服系统为例进行说明,其原理框图如图 4.31 所示。

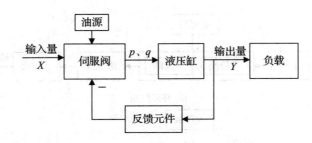

图 4.31 液压伺服系统原理框图

液压伺服系统由下列几部分组成：

（1）给定元件：把给定量传输给阀芯。它可以是机械模型，也可以是电气、气动及液压元件。

（2）执行元件：液压缸，它用于驱动负载。

（3）反馈元件：由缸体和阀套组成，它测量出系统的输出量，并转换成反馈信号，传给输入端与输入信号进行比较。反馈元件可以是机械杠杆，也可是各类传感器。

（4）比较元件：滑阀，它将反馈信号（阀套位移）与输入信号（阀芯位移）进行比较，得出偏差信号。

（5）放大元件：滑阀，它将阀芯运动时所需的极小功率放大到液压缸运动时所具有的极大功率。因此，放大元件是液压伺服系统中最重要的组成部分。

（6）负载：由执行元件驱动的各种载荷。

4.6 液压气动技术的发展趋势

4.6.1 液压技术发展趋势

自 18 世纪末英国制成世界上第一台水压机起，液压技术至今已有二三百年的历史。然而，直到 20 世纪 30 年代它才真正地推广使用。1650 年帕斯卡提出静压传递原理，1850 年英国将帕斯卡原理先后应用于液压起重机、压力机，1795 年英国约瑟夫·布拉曼（Joseph Braman）在伦敦用水作为工作介质，以水压机的形式将其应用于工业上，诞生了世界上第一台水压机；1905 年工作介质由水改为油，使液压传动效果进一步得到改善。第二次世界大战期间，人们将一些功率大、反应快、动作准的液压传动和控制装置安装在兵器上，大大提高了兵器的性能，也大大促进了液压技术的发展。战后，液压技术迅速转向民用，并随着各类元件的标准化、规格化、系列化，在机械制造、工程机械、农业机械、汽车制造等行业中推广开来。20 世纪 60 年代后，原子能技术、空间技术、计算机技术、微电子技术等的发展再次将液压技术向前推进，使它在国民经济的各方面都得到了应用，成为实现生产过程自动化、提高劳动生产率等必不可少的重要手段之一。

我国的液压工业开始于 20 世纪 50 年代，其产品最初只用于机床和锻压设备，后来才用到拖拉机和工程机械上。自 1964 年从国外引进一些液压元件生产技术，并自行设计液压产品以来，我国的液压件已在各种机械设备上得到了广泛的使用。20 世纪 80 年代起更加速了对国外先进液压产品和技术的有计划引进、消化、吸收和国产化工作，以确保我国液压技术在产品质量、经济效益、研究开发等方面赶上世界水平。

当前，液压技术在实现高压、高速、大功率、高效率、低噪声、经久耐用、高度集成化等各项要求方面都取得了重大进展，在完善比例控制、伺服控制、数字控制等技术上也有许多新成就。此外，在液压元件和液压系统的计算机辅助设计、计算机仿真和优化以及微机控制等开发性工作方面，日益显示出显著的优势。微电子技术的进展，渗透到液压传动技术中并与之相结合，创造出了很多高可靠性、低成本的微型节能元件，为液压技术在工业各部门中的应用开辟了更为广阔的前景。随着科学技术的发展，液压技术得以不断创新和提高，通过改进元件和系统的性能，以满足日益变化的市场需求。液压技术的持续发展体现在如下重要特征上。

（1）提高元件性能，创制新型元件，使其不断小型化和微型化。特别是液压智能元件更需要具备三种基本功能，即：液压元件主体功能、对液压元件性能的控制功能与为液压元件性能服务的总线及其通信功能。实际上它一般是在原有液压元件的基础上，将传感器、检测与控制电路、保护电路及故障自诊断电路集成为一体并具有功率输出的器件。这样它可替代人工的干预来完成元件的性能调节、控制与故障处理功能。其中保护功能可能包括压力、流量、电压、电流、温度、位置等性能参数，甚至包括瞬态的性能的监督与保护，从而提高系统的稳定性与可靠性。从结构上看具有体积小、重量轻、性能好、抗干扰能力强、使用寿命长等显著优点。在智能电控模块上，往往采用微电子技术和先进的制造工艺，将它们尽可能采用嵌入式组装成一体，再与液压主体元件连接。

（2）高度的组合化、集成化和模块化。

（3）和微电子技术相结合，走向智能化，包括液压智能生产、液压智能工厂、液压智能产品与液压智能服务。

（4）研发特殊传动介质，推进工作介质多元化。

（5）电液伺服比例技术的应用将不断扩大。液压系统将由过去的电气液压 on - oe 系统和开环比例控制系统转向闭环比例伺服系统，为适应上述发展，压力、流量、位置、温度、速度、加速度等传感器应实现标准化。计算机接口也应实现统一和兼容。

（6）发展和计算机直接接口的功耗为 5 mA 以下电磁阀，以及用于脉宽调制系统的高频电磁阀（小于 3 ms）等。

（7）液压系统的流量、压力、温度、油的污染等数值将实现自动测量和诊断，由于计算机的价格降低，监控系统，包括集中监控和自动调节系统将得到发展。

（8）计算机仿真标准化，特别对高精度、"高级"系统更有此要求。

（9）由电子直接控制元件将得到广泛采用，如电子直接控制液压泵，此外，采用通用化控制机构也是今后需要探讨的问题。

（10）减少能耗，充分利用能量，主动维护，包括自调整、自润滑、自校正，在故障发生之前，进行补偿。

4.6.2 气动技术发展趋势

在国外，埃及人早在公元前就开始利用风箱产生压缩空气用于助燃。18 世纪的产业革命开始后，气压传动技术逐渐被应用于火车刹车装置和矿山风钻中。直到 20 世纪 60 年代以后，气动技术才被广泛应用于一般工业中。我国在气动技术方面起步较晚，气动元件作为商品的生产和销售始于 20 世纪 60 年代中后期。在"六五"时期,气动元件被列入国家 38 项重点科技攻关内容之一。20 世纪 90 年代,随着民营企业快速崛起以及日益增长的国内外市场需求,我国气动产业才得到持续高速的发展。及至 2008 年,我国气动元件产值已位居世界第四位,仅落后于美国、日本和德国。从欧洲流体动力协会统计数据可知:2009 年,我国气动产品的国内市场销售额已跃居世界第二位,仅低于美国 0.63 个百分点。目前气动技术作为一种低成本、高效、无污染的工业自动化手段被世界各国广泛应用于工业各个领域。气动技术的持续发展体现在如下重要特征上。

(1) 标准化。完善气动行业标准,要以国内生产和市场需要为目的,以转化国际标准和采用创新技术为前提,优先考虑填补国内空白对主机应用有关键性和突破性的自主创新技术,有促进国内产品结构更新换代的标准项目。近年,我国气动标准体系基本实现与国际标准接轨,对国际标准的采用比例达到 90% 以上,主要技术标准能够开展与国际标准的同步研究,形成持续稳定和良性循环的标准体系,全面满足行业生产和市场需要。

(2) 组合化、集成化。最常见的组合是带阀、带开关气缸。在物料搬运中,还使用了气缸、摆动气缸、气动夹头和真空吸盘的组合体。这些具有组合功能的气缸,大大方便了用户的选择与使用。可以说,市场的需求和技术的竞争把气缸的发展带入了一个多样化的新时代。气动元件根据用户的不同要求,可以有不同的组合。

(3) 精密化。目前开发的非圆活塞气缸、带导杆气缸等可减小普通气缸活塞杆工作时的摆转。为了使气缸的定位更精确,使用了传感器、比例阀等实现反馈控制,其定位精度达 0.01 mm。在精密气缸方面已开发了 0.3 mm/s 的低速气缸和承载力为 0.01 N 的微小气缸。在气源处理中,过滤精度为 0.01 mm、过滤效率为 99.9999% 的过滤器以及灵敏度为 0.001 MPa 的减压阀均已开发出来。

(4) 高速化。目前国产气缸的活塞速度范围为 50~1000 mm/s,今后要求气缸的活塞速度进一步提高,达到国外同类产品水平,并且在运行中要避免冲击和爬行。阀的响应速度也要求由现在的 1/100 秒级提高到 1/1000 秒级,电磁换向阀电功耗为 0.1~0.15 W,最高换向频率为 500~1000 Hz;寿命达到 20 000~100 000 万次。减压阀设定灵敏度为 ±0.001 MPa;重复精度达到 ±0.003 MPa。提高辅助元件的精度,如压缩空气过滤器:过滤度 0.01 μm,过滤效率达到 99.9999%。气缸的高速化对提高装置的生产效率具有重要意义,近年来 SMC、CKD、TAIYO、ORIGA、NORGREN、MEC-MEN 等公司研制的无活塞杆气缸的速度都已达到 2 m/s 以上,其他类型的高速气缸甚至达到了 3~4 m/s 的速度,为了提高生产率,自动化的节拍正在加快,今后要求气缸的活塞速度提高到 5~10 m/s。

(5) 小型化、节能化。气动元件的有些使用场合的空间有限,故要求气动元件外形尺寸尽量小。因此,小型化是主要发展趋势。微型气动元件不但用于机械加工及电子制造业,而且用于制药业、医疗技术、包装技术等。未来的气动技术不仅要求产品本身具有节能和绿色技术特点,而且要服务于任何生态环境友好工程,特别是低碳经济工程。气动元件的低功耗能够节约能源,并能更好地与微电子技术相结合。已开发出功耗≤0.5 W 的电磁阀并商品化,可由计算机直接控制。

(6) 无油、无味、无菌化。由于人类对环境的要求越来越高,不希望气动元件排放的废气带油雾污染环境,因此无油润滑的气动元件将会普及。还有些特殊行业,如食品、饮料、制药、电子等对空气的要求更为严格,除无油外,还要求无味、无菌等,这类特殊要求的过滤器将被不断开发出来。前田商用服务(株)公司研制出了水滴为零、油雾 99.99％、过滤精度为 0.1 μm 的抗菌、除菌空气过滤器,广泛用于食品工厂。

(7)高寿命、高可靠性。气动元件大多用于自动化生产中,元件的故障往往会影响设备的运行,使生产线停止工作,造成严重的经济损失,因此,对气动元件的工程可靠性提出了更高的要求。

(8)智能化。智能气动是指具有集成微处理器,并具有处理指令和程序控制功能的元件或单元。最典型的智能气动是内置可编程控制器的阀岛,以阀岛和现场总线技术的结合实现的气电一体化是目前气动技术的一个发展方向。气动机器人和机械手在技术上已经获得了很大的发展并迈入了一个新阶段,在工业自动化系统中得到了广泛的应用。

(9)机电一体化。为了精确达到预定的控制目标,应采用闭路反馈控制方式。为了实现这种控制方式要解决计算机的数字信号、传感器反馈模拟信号和气动控制气压或气流量三者之间的相互转换问题。目前市场上,先进的厂家提供的电气一体化气控单元,如FESTO公司的阀岛,已包含传感器、总线接口、可编程控制等各种功能;而在气缸上,除常见的机械功能以外,多维动作的组合或兼有伺服调节作用的位移传感功能等,也已不再成为难题。气动技术与电子技术的结合则为现代气动技术提供了更广阔的发展空间;阀岛技术、气动伺服定位系统、气动比例控制元件作为三种最为成功的电气一体化产品,给现代气动技术的发展注入了极大活力;气动伺服系统更是被誉为"气动技术今后高科技发展的火车头"。

(10)真空技术。真空技术是气动技术领域中的一个重要分支,在工业生产中,作为吸盘机械手得以广泛应用,因此很多气动企业都非常重视真空元器件的开发研制工作。

(11)应用新技术、新工艺、新材料。在气动元件制造中,型材挤压、铸件浸渗和模块拼装等技术已在国内广泛应用;目前压铸新技术(液压抽芯、真空压铸等)已在国内逐步推广;压电技术、总线技术、新型软磁材料、透析滤膜等正在被逐步应用。

思 考 题

1. 液压气压传动系统的工作原理和组成各是什么?
2. 液压气压传动系统的组成有哪些?
3. 液压气压传动系统的动力元件有哪些?
4. 液压泵的工作原理是什么?
5. 空气压缩机是怎样工作的?
6. 液压气压传动系统的控制元件有哪些?其作用是什么?
7. 液压气压传动系统的控制方式有哪些?
8. 学习本章内容需要掌握哪些相关知识?

第 5 章　计算机接口及控制技术

【导读】　工业4.0的核心是"智能+网络化"，通过虚拟-实体系统构建智能工厂，实现智能制造的目的。目前，计算机以其运算速度快、可靠性高、价格便宜等特点，广泛应用于工业、农业、国防以及日常生活等各个领域。计算机用于机电一体化系统或工业控制是近年来发展非常迅速的领域。例如，卫星跟踪天线的控制、电气传动装置的控制、数控机床、工业机器人的运动、力控系统、飞机、大型油轮的自动驾驶仪，等等。机电一体化系统由许多要素或子系统构成，各子系统之间必须能顺利进行物质、能量和信息的传递与交换。为此各要素或各子系统相接处必须具备一定的联系部件，这个部件称为接口。接口能使各要素或子系统连接成为一个有机整体，使各个功能环节有目的的协调一致运动。

5.1　计算机接口技术概述

5.1.1　计算机接口的组成

计算机系统中主要的接口为输入/输出接口（I/O接口）、通信接口、总线接口、外存储器接口和模拟接口等。对于机电一体化系统，按照接口所联系的子系统不同，以微机为核心，可将接口分为人机接口、机电接口和外部存储接口三大类，如图5.1所示。

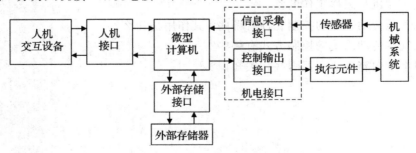

图 5.1　机电一体化控制系统中的微机接口

5.1.2　计算机接口的功能

尽管机电一体技术具有很高的自动化程度，但其运行仍需要人的干预，系统必须处于操作者的监控下，因此人机接口是必不可少的。此处的人机接口就是 I/O 接口，包括输入接口和输出接口两类，通过输入接口，操作者向系统输入各种命令及控制参数，对系统进行控制，所需硬件设备为键盘、鼠标、手写板等；通过输出接口，操作者对系统的运行状态、各种参数进行监测，所需硬件为显示器、打印机、绘图仪等。

由于机械系统和微电子系统性质差别很大，二者之间需要机电接口进行调整、匹配、缓冲，因此机电接口起到很重要的作用。在机电接口中，按照信息和能量的传递方向，又分为信息采集接口（传感器接口）与控制输出接口。控制微机通过信息采集接口接受传感器输出信号，监测机械系统运行参数，经过运算处理后，发出有关控制信号，经过控制输出接口的匹配、转换、功率放大，驱动执行元件机械系统的运行，使其按要求动作。

此外，由于系统储存软件及资料的保密性要求，操作者会将保密资料储存在外部储存器上随身携带，这就需要外部存储器接口。

计算机接口的基本功能如下：

（1）变换。两个需要进行信息交换和传输的环节之间，由于信息的模式不同（数字量与模拟量、串行码与并行码、连续脉冲与序列脉冲等），无法直接实现信息或能量的交流，需要通过接口完成信息或能量的统一。

（2）放大。在两个信号强度相差悬殊的环节间，经接口放大，达到能量的匹配、电平的匹配。

（3）传递。包括信息传递和运动传递。对于信息传递，变换和放大后的信号在环节间必须能可靠、快速、准确地交换，必须遵循协调一致的时序、信号格式和逻辑规范。接口具有保证信息传递的逻辑控制功能，使信息按规定模式进行传递。运动传递是指运动各组成环节之间的不同类型运动的变换与传输，如位移变换、速度变换、加速度变换及直线运动和旋转运动变换等。运动传递还包括以运动控制为目的的运动优化设计，目的是提高系统的伺服性能。

5.2　人 机 接 口

人机接口就是常说的 I/O 接口，它是主机和外围设备之间交换信息的连接部件，在主机和外围设备的信息交换中起着桥梁和纽带作用。接口电路的主要作用包括：① 解决主机 CPU 和外围设备之间的时序配合和通信联络问题；② 解决 CPU 和外围设备之间的数据格式转换和匹配问题；③ 解决 CPU 的负载能力和外围设备端口选择问题；④ 实现端口的可编程功能以及错误检测功能。

输入接口包括键盘接口、鼠标接口等；输出接口包括显示器接口、打印机接口等。

5.2.1　键盘及接口

1. 键盘的概念

键盘是由若干个按键组成的开关矩阵，人们可通过键盘输入数据和命令，实现简单的人机通信。键盘接口是将按键这一机械动作转化为可被计算机识别的电信号，供 CPU 读取。常见的键盘都存在两种状态：断开和闭合。当某一键按下时，为闭合状态；释放时为断开状态。键盘电路功能就是能将键的闭合和断开状态用"0"和"1"来表示，然后通过数据总线读到 CPU 内部进行键的识别。

2. 键盘的结构

通常使用的键盘是矩阵结构的。矩阵式键盘是指键开关按行列排列，形成二维矩阵的结构。如图 5.2 所示，本节以 3×3 的 9 键键盘为例，说明键盘的矩阵结构。这个矩阵分为3 行 3 列，如果键 4 被按下，则第 1 行和第 1 列线接通而形成通路。如果第 1 行线接低电位，则由于键 4 的闭合，会使第 1 列线也输出低电位。工作时，就是按行线和列线的电平来识别闭合键的。

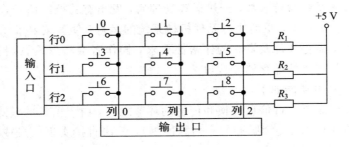

图 5.2　键盘的矩阵结构

3. 键盘的处理流程

对于键盘阵列的处理，需要解决两个问题：一是判别是否有键按下；二是判别哪一个键被按下。图 5.3 为实现键盘处理工作的程序流程。

从键处理工作流程可知，键盘接口处理的主要任务有：① 检测是否有键按下；② 去除键的机械抖动；③ 确定被按下的键所在的行与列的位置；④ 使 CPU 对键的一次闭合仅做一次处理。根据键盘处理流程，可通过编程完成相应的键盘接口功能。

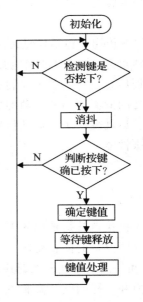

图 5.3　实现键盘处理工作的程序流程

5.2.2 鼠标及接口

1. 鼠标的概念

鼠标是一个控制计算机屏幕上光标移动的小型手控输入设备。当鼠标在平面上移动时，随着移动方向和速度的变化，会产生两个在高低电平之间不断变化的脉冲信号。CPU 接收到这两个脉冲信号并对其计数，然后根据接收到的两个脉冲信号的个数，控制屏幕上的鼠标指针在横轴（X）、纵轴（Y）两个方向上移动。

2. 鼠标接口

鼠标按接口分为串行通信鼠标、总线鼠标和 USB 鼠标等。

（1）串行通信鼠标。一般采用 RS-232C 标准接口进行通信。鼠标由 RS-232C 串行通信接口线路中的 RTS 提供驱动，SGND 为地线，使用 TxD 发送数据，DTR 作为联络信号线。在串行通信鼠标控制板上配置有微处理器，其作用是判断鼠标器是否已启动工作，工作时组织输出 X、Y 方向串行位移数据。对于带有 9 针的 D 型插头的串行通信鼠标，插入微机串行口 COM₁ 上；带有 9~25 针转换插头的接在 COM₂ 串行口上。

（2）总线式鼠标器。总线式鼠标本身不带微处理器，需要在主机系统总线扩展槽中插入专用接口板。鼠标与接口板之间采用 9 针插头连接。9 针插头的结构如图 5.4 所示。其中，SW₁、SW₂、SW₃ 为按键开关信号，X_A、X_B、Y_A、Y_B 分别表示 X、Y 方向上鼠标的位移量。接口板上配有可编程期间，用来监视鼠标的工作，置位内部数据寄存器，控制发送中断请求信号，调整对鼠标信号采用的频率。

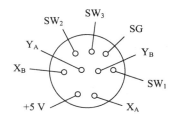

图 5.4　总线鼠标 9 针插头

（3）USB 鼠标。USB 鼠标也是一种串行鼠标，它具有 USB 接口，即插即用，适用于具有 USB 接口的 PC 机。

5.2.3　LED 数码显示器接口

1. LED 显示器的概念

在机电一体化系统中，常用显示器有：发光二极管（LED）显示器、CRT 显示器、液晶显示器（LCD）和荧光管显示器。LED 显示器由发光二极管组成，主要用于中小型的仪器设备中，具有体积小、接口简单和价格便宜等优点。LED 显示器自身可发出红、绿或黄等颜色的光，可以用于无太阳光或无其他强光直射的场合，有其他强光时显示对比度会降低。LED 数码显示器可分为 7 段"8"字形、12 段"田"字形和 16 段"米"字形等。

2. LED 显示器的组成

7 段"8"字形 LED 显示器由 7 个发光段构成，每段均是一个 LED 二极管，如图 5.5（a）所示。这 7 个发光段分别称为 a、b、c、e、f 和 g。通过控制不同段的点亮或熄灭，可显示十六进制数字 0~9 和 A、B、C、D、E、F，也能显示 H、L、P 等字符。多数 7 段 LED 显示器中实际有 8 个发光二极管，除了 7 个构成 7 笔字形外，还有一个小数点 dp 位段，用来显示小数。LED 显示器有共阴极和共阳极两种结构，分别如图 5.5（b）和图 5.5（c）所示。在共阳极结构中，各 LED 二极管的阳极被连在一起，使用时将它与 +5 V 电源相连，而把各段的阴极连到器件的相应引脚上。当要点亮某一段时，将相应（引脚）阴极接低电平，发光二极管导通就发光。对于共阴极结构的，阴极连在一起，阳极接在器件相应引脚上，要点亮某一段，只要将相应引脚接高电平即可。

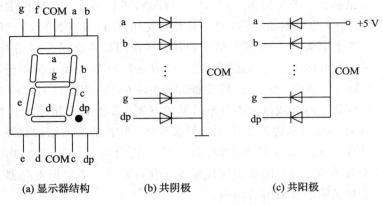

(a) 显示器结构　　　(b) 共阴极　　　(c) 共阳极

图 5.5　7 段 LED 显示器结构

3. LED 显示器的工作原理

7 段 LED 显示字符 5 的原理如图 5.6 所示。

图 5.6　7 段 LED 显示器原理

4. LED 显示器的硬件接口举例

在 LED 显示器上显示十进制或十六进制数，需要用 4 位二进制编码表示，并通过硬件译码或软件译码将这 4 位二进制数转换成 LED 的 7 段显示代码。利用专用接口芯片 7447 驱动单个 7 段 LED 显示器的硬件结构如图 5.7 所示。此芯片能将 BCD 码数字 0～9 译码成单个 7 段码，并利用其驱动电路直接在显示器显示数字；可直接用于共阳极结构，但不能显示十六进制数字的 A～F。

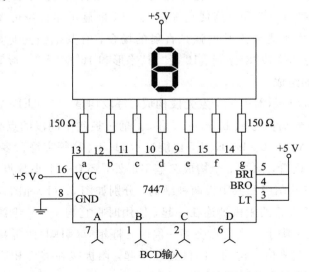

图 5.7　用 7447 接口芯片驱动单个 LED 显示器的硬件结构图

5. LED 显示器的软件接口举例

采用软件译码方法控制 LED 显示，就是直接由程序来产生 7 段 LED 显示编码。图 5.8 就是一个这样的 LED 接口电路。图中，LED 数字显示器电路由 8255A 接口芯片、反向驱动器和共阴极 LED 显示器构成。CPU 送来的二进制数字代码从 8255A 的 A 口输出，经反向器驱动后与 LED 相连。若要显示数字 0，则应将 g 段熄灭，其余段均亮。为此，可编程使 PA_6 输出高电平（经反向变为低电平），其余位输出低电平（经反向后输出高电平）。

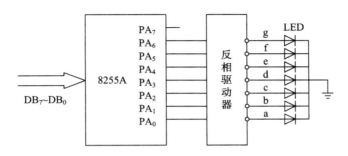

图 5.8　软件译码式共阴极 LED 显示器接口电路

5.2.4　CRT 显示器接口

阴极射线 CRT 显示器是通过其接口电路——显示适配器与主机相连的。显示适配器通常制成接口电路卡，插在系统扩展槽上（有的集成在主板上）。一方面它通过系统总线与主机联系，接收主机提供的显示信息和显示控制命令；另一方面它通过视频接口向显示器输出视频信号，控制显示器的显示。

5.2.5　打印机接口

1. 打印机的类型

打印机是计算机系统的基本输出设备之一，能直接简便地获得硬拷贝。按印字原理，常用打印机包括针式打印机、喷墨打印机和激光打印机三种。针式打印机是一种击打式打印机，它靠打印机内部的机械电路控制打印头把色带上的油墨打印到纸上完成打印动作。喷墨打印机则靠喷出的微小墨点在纸上组成图形、字符或汉字，其主要技术环节是墨滴的形成及其充电和偏转。激光打印机是激光、微电子和机械技术的综合应用。在激光打印机内部，激光器输出的光源被聚焦成一个很细小的光点，沿着硒鼓进行横向重复扫描，使硒鼓上的电荷沉积情况发生变化，当硒鼓与普通纸接触时，由于静电电荷的作用，硒鼓表面的碳粉就会被吸附到纸上。这样，通过控制激光扫描，就可以在纸上打印出字符和图形。

2. 打印机的接口

各类打印机与 CPU 的连接方式都是相同的。因打印机有串行和并行之分，所以它与主机之间的接口也有串行与并行两种。串行接口为 RS-232 接口和 USB 接口。目前使用较多的是并行接口打印机。PC 打印机并行接口内部有 3 个寄存器，分别对应 3 个端地址，即数据口、控制口和状态口。并行接口的逻辑图如图 5.9 所示。

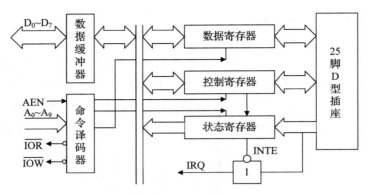

图 5.9　并行接口逻辑图

5.2.6　串行和并行通信接口

1. 串行和并行通信接口的概念

有时，机电一体化产品控制系统中的微机需要和外部交换信息。微机和外部交换信息又称为通信（Communication）。按数据传送方式分为串行通信和并行通信两种。实现这两种通信方式的接口电路分别称为串行接口和并行接口。

2. 串行通信的方式

串行通信将数据按位进行传送，即一位一位地传送和接收数据。在传输过程中，每一位数据都占据一个固定的时间长度。串行通信又分以下 4 种方式：

（1）全双工方式：CPU 通过串行接口和外围设备相接。串行接口和外围设备间除公共地线外，有两根数据传输线，串行接口可以同时输入和输出数据，计算机可同时发送和接收数据，这种串行传送方式称为全双工方式，其信息传输效率较高。

（2）半双工方式：CPU 也通过串行接口和外围设备相接。但是串行接口和外围设备间除公共地线外，只有一根数据传输线，某一时刻只能沿一个方向传送数据，这种方式称为半双工方式，其信息传输效率略低。但是对于像打印机这样单方向传输的外围设备，只需半双工方式即可满足要求。

（3）同步通信：同步通信时，可将许多字符组成一个信息组，称为信息帧。在每帧信息的开始加上同步字符，接着将字符一个接一个地传输（在没有信息要传输时，要填上空字符，同步传输不允许有间隙）。接收端在接收到规定的同步字符后，按约定的传输速率，接收对方发来的一串信息。相对于异步通信来说，同步通信的传输速度略高些。

（4）异步通信：标准的异步通信格式如图 5.10 所示。由图可见，每个字符在传输时，由一个从"1"跳变到"0"的起始位开始。其后是 5 到 8 个信息位（也称字符位），信息位由低到高排列，即第一位为字符的最低位，最后一位为字符的最高位。其后是可选的奇偶校验位，最后为"1"的停止位，停止位为 1 位、1 位半或 2 位。如果传输完一个字符后立即传输下一个字符，那么后一个字符的起始位就紧挨着前一个字符的停止位了。字符传输前，输出为"1"状态，称为标识态，传输一开始，输出状态由"1"变为"0"状态，作为起始位。传输完一个字符之后的间隔时间输出线又进入标识态。

3. 串行通信的接口

为适应串行通信的需要，已设计出许多种串行通信接口芯片，如 Z - 80 系列的 SIO、

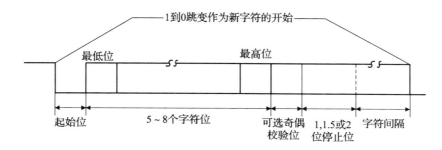

图 5.10　标准的异步通信数据格式

M6800 系列的 ACIA 和 Intel 系列的 8251A 等，都是可编程的，既可以接成全双工方式又可接成半双工方式，既可实现同步通信，又可实现异步通信。下面简单介绍一下 8251A 同步异步串行接口。

8251A 是 Intel 公司的可编程同步异步串行接口芯片，它具有同步发送、异步发送、同步接收和异步接收功能。其中 8251A 的内部结构和封装外形如图 5.11 所示。它内部含有数据总线缓冲器、读/写控制、调制/解调控制、发送器、发送控制电路、接收缓冲器以及接收控制电路等逻辑电路。8251A 有 4 种不同的工作方式，分别为：① 异步接收方式：每次在接收数据输入端接收一个 5～8 位数据；② 异步发送方式：在发送数据输出端发送一个 5～8 位数据；③ 同步接收方式：同步接收来自外部的成批数据；④ 同步发送方式：同步向外部发送成批数据。

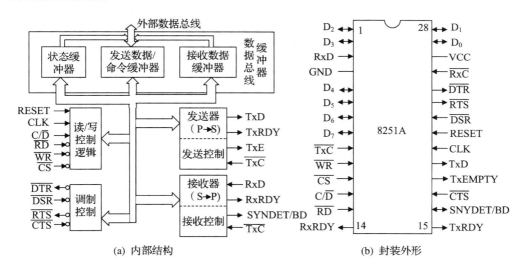

(a) 内部结构　　　　　　　　　　(b) 封装外形

图 5.11　8251A 的内部结构和封装外形

4. 并行通信及其接口

并行通信就是把传送数据的 n 位数用 n 条传输线同时传送。其优点是传送速度快、信息率高。通常只要提供两条控制和状态线，就能完成 CPU 和接口及设备之间的协调、应答，实现异步传输。它是计算机系统和计算机控制系统中短距离通信中常采用的通信方式。

为适应并行通信的需要，目前已设计出许多种并行接口电路芯片。如 Z-80 系列的

PIO、M6800 系列的 PIA、Intel 系列的 8255A 等，都是可编程的并行 I/O 接口芯片，其端口既可以设定为输入口，又可以设定为输出口，且具有必要的联络、控制信号端，在计算机控制系统中选用这些接口芯片构成并行通信通路十分方便。下面对 8255A 进行说明。

8255A 是 Intel 公司的通用可编程输入输出接口芯片，它可用于 8 位并行数据的 I/O接口。它有 3 种基本工作方式：① 方式 0 为基本输入输出方式，这时 8255A 中的 PA、PB、PC 三个并行接口全部用作数据传送；② 方式 1 为选通输入输出方式，这时 PA、PB 端口用于传送并行数据，PC 端口中的一部分引脚用于专门的 I/O 应答信号通道；③ 方式 2 为双向传送方式，这时 PA 端口用作双向数据的 I/O 端口，进行数据的输入输出，PC 端口的部分引脚用作 PA 端口双向传送的应答信号通道，PB 端口不工作。

8255A 采用 40 引脚的双列直插式封装，其内部结构和引脚图如图 5.12 所示。

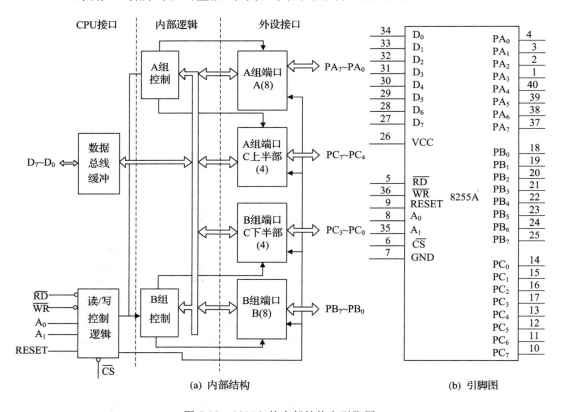

图 5.12　8255A 的内部结构和引脚图

5.3　机　电　接　口

5.3.1　信息采集接口

1. 模/数转换器

在机电一体化产品中，控制微机要对机械装置实现有效的控制，就必须利用传感器对机械系统进行实时监控。当传感器将非电量转换成电量，并经放大、滤波等一系列处理后，需经模数转换成数字量，才能送入计算机系统，这时就需要模/数(A/D)转换接口。

实现 A/D 转换的方法较多，常见的有计数法、双积分法和逐次逼近法。由于逐次逼近式 A/D 转换具有速度快、分辨率高等优点，而且采用该法的 ADC 芯片成本较低，因此获得了广泛的应用。下面仅以逐次逼近式 A/D 转换器为例，说明 A/D 转换器的工作原理。

逐次逼近式 A/D 转换器的工作基础是 D/A 转换器。图 5.13 为逐次逼近式 A/D 的工作原理框图。其结构主要由 D/A 转换器、电压比较器和逐次逼近寄存器等组成。

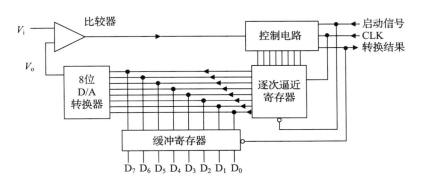

图 5.13　逐次逼近 A/D 转换器的工作原理框图

逐次逼近式 A/D 转换器的工作过程类似于一个天平称重物。模拟输入电压 V_i 相当于被称重物，精密电压比较器相当于天平，逐次逼近寄存器输出的数字量通过 D/A 转换器后的 V_o 相当于砝码，并由逐次逼近寄存器产生砝码的值。由于输入模拟量 V_i 是完全未知的，只能采用试探的方法进行"称重"。为减小"称重"试探次数可采用对分试探法，即首先由逐次逼近寄存器输出最大量程的 1/2，实际是使逐次逼近寄存器的最高位为 1，其他位为 0；若输出值过大则输出值再减半(即逐次逼近寄存器的次高位为 1，其他位为 0)，若输出值过小则保留该位为 1，其他低位仍为 0，依次试探到逐次逼近寄存器的最低位为止。具体讲，在第一个时钟脉冲到来时，控制电路把最高位送到逐次逼近寄存器，使它的输出为 10000000(最高位为 1，其他位为 0)，这个输出数字一出现，D/A 转换器的输出电压 V_o 就成为满量程值的 128/255(次高位为 1，其余位为 0)。这时，若 $V_o > V_i$，则作为比较器的运算放大器的输出为低电平，控制电路据此清除逐次逼近寄存器中的最高位；若 $V_o \leqslant V_i$，则比较器输出高电平，控制电路使最高位的 1 保留下来。若最高位被保留下来，则逐次逼近寄存器的内容为 10000000，下一个时钟脉冲使次低位 D_6 为 1。于是，逐次逼近寄存器的值为 11000000，D/A 转换器的输出电压 V_o 到达满量程值的 192/255。此后，若 $V_o > V_i$，则比较器输出为低电平，从而使次高位复位；若 $V_o < V_i$，则比较器输出为高电平，从而保留次高位为 1……重复上述过程，经过 N 次比较以后，逐次逼近寄存器中得到的值就是转换后的数值。转换结束以后，控制电路送出一个低电平作为结束信号，这个信号的下降沿将逐次逼近寄存器中的数字量送入缓冲寄存器，从而得到数字量输出。

图 5.14 是一个 4 位 A/D 转换器逐次逼近转换过程示意图。左面为逐次逼近寄存器 (SAR)输出试探值 V_F(用数字量表示)，右面为模拟量输入值 V_I。对于 4 位转换器，逐次逼近寄存器首先输出 1000，由图显然可见 $V_F < V_I$，故保留此试探值，然后逐次逼近寄存器又输出 1100，此时 $V_F > V_I$，应舍去此试探值，SAR 再输出 1010，这时 $V_F < V_I$，又保留此试探值，最后 SAR 输出 1011，仍然为 $V_F < V_I$，故仍保留此试探值，最后逐次逼近结果为

1011，即 V_I 量化为 1011。

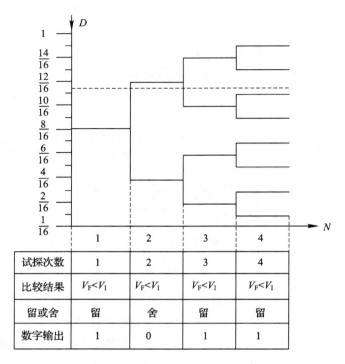

试探次数	1	2	3	4
比较结果	$V_F<V_I$	$V_F<V_I$	$V_F<V_I$	$V_F<V_I$
留或舍	留	舍	留	留
数字输出	1	0	1	1

图 5.14　逐次逼近 A/D 转换过程示意图

2. 模/数转换器的参数

A/D 转换器的主要技术参数如下：

（1）分辨率：分辨率通常用转换后数字量的位数表示，如 8 位、10 位、12 位、16 位等。分辨率为 8 位表示它可以对满量程的 $1/2^8=1/256$ 的增量作出反应。分辨率是指能使转换后数字量变化 1 的最小模拟输入量。

（2）量程：量程是指所能转换的电压范围，如 5 V、10 V 等。

（3）转换精度：转换精度是指转换后所得结果相对于实际值的准确度，有绝对精度和相对精度两种表示法。绝对精度常用数字量的位数表示，如绝对精度为 ±1/2LSB。相对精度用相对于满量程的百分比表示。例如，满量程为 10 V 的 8 位 A/D 转换器，其绝对精度为 $1/2×10/2^8=±19.5$ mV，而 8 位 A/D 的相对精度为 $1/2^8×100\%≈0.39\%$。

（4）转换时间：转换时间是指启动 A/D 到转换结束所需的时间。逐次逼近式 A/D 转换器的转换时间为 $1～200$ μs。

（5）工作温度范围：较好的 A/D 转换器的工作温度为 $-40～85℃$，较差的为 $0～70℃$。

5.3.2　控制输出接口

1. 数/模转换器的概念

控制微机通过信息采集接口检测机械系统的运行状态，经过处理，发出有关控制信号，经过控制输出接口的匹配、转换、功率放大，驱动执行元件去调节机械系统的运行状态，使其按设计要求运行。因为微机发出的控制量为数字形式，所以要输出模拟量就需要数/模

(D/A)转换器将数字量转变为模拟电信号输出，最后由执行元件将模拟信号还原为物理量。

D/A 转换器是将数字量转换成模拟量的装置。目前常用的 D/A 转换器可将数字量转换成电压或电流的形式，其转换方式分为并行转换和串行转换两种，前者因为各位代码都同时送到转换器相应位的输入端，转换时间只取决于转换器中的电压或电流的建立时间及求和时间(一般为微秒级)，所以转换速度快，应用较多。

2. 数/模转换器的工作原理

D/A 转换器的种类繁多，但工作原理一般都比较简单。在此进行说明。若 D/A 转换器的相对数字输入量为 D，D/A 转换器的模拟输入基准参考电压为 V_R，而它的模拟输出电压为 V_A，则 D/A 转换器的输入输出关系可表示为

$$V_A = DV_R \qquad (5-1)$$

D 可表示为

$$D = b_1 2^{-1} + b_2 2^{-2} + \cdots + b_n 2^{-n} = \sum_{i=1}^{n} \frac{b_i}{2^i} \qquad (5-2)$$

式中，n 为数字量的位数，b_i 为第 i 位代码(等于 0 或 1)，2^{-n} 为第 i 位的权值。从上面两式可得 D/A 转换器的输出为

$$V_A = DV_R = \sum_{i=1}^{n} \frac{b_i}{2^i} V_R \qquad (5-3)$$

由于 V_R 为常数，所以 D/A 转换器的输出 V_A 等于输入量 D 的代码为 1 的各项权值之和。也就是说，模拟量输出 V_A 与数字量 D 一一对应。

3. 数/模转换器的参数

D/A 转换器的主要参数有：

(1) 分辨率：当输入数字量变化 1 时，输出模拟量变化的大小。它反映了计算机数字量输出对执行部件控制的灵敏程度。一个 N 位 D/A 转换器的分辨率为

$$分辨率 = \frac{满刻度值}{2^N} \qquad (5-4)$$

分辨率通常用数字量的位数来表示，如 8 位、10 位、12 位、16 位等。分辨率为 8 位，表示它可以对满量程的 $1/2^8 = 1/256$ 的增量作出反应。所以，n 位二进制数最低位具有的权值就是它的分辨率。

(2) 稳定时间：D/A 转换器中代码有满刻度值的变化时，其输出达到稳定(一般稳定到 $\pm 1/2$ 最低位值相当的模拟量范围内)所需的时间，一般为几十纳秒到几微秒。

(3) 输出电平：不同型号的 D/A 转换器件的输出电平相差较大，一般为 5～10 V。

(4) 输入编码：一般二进制编码比较通用，也有 BCD 等其他专用编码形式芯片。其他类型编码可在 D/A 转换前用 CPU 进行代码转换变成二进制编码。

(5) 温度范围：较好的 D/A 转换器工作温度范围为 -40～85℃。

5.4　外存储器接口

在机电一体化产品设计或研发中，有时出于保密要求，需要使用外存储器来保存数据

或程序等。外存储器一般包括硬盘、软盘、光盘、移动硬盘和 U 盘。外存储器的特点是：外存储器中的数据不能直接被系统使用，必须通过相应的接口电路调入内存储器才能被系统使用。

5.4.1　软盘接口

1. 软驱系统的结构

微机系统通过软盘接口向软盘控制器（FDC）发出命令，并在 DMA 控制器的支持下，由 FDC 选中软盘驱动器（FDD）完成相应的读写操作。微机软驱系统结构如图 5.15 所示，可以看出，微机软驱控制系统的核心是软盘控制器 FDC。

图 5.15　微机软驱系统结构

2. 软盘控制器

软盘驱动器一般通过接口电路与主机的 CPU 相连，其中接口电路就是软盘控制器。软盘控制器的组成如图 5.16 所示。它包括① 软盘控制器芯片：控制器核心部分；② 译码电路：对软盘驱动器（FDD）而言，用来产生 FDD 选择信号，以便 FDC 控制 FDD 的各部分可靠工作，对主机 CPU 而言，则为 CPU 提供存取 FDC 片内寄存器所需要的信号，可根据软盘驱动器在主机 I/O 的位置来配置；③ 锁相电路：对 FDD 读出的数据提供检测；④ 写补偿电路：用来减少读出数据的峰点漂移，提高读出数据的可靠性。

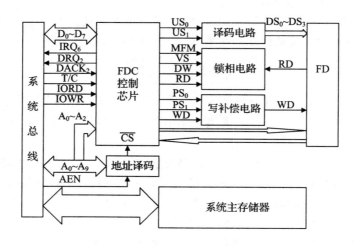

图 5.16　软盘控制器的组成

5.4.2　硬盘接口

1. 硬盘系统的组成

与软盘相比，硬盘具有存储量大、读取速度快等优点。与软盘类似，微机的硬盘系统也是由硬盘控制器和硬盘驱动器两部分组成。如图 5.17 所示，硬盘系统里有两个接口，一个是主机 CPU 与硬盘控制器之间的接口，另一个是硬盘控制器与硬盘驱动器之间的接口。

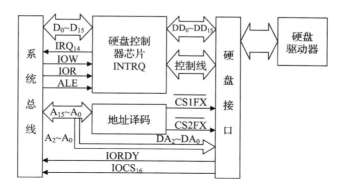

图 5.17　硬盘系统的组成

2. 硬盘接口

一般来说，硬盘接口就是指硬盘控制器与硬盘驱动器之间的接口。目前，硬盘接口主要采用的是 IDE 接口和 SCSI 接口。其中，IDE 接口是 PC 硬盘中应用较为广泛的一种，它最早由 COMPAQ 公司推出，后逐渐成为硬盘接口的标准。IDE 接口有 40 条引脚，其引脚排列如图 5.18 所示，这些引脚可分为两部分：

（1）27 根与主机 I/O 线连接的引脚：$D_0 \sim D_{15}$ 为驱动器数据双向总线；$A_0 \sim A_2$ 为驱动地址线；$\overline{DIOR}$ 为驱动器读信号；$\overline{DIOW}$ 为驱动器写信号；$\overline{IOCS_{16}}$ 为 16 位 I/O 数据选择信号；INTR 为驱动器向系统申请的中断信号；IORDY 为 I/O 通道准备就绪信号；DMARQ 为 DMA 请求（高电平有效）信号；$\overline{DMACK}$ 为 DMA 响应信号；RESET 为复位信号。

（2）5 根与硬盘驱动系统连接的引脚：$\overline{PDIAG}$ 为诊断通过信号；$\overline{DASP}$ 为驱动器正常工作信号；SYNC 为驱动器主轴同步信号；$\overline{CS1FX}$ 为驱动器命令寄存器选通信号；$\overline{CS2FX}$ 为驱动器控制寄存器选通信号。

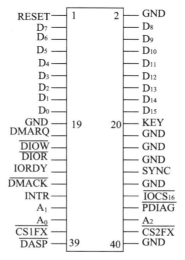

图 5.18　IDE 接口引脚的排列

5.4.3 移动硬盘和 U 盘接口

新型移动硬盘主要采用 USB 和 IEEE 1394 接口与主机相连。其中 USB 接口移动硬盘以台式机或笔记本硬盘为核心，加装 IDE 转 USB 的控制系统组建的移动存储设备。U 盘通常采用 USB 接口。

5.4.4 光盘驱动接口

光盘是采用光学方法读写数据的一种存储技术，它通过激光束产生能量，改变光存储媒体的某种特性，这种变与不变对应二进制的 0 和 1，从而达到数据存储的目的。图 5.19 为光盘驱动器的组成框图。光盘驱动器由光学头、读写电路、聚焦控制电路、跟踪控制电路、主轴控制电路、主轴电机和 CPU 等部分组成。

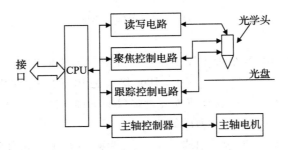

图 5.19　光盘驱动器组成框图

目前光驱常用接口是 IDE 接口和 SCSI 接口，IDE 接口目前应用广泛，SCSI 是一个智能设备接口，它定义了主机与外设之间进行通信的办法，它是未来计算机外设接口的发展方向，有可能替代现有计算机的外设接口。

5.5　计算机控制技术

在机电一体化设备中，计算机控制技术是必不可少的。因为通过计算机控制可以轻松实现机电一体化产品的自动化。

5.5.1　计算机控制系统

1. 计算机控制系统的结构

若将模拟式自动控制系统中的控制器的功能用计算机来实现，就组成了一个典型的计算机控制系统，其基本框图如图 5.20 所示。简单地说，计算机控制系统就是采用计算机来实现的工业自动控制系统。在控制系统中引入计算机，可以充分利用计算机的运算、逻辑判断和记忆等功能完成多种控制任务。在系统中，由于计算机只能处理数字信号，因而给定值和反馈量要先经过 A/D 转换器将其转换为数字量，才能输入计算机。当计算机接收了给定量和反馈量后，依照偏差值，按某种控制规律进行运算（如 PID 运算），计算结果（数字信号）再经过 D/A 转换器，将数字信号转换成模拟控制信号输出到执行机构，便完成了对系统的控制作用。

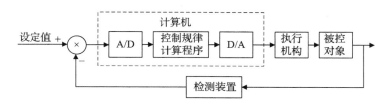

图 5.20　计算机控制系统基本框图

2. 计算机控制系统的组成

典型计算机控制系统的组成框图如图 5.21 所示，它分为硬件和软件两大部分。

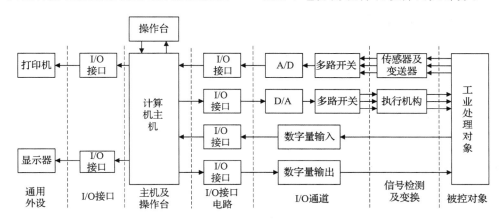

图 5.21　典型计算机控制系统的组成框图

1）硬件组成

硬件是指计算机本身及其外围设备，一般包括中央处理器、内存储器、磁盘驱动器、各种接口电路、以 A/D 转换和 D/A 转换为核心的模拟量 I/O 通道、数字量 I/O 通道以及各种显示、记录设备、运行操作台等。

（1）由中央处理器、时钟电路、内存储器构成的计算机主机是组成计算机控制系统的核心部件，主要进行数据采集、数据处理、逻辑判断、控制量计算、越限报警等，它通过接口电路向系统发出各种控制命令，指挥系统有条不紊地协调工作。

（2）操作台是人-机对话的联系纽带，操作人员可通过操作台向计算机输入和修改控制参数，发出各种操作命令；计算机可向操作人员显示系统运行状况，发出报警信号。操作台一般包括各种控制开关、数字键、功能键、指示灯、声讯器、数字显示器或 CRT 显示器等。

（3）通用外围设备主要是为了扩大计算机主机的功能而配置的。它们用来显示、存储、打印、记录各种数据。常用的有打印机、记录仪、图形显示器(CRT)、软盘、硬盘及外存储器等。

（4）I/O 接口与 I/O 通道是计算机主机与外部连接的桥梁，常用的 I/O 接口有并行接口和串行接口。I/O 通道有模拟量 I/O 通道和数字量 I/O 通道。其中模拟量 I/O 通道的作用是，一方面将经由传感器得到的工业对象的生产过程参数变换成二进制代码传送给计算机；另一方面将计算机输出的数字控制量变换为控制操作执行机构的模拟信号，以实现对生产过程的控制。数字量通道的作用是，除完成编码数字输入输出外，还可将各种继电器、限位开关等的状态通过输入接口传送给计算机，或将计算机发出的开关动作逻辑信号经由输出接口传送给生产机械中的各个电子开关或电磁开关。

（5）传感器的主要功能是将被检测的非电学量参数转变成电学量，如热电偶把温度变成电压信号，压力传感器把压力变成电信号，等等。变送器的作用是将传感器得到的电信号转变成适用于计算机接口使用的标准电信号。

此外，为了控制生产过程，还需有执行机构。常用的执行机构有各种电动、液动、气动开关，电液伺服阀，交、直流电动机，步进电动机，等等。

2）软件组成

软件是指计算机控制系统中具有各种功能的计算机程序的总和，如完成操作、监控、管理、控制、计算和自诊断等功能的程序。整个系统在软件指挥下协调工作。从功能区分，软件可分为系统软件和应用软件。系统软件是由计算机的制造厂商提供的，用来管理计算机本身的资源和方便用户操作计算机。常用的有操作系统、开发系统等，它们一般不需用户自行设计编程，只需掌握使用方法或根据实际需要加以适当改造即可。应用软件是用户根据要解决的控制问题而编写的各种程序，比如各种数据采集、滤波程序、控制量计算程序、生产过程监控程序等。

在计算机控制系统中，软件和硬件不是独立存在的，在设计时必须注意两者相互间的有机配合和协调，只有这样才能研制出满足生产要求的高质量的控制系统。

5.5.2 计算机控制系统的分类

根据计算机在控制中的应用方式，可以把计算机控制系统划分为四类：操作指导控制系统、直接数字控制系统、监督计算机控制系统和分级计算机控制系统。

1. 操作指导控制系统

如图 5.22 所示，在操作指导控制系统中，计算机的输出不直接用来控制生产对象。计算机只是对生产过程的参数进行采集，然后根据一定的控制算法计算出供操作人员参考、选择的操作方案和最佳设定值等。操作人员根据计算机的输出信息去改变调节器的设定值，或者根据计算机输出的控制量执行相应的操作。操作指导控制系统的优点是结构简单，控制灵活安全，特别适用于未摸清控制规律的系统，常被用于计算机控制系统研制的初级阶段，或用于试验新的数学模型和调试新的控制程序等。由于操作指导控制系统最终需人工操作，故不适用于快速过程的控制。

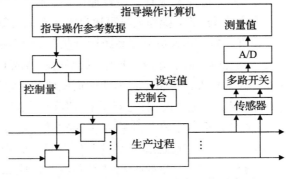

图 5.22 计算机操作指导控制系统示意图

2. 直接数字控制系统

直接数字控制（DDC）系统是计算机用于工业过程控制中最普遍的一种方式，其结构如

图 5.23 所示。计算机通过输入通道对一个或多个物理量进行巡回检测,并根据规定的控制规律进行运算,然后发出控制信号,通过输出通道直接控制调节阀等执行机构。

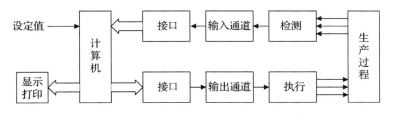

图 5.23　直接数字控制系统结构

在 DDC 系统中,计算机参与闭环控制,它不仅能完全取代模拟调节器,实现多回路的 PID(比例、积分、微分)调节,而且不需改变硬件,只需通过改变程序就能实现多种较复杂的控制规律,如串级控制、前馈控制、非线性控制、自适应控制、最优控制等。

3. 监督计算机控制系统

在监督计算机控制(Supervisory Computer Control,SCC)系统中计算机可将工艺参数和过程参量检测值,按照设计好的控制算法进行计算,然后将最佳设定值直接传送给常规模拟调节器或者 DDC 计算机,最后由模拟调节器或 DDC 计算机控制生产过程。SCC 系统有两种类型,一种是 SCC＋模拟调节器控制系统,另一种是 SCC＋DDC 控制系统。监督计算机控制系统构成示意图如图 5.24 所示。

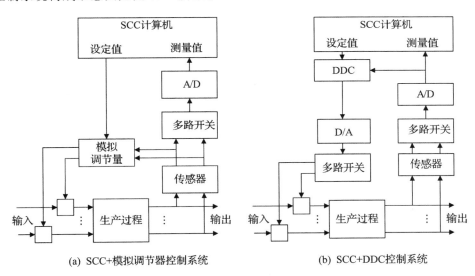

(a) SCC+模拟调节器控制系统　　　　(b) SCC+DDC控制系统

图 5.24　监督计算机控制系统构成示意图

(1) SCC＋模拟调节器控制系统:如图 5.24(a)所示。这种类型的系统中,计算机对各过程参量进行巡回检测,并按一定的数学模型对生产工况进行分析、计算后得出被控对象各参数的最优设定值送给调节器,使工况保持在最优状态。当 SCC 计算机发生故障时,可由模拟调节器独立执行控制任务。

(2) SCC＋DDC 控制系统:如图 5.24(b)所示。它是一种二级控制系统,SCC 可采用较高档的计算机,它与 DDC 之间通过接口进行信息交换。SCC 计算机完成工段、车间等高一级的最优化分析和计算，然后给出最优设定值，送给 DDC 计算机执行控制。

通常在 SCC 系统中，选用具有较强计算能力的计算机，其主要任务是输入采样和计算设定值。由于它不参与频繁的输出控制，可有时间进行具有复杂规律的控制算式的计算。因此，SCC 能进行最优控制、自适应控制等，并能完成某些管理工作。SCC 系统的优点是不仅可进行复杂控制规律的控制，而且其工作可靠性较高，当 SCC 出现故障时，下级仍可继续执行控制任务。

4. 分级计算机控制系统

生产过程中既存在控制问题，也存在大量的管理问题。实际中，设备一般分布在不同的区域，其中各工序，各设备同时并行地工作，基本相互独立，故全系统是比较复杂的。分级计算机控制系统的特点是功能分散，用多台计算机分别执行不同的控制功能，既能进行控制又能实现管理。图 5.25 是一个四级计算机控制系统。其中过程控制级为最底层，对生产设备进行直接数字控制；车间管理级负责本车间各设备间的协调管理；工厂管理级负责全厂各车间生产协调，包括安排生产计划、备品备件等；企业（公司）管理级负责总的协调，安排总生产计划，进行企业（公司）经营方向的决策等。

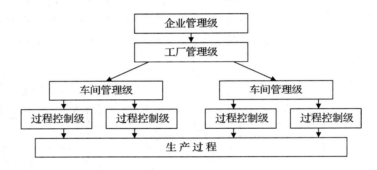

图 5.25　计算机分级控制系统

5.5.3　计算机数字控制方法

1. 数字控制器控制

数字控制器是计算机闭环控制的核心部分，系统控制性能的好坏与数字控制器的设计直接相关。

2. 最少拍控制

所谓最小拍控制，就是要求闭环系统对于某个典型输入在最少的采样周期内（最少拍）达到采样点上无静差的稳态，且闭环脉冲传递函数为

$$\phi(z) = \phi_1 z^{-1} + \phi_2 z^{-2} + \cdots + \phi_n z^{-n} \qquad (5-5)$$

式中，n 为可能情况下的最小正整数。

3. 动态矩阵控制

动态矩阵控制（Dynamic Matrix Control，DMC）算法是一种基于对象阶跃响应模型的预测控制算法。它首先应用于美国 Shell 公司的过程控制中，近年来逐渐在化工和石油行业得到推广。动态矩阵控制的算法主要由调节、预测和校正三部分组成，其中预测模型是

该算法的特有部分。此方法类似于第 3 章的预测控制。动态矩阵控制算法的结构图如图 5.26所示。

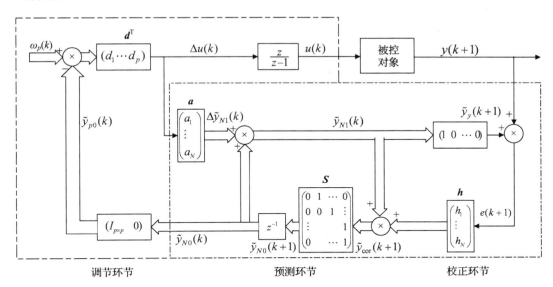

图 5.26　动态矩阵控制算法结构图

由图 5.26 可看出,整个动态矩阵控制算法是由调节、预测和校正三部分组成的。图中粗箭头表示向量数据流,细线表示标量数据流。对结构图的理解如下:在每一时刻,未来 p 个时刻的期望输出 $\omega_p(k)$ 与预测输出 $\tilde{y}_{po}(k)$ 所构成的偏差向量与动态向量 $\boldsymbol{d}^T$ 点乘,得到该时刻的控制增量 $\Delta u(k)$。这一控制增量一方面通过数字积分运算求出控制量 $u(k)$ 作用于对象,另一方面与阶跃响应向量 $\boldsymbol{a}$ 相乘,计算出在其作用后所预测的系统输出 $\tilde{y}_{N1}(k)$。到了下一个采样时刻,首先测定系统的实际输出 $y(k+1)$,并与原来预测的该时刻的值相比较,算出预测误差 $e(k+1)$。这一误差与校正向量 $\boldsymbol{h}$ 相乘后,算出校正预测的输出值。由于时间的推移,经校正的预测输出 $\tilde{y}_{cor}(k+1)$ 将发生移位,并置为该时刻的预测初值 $\tilde{y}_{N0}(k+1)$。如果把新时刻重新定义为 k 时刻,则预测初值 $\tilde{y}_{N0}(k)$ 的前 p 个分量将与期望输出一起,参与新时刻控制增量的计算。如此循环进行,即可实现在线控制。

4. 串级控制和纯滞后对象的控制

对于串级控制和纯滞后对象的控制的数字控制器的控制规律请参阅本书第 3 章,此处不再赘述。

5.6　计算机接口及控制技术的发展趋势

随着计算机技术、通信技术和控制技术的发展,传统的控制领域正经历着一场前所未有的变革,工业控制系统智能化初露峥嵘。控制系统的结构从最初的 CCS(计算机集中控制系统),到第二代的 DCS(分散控制系统),发展到现在流行的 FCS(现场总线控制系统)。现阶段,为了适应图像、语音信号等大数据量、高速率传输的要求,又催生了工业控制领域中以太网与控制网络的结合。

现代工业控制系统包括过程控制、数据采集系统，分布式控制系统，程序逻辑控制以及其他控制系统等。现代工业发展的进程中，必然是朝着生产装备智能化、生产过程自动化的方向发展，只有实现智能工业才能保证生产制造乃至产品整个生命生产周期中多领域之间的协调合作完全智能化，帮助生产型企业进行"智能制造"的完美转型。因此工业控制系统的重要发展方向之一就是"智能工厂"，重点研究智能化生产系统及过程，以及网络化分布式生产设施的实现。"工业 4.0"主要对联网工厂以及相关方面的演变进行研究，对产品开发、物流以及生产的集成将通过材料流、产品流以及信息流实现，从而构建高度复杂又极为高效的全球化生产运营。这样一来，一条生产线就能够跟供应商以及消费信息进行连接，从而根据消费者需求对生产环节进行动态调整，并对所交付的原材料进行相应调整。

相信未来的生产工厂将会智能很多。这一智能将通过使用微型化处理器、存储装置、传感器和发送器来实现，这些装置将被嵌入至几乎所有可想象的机器、未加工产品、材料、智能工具和用于组织数据流的新型软件。所有这些创新将使产品和机器能够相互通信并交换命令。换言之，未来工厂将可以从很大程度自行优化和控制其制造流程。尽管在这之前还有很长一段路要走，然而这丝毫不会影响到未来智能化的趋势方向。

当前，工业控制信息化、三网融合、物联网、云计算等多种新型信息技术的发展与应用，正快速推动工控智能化。按照目前物联网的发展趋势，预计 2020 年会有数十亿设备连通在一起。

物联网正是连接虚拟和智能制造之间的一座桥梁。由此，未来的工业生产、管理、经营过程中，将通过信息基础设施，在物联网集成平台上，实现信息的采集、信息的传输、信息的处理以及信息的综合利用等。"工业 4.0"将无处不在的传感器、嵌入式中端系统、智能控制系统、通信设施通过 CPS 形成一个智能网络，并整合到一起。通过这个智能网络，能使人与人、人与机器、机器与机器、服务与服务之间形成一个互联，从而实现横向、纵向和端到端的高度集成。

思 考 题

1. 计算机接口的组成有哪些？
2. 人机接口的组成和功能是什么？
3. LED 显示器的工作原理是什么？
4. 机电接口的组成和作用是什么？
5. 外存储器接口有哪些？
6. 计算机控制系统的组成和分类是什么？
7. 计算机数字控制方法有哪些？
8. 围绕本章内容思考如何学习微机原理、单片机、控制工程等相关知识。

第 **6** 章 数控技术

　　【导读】　数控机床和基础制造装备是装备制造业的"工作母机"，一个国家的机床行业技术水平和产品质量，是衡量其装备制造业发展水平的重要标志。"中国制造2025"将数控机床和基础制造装备行业列为中国制造业的战略必争领域之一，主要原因是其对于一国制造业尤其是装备制造业在国际分工中的位置具有"锚定"作用：数控机床和基础制造装备是制造业价值生成的基础和产业跃升的支点，是基础制造能力构成的核心，唯有拥有坚实的基础制造能力，才有可能生产出先进的装备产品，从而实现高价值产品的生产。"中国制造2025"指出："开发一批精密、高速、高效、柔性数控机床与基础制造装备及集成制造系统。加快高档数控机床、增材制造等前沿技术和装备的研发，以提高可靠性、精度保持性为重点，开发高档数控系统、伺服电机、轴承、光栅等主要功能部件及关键应用软件、加快实现产业化。加强用户工艺验证能力建设。"近年来，数控技术得到了广泛应用。数控技术就是数字控制技术，它是一种采用微机（包括单片机等）作为控制核心的技术，是为了解决复杂型面零件加工的自动化而产生的。

6.1　数控技术概述

6.1.1　数控机床的基本概念

　　数字控制（NC）简称为数控，是一种自动控制技术，它能用数字化信号对机床的运动及加工过程进行控制。数控技术是指用数字、文字和符号组成的数字指令来实现一台或多台机械设备动作控制的技术。它的控制量通常是位置、角度、速度等机械量和与机械能量流向有关的开关量。目前，由于数控技术是采用计算机实现数字程序控制的，所以它也叫计算机数控（CNC）技术。这种技术可用计算机按事先存储的控制程序来执行对设备的控制功能。

　　数控系统是指采用数控技术的控制系统。计算机数控系统是指以计算机为核心的数控系统。数控机床是指采用数字控制技术，控制刀具(或工件)运动速度和轨迹进行自动加工的一类机床，简称数控机床或 NC 机床。它是一种高效率、高精度、高柔性和高自动化的机电一体化的数控设备，集现代机械制造技术、自动控制技术及计算机信息技术于一体，采用数控装置或计算机来全部或部分地取代人工对一般通用机床的控制。

数控加工技术是一种高效、优质地实现产品零件特别是复杂形状零件加工的技术，它是自动化、柔性化和数字化制造加工的基础与关键技术。

6.1.2 计算机数控系统的工作原理

计算机数控系统是 20 世纪 70 年代发展起来的新型机床数控系统，它用计算机代替先前硬件逻辑电路数控所完成的功能，它是以计算机为硬件，在计算机内存储控制程序，让计算机运行控制程序执行对机床运动的数字控制功能。计算机数控(CNC)系统由程序、输入/输出设备、计算机数字控制(CNC)装置、可编程控制单元、主轴控制单元和速度控制单元等组成。数控系统能自动阅读输入载体上事先给定的数字值，并通过计算机程序译码、处理、运算等控制机床的动作，加工出相应的零件。数控系统的核心就是具有数字信息处理和控制功能的计算机，一般称它为数字控制装置或 CNC 装置。计算机数控系统的工作原理框图如图 6.1 所示。

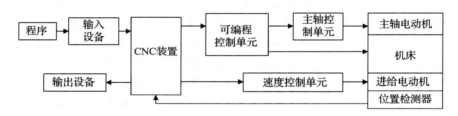

图 6.1　CNC 系统工作原理框图

在 CNC 系统加工零件时，要预先根据零件加工图样的要求确定零件加工的工艺过程、工艺参数和刀具位移等数据，再按编程手册的有关规定编写零件加工程序，然后通过键盘等输入设备将加工程序等信息输入到 CNC 装置。当加工程序等信息输入到 CNC 装置后，CNC 装置根据规定的语法规则对输入程序经过译码，再进行计算机的处理、运算，将处理结果和可执行控制程序送入到各控制单元(如可编程控制单元、主轴控制单元和速度控制单元)，各控制单元发出相应的命令，将各坐标轴的分量送到控制轴的驱动电路，经过转换、放大去驱动伺服电机，带动各轴运转，并进行实时位置反馈控制，使各个坐标轴能精确地走到所要求的位置，以进行零件的精确加工。

6.1.3 数控机床的分类

数控机床根据不同的标准有不同的分类。

1. 按控制系统功能分类

(1)点位控制数控机床。点位控制又称点到点控制。当刀具在始点和终点移动时，不管中间移动轨迹如何，只要最后达到正确目标位置就称为点位控制。点位控制数控机床的加工示意图如图 6.2 所示。

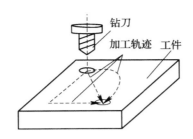

图 6.2　点位控制数控机床加工示意图

（2）点位直线控制数控机床。这类数控机床除了控制点到点的准确位置外，还要保证两点之间移动的轨迹是一条直线，而且也要对移动速度进行控制。其加工示意图如图 6.3 所示。

（3）轮廓控制数控机床。轮廓控制又称为连续轨迹控制。这类机床能够对两个或两个以上运动坐标的位移及速度进行连续相关的控制，因而可以进行曲线或曲面的切屑加工。其加工示意图如图 6.4 所示。

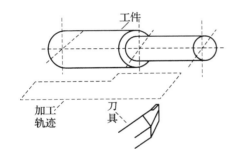 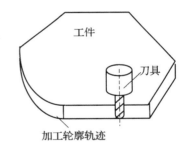

图 6.3　点位直线控制数控机床加工示意图图　　　图 6.4　轮廓控制数控机床加工示意图

2. 按加工方式分类

（1）金属切削类。它可分为两类：普通数控机床和数控加工中心。

（2）金属成型类。指采用挤、压、冲、拉等成型工艺的数控机床，常用的有数控弯管机、数控压力机、数控冲剪机、数控折弯机、数控旋压机等。

（3）特种加工类。主要有数控电火花线切割机、数控电火花成形机、数控激光与火焰切割机等。

（4）测量、绘图类。主要有数控绘图机、数控坐标测量机、数控对刀仪等。

3. 按伺服系统的控制方式分类

（1）开环控制数控机床。开环控制数控机床的原理框图如图 6.5 所示。这种机床没有检测装置或检测装置没有反馈给数控装置或控制电路。

（2）半闭环控制数控机床。半闭环控制数控机床的原理框图如图 6.6 所示。大多数数控机床属于半闭环控制机床，这类机床用安装在进给丝杠轴端或伺服电机轴端的角位移测量元件和速度测量元件将角位移和速度反馈到数控装置和速度控制电路，能实现部分反馈作用。因为它没有将丝杠螺母副、齿轮传动副等传动装置包含在闭环反馈系统中，因而称为半闭环控制系统。

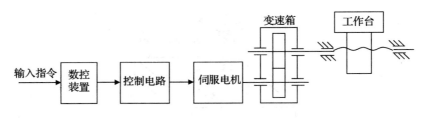

图 6.5 开环控制数控机床原理框图

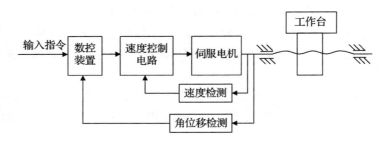

图 6.6 半闭环控制数控机床原理框图

（3）闭环控制数控机床。闭环控制数控机床的原理框图如图 6.7 所示。这类机床除带有速度检测元件外，还直接对工作台的位移量进行检测，因而将工作台运动也纳入反馈系统，称为闭环控制系统。

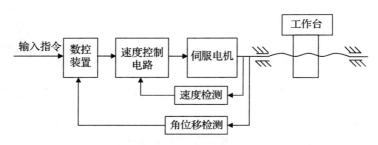

图 6.7 闭环控制数控机床原理框图

4. 按所用数控系统的档次分类

按所用数控系统的档次可将数控机床分为低、中、高档三类。中、高档数控机床一般称为全功能数控或标准型数控。这种分类得到的低、中、高档是相对的。

6.2 数控系统的组成

6.2.1 数控机床的组成

图 6.8 为数控机床的基本组成框图。由图可知，数控机床主要包括加工程序、输入装置、数控装置、伺服驱动系统、检测反馈系统、机床本体和机电接口等部分。

（1）加工程序：根据加工零件的要求，按一定规则编制的工艺要求、操作参数和控制程序等。

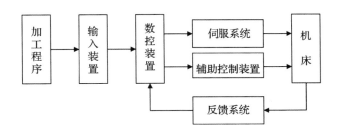

图 6.8 数控机床的基本组成框图

（2）输入装置：它是数控机床的信息输入通道，加工零件的程序和各种参数、数据等可以通过输入设备送进数控装置。早期输入装置常用的介质是穿孔纸带或磁带，现在采用的是软盘、U 盘等磁盘。对于简单程序可通过键盘配合显示器直接手工输入。

（3）数控装置：由中央处理单元(CPU)、存储器、总线和相应软件构成的专用计算机，它能接受由输入装置送入的加工程序等信息，然后经过译码、轨迹和速度计算、插补运算和补偿计算，将速度、位移等指令分配给各个坐标的伺服系统。它是数控机床的核心部分，整个数控机床功能的强弱取决于此部分。它能够实现多坐标控制、多函数插补、信息转换、补偿等功能。

（4）伺服系统：伺服系统接受计算机处理后分配来的信号，该信号经过调理、转换、放大后去驱动伺服电机，带动机床的执行部件运动。数控机床的伺服系统主要包括主轴驱动单元、进给驱动单元、回转工作台、刀库伺服控制装置以及伺服电机等。伺服系统分为直流伺服系统和交流伺服系统。一般要求伺服系统具有优良的快速响应性能和灵活准确跟踪指令的功能。

（5）辅助控制装置：由于主轴的启停、刀具的更换、工件的夹紧松开、辅助交流电机的启停以及电磁铁和电磁阀的开闭等控制的动力源是由强电提供的，这种强电不能直接送给在低压下工作的控制电路或弱电电路，只能通过断路器、热动开关、中间继电器等辅助控制装置转换成直流低压下的触点开、关工作，成为继电器逻辑电路或可编程逻辑控制器(PLC)可接受的信号。其他还有保护人身安全和控制环境污染的辅助设备等。

（6）反馈系统：反馈系统是在伺服系统或机床中安装速度、位移等检测元件和相应电路，将伺服系统或机床的工作状态等信息实时反馈到计算机控制系统(数控装置)，构成闭环控制，从而提高加工的精度和准确度等要求。常用的检测元件有测速发电机、脉冲编码器、磁性检测元件和霍尔检测元件。检测反馈系统是进一步提高数控机床性能的关键部分。

（7）机床：机床是数控机床的机械部分，主要包括机床的主运动部件、进给运动部件、执行部件和基础部件(底座、立柱、工作台等)。数控机床的主运动、进给运动等都有单独的伺服电机驱动，以确保运动的精确度。数控机床的机械结构都具有较好的动态性能、耐磨性和抗热变形等性能。

6.2.2 计算机数控装置的硬件结构

1. CNC 装置的硬件分类

CNC 系统包括硬件部分和软件部分。其中，硬件部分主要由微处理器、存储器、位置控制、输入/输出接口、可编程控制器、图形控制、电源等模块组成。

从安装结构看，CNC 硬件有整体式结构和分体式结构两种。整体式结构就是把 CRT 和 MDI 面板、操作面板及功能模块组成电路板等安装在同一个机箱内。分体式结构是把 CRT 和 MDI 面板、操作面板等做成一个部件，而把功能模块组成的电路板安装在一个机箱内，两者之间用导线或光纤等连接。有时还会把操作面板单独作为一个部件。

从 CNC 系统使用的 CPU 结构来看，其硬件结构可分为单 CPU 式和多 CPU 式两大类。

2. 单 CPU 式 CNC 装置的硬件结构

单 CPU 式 CNC 装置的硬件主要包括 CPU、总线、I/O 接口、存储器、串行接口、MDI/CRT 接口、控制单元部件和接口电路（如位置控制单元、PLC 接口、主轴控制单元、速度控制单元、纸带阅读机接口等），如图 6.9 所示。

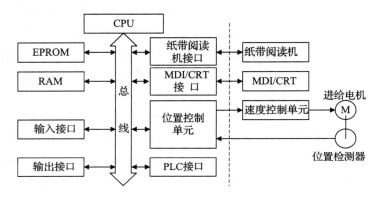

图 6.9　单 CPU 式 CNC 装置

CPU 主要完成控制和运算功能。控制功能包括：内部控制、零件加工程序的 I/O 控制、机床加工状态信息的记忆控制等。运算功能是完成译码、刀具补偿运算、运动轨迹运算、插补运算和控制的比较运算等。常采用的芯片有 8 bit、16 bit、32 bit 和 64 bit 的微处理芯片。

总线是微处理器赖以工作的物理导线，按其功能分为数据总线、地址总线和控制总线。

存储器包括只读存储器（ROM）和随机存储器（RAM）两种。系统程序存放在只读存储区 EPROM 中，由厂家固化，用户不能修改。其他的运算中间结果、显示的数据、运行状态、标志信息等存放在随机存储器 RAM 中，这些信息可以随时读写，断电后消失。加工零件程序、机床参数、刀具参数等存放在有后备电池的 CMOS RAM 中，这些信息可随机读出并能根据需要修改，断电后仍然保存。

CNC 装置的硬件的计算部分由 CPU 和存储数据与程序的存储器等组成。存储器分为系统控制软件程序存储器（ROM）、加工程序存储器（RAM）及工作区存储器（RAM）。

位置控制单元主要实现对机床进给运动坐标轴位置的控制。其硬件一般采用大规模专用集成电路位置控制芯片或控制模板（块）实现。

各种接口用来实现键盘操作的手动数据输入（MDI）和机床操作板上手动按钮、开关量信息以及指令信息、通信信息等的输入。同时也可以采用相应的接口实现字符与图形显示的阴极射线管 CRT 输出、位置伺服控制和强电控制指令的输出。

6.2.3　计算机数控装置的软件结构

1. CNC 装置软件的概念

CNC 装置软件是为实现 CNC 系统的各项功能而编制的专用软件，称为系统软件。在系统软件的控制作用下，CNC 装置对输入的加工程序自动进行处理并发出相应的控制指令及进给控制信号。

2. CNC 装置软件的组成

系统软件由管理软件和控制软件两部分组成，如图 6.10 所示。管理软件负责零件加工程序的输入输出、系统的显示和故障诊断等；控制软件负责译码处理、刀具补偿、插补运算、位置控制和速度控制等。

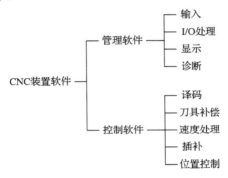

图 6.10　CNC 装置的软件组成

3. CNC 装置软件的结构

CNC 装置软件的结构取决于系统采用的中断结构，一般分为中断型结构和前后台型结构两种。

（1）中断型结构，如图 6.11 所示。其特点是除了初始化程序之外，整个系统软件的各

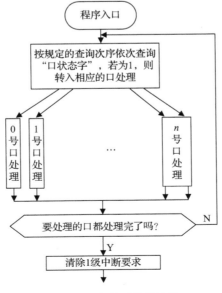

图 6.11　中断型软件结构

种功能模块分别安装在不同级别的中断服务程序之间，无前后台程序之分。但中断程序的优先级别有所不同，级别高的中断系统可以打断级别低的中断程序。整个系统软件本身就是一个大的中断系统。其管理功能就是通过各级中断服务程序之间的相互通信来解决。在此种结构的 CNC 软件中，控制 CRT 显示的模块为低级中断(0 级中断)，没其他程序时总执行 0 级中断。其他程序，如译码处理、键盘控制、插补运算等都有不同的中断优先等级。开机后，系统程序首先进入初始化程序，进行初始化状态的设置、ROM 检查等工作。初始化后系统进入 0 级中断进行 CRT 显示处理。此后进入各种中断处理，系统管理就是通过每个中断服务程序之间的通信方式来实现的。

（2）前后台型结构，这种结构的 CNC 软件分为前台程序和后台程序。前台程序是指与机床动作直接相关的实时中断服务程序，它们可实现插补、伺服、位置控制和机床相关监控等作用。后台程序是完成管理功能和输入、译码、数据处理插补准备工作等非实时性任务的一个循环运行程序，后台程序又称背景程序。在背景程序循环运行的过程中前台的实时中断程序不断插入，和后台程序密切配合，共同完成零件加工的任务。如图 6.12 所示，程序一经启动，经过一段初始化程序后便进入背景程序循环。同时开放定时中断，每隔一定时间间隔发生一次中断，执行一次实时中断服务程序，如此循环往复，共同完成数控的全部功能。这种前后台型软件结构一般适合单微处理机集中式控制，对微机性能要求较高。

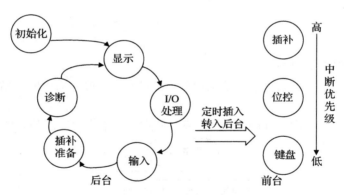

图 6.12　前后台型软件结构

背景程序的主要功能是进行插补前的准备和任务的管理调度。它一般由三个主要的服务程序组成，分别为键盘、单段、自动和手动四种工作方式服务。实时中断服务程序是前后台型软件系统的核心，它所实现的控制任务包括位置伺服、面板扫描、PLC 控制、实时诊断和插补。在实时中断服务程序中，各任务按优先级排列，按先后顺序执行。每个任务有严格的最大运行时间限制，如果前一次中断尚未完成，又发生新的中断，则说明发生服务重叠，系统进入紧停状态。

6.3　数控机床的进给和主轴控制系统

数控机床的伺服控制是数控机床的重要组成部分，用以实现数控机床的进给位置伺服控制和主轴转速(或位置)伺服控制，很大程度上决定了数控机床的性能。进给伺服系统控制机床各坐标轴的切屑进给运动；主轴驱动系统控制机床主轴的旋转运动。伺服系统由驱动部件和速度控制单元组成，可以为机床提供切屑过程中所需转矩和功率，还可以任意调节运转速度。

6.3.1　数控机床的进给控制

1. 进给控制的伺服系统

数控机床的进给控制由进给伺服系统完成，它主要由伺服驱动控制系统与机床机械传动机构两大部分组成。其中，机械传动机构由减速齿轮、滚珠丝杠、机床导轨和工作台拖板等组成。

机床的进给有直线和回转运动两种。直线进给系统中的被控量是线位移，回转进给系统中的被控量是角位移；它们的控制原理和结构相通，只是执行部件和位置检测反馈元件不同而已。

2. 机床进给闭环位置伺服系统的结构

机床进给闭环位置伺服系统的结构如图 6.13 所示。

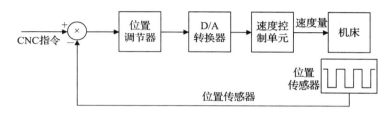

图 6.13　进给闭环位置伺服系统结构框图

图 6.13 中的控制部件主要是位置调节器和速度控制单元。位置调节器可通过软件或硬件实现接收从 CNC 装置送来的指令（位置移动信息）。这个数字量再与位置传感器送来的机床各坐标轴的实际位置相比较，产生位置误差，经过处理使其具有某种动态变化规律，再由数/模（D/A）转换器转换为速度控制单元的电压指令。然后速度控制单元根据此电压指令控制电机以驱动机械传动部分和工作台，从而将速度量变为位置量，工作台向减少误差的方向移动，实现位置量的闭环反馈控制。

3. 机床进给伺服驱动的控制方式

目前，常用数控机床进给伺服驱动的控制有开环控制、半闭环控制和全闭环控制三种。它们的系统框图分别如图 6.14、图 6.15 和图 6.16 所示。

图 6.14 的控制系统不带有位置检测装置，控制信号的流程为单向。一般经济型数控机床或数控设备就采用这种方式。

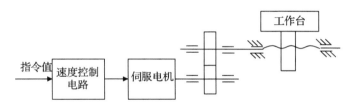

图 6.14　进给伺服驱动的开环控制系统框图

图 6.15 的控制方式中，将位置检测装置装在机械传动的中间某一环节上，如电动机轴上，用角位移间接地测量工作台的线位移和位置。由于中间转换环节的转换误差和环外的传动误差不能消除，所以称其为半闭环控制方式。

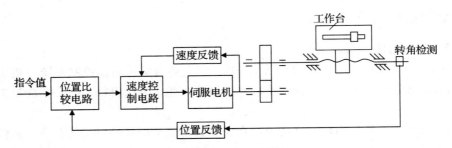

图 6.15　进给伺服驱动的半闭环控制系统框图

图 6.16 的全闭环系统的测量元件直接安装在被测运动部件上。这种测量没有中间环节，将测量值反馈给 CNC 系统，通过闭环反馈原理可消除整个环内传动链的全部积累误差。

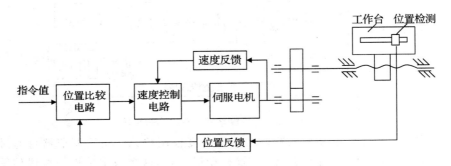

图 6.16　进给伺服驱动的全闭环控制系统框图

由于全闭环系统位置环内包括的机械传动部件较多，伺服系统的稳定性难以调整，所以目前使用半闭环伺服系统的数控机床较多。此外还有使用改进型的半闭环补偿型伺服控制系统，如图 6.17 所示。

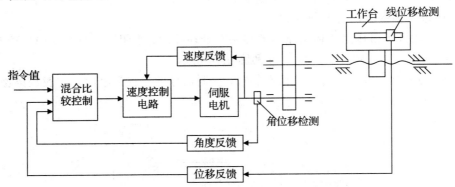

图 6.17　半闭环补偿型伺服控制系统框图

图 6.17 控制方式的特点是：用半闭环进行基本驱动控制，以取得稳定的高速响应特性，再用装在工作台上的直线位移测量元件实现全闭环，然后用全闭环和半闭环的差值进

行控制，以获得高精度。

6.3.2　电机的控制方式

数控机床常用的电机有步进电动机、直流伺服电动机和交流伺服电动机，它们的控制方式分别如下。

1. 步进电动机的驱动控制

步进电动机的驱动控制电路通常由环形分配器和功率放大器组成。环形分配器的作用是把来自 CNC 插补装置输出的进给指令脉冲按一定规律通过功率放大器作用于步进电动机各相绕组，从而控制步进电动机正向运转或反向运转。步进式伺服系统主要由步进电动机的驱动控制电路和步进电动机两部分组成，如图 6.18 所示。驱动控制电路接收数控装置发出的进给脉冲信号，并把此信号转换为控制步进电动机各相绕组依次通、断电的信号，使步进电动机运转。步进电动机的转子与机床丝杠连接在一起（也可通过齿轮传动连接到丝杠上），转子带动丝杠转动，从而使工作台运动。

图 6.18　步进式伺服系统原理框图

2. 直流伺服电动机的速度控制

直流伺服电动机的速度控制方法常用脉冲宽度调制（PWM）放大电路。其中 PWM 的任务是将连续控制信号变成方波脉冲信号，作为功率转换电路的基极或栅极驱动信号，控制直流电动机的转速和转矩。方波脉冲信号可由脉宽调制器和软件全数字生成。这种形式下直流电动机的调速系统有转速电流双闭环调速系统和全数字直流调速系统等。其中，转速电流双闭环调速系统如图 6.19 所示。

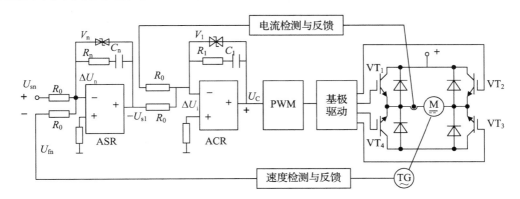

图 6.19　转速电流双闭环调速系统

图 6.19 所示系统中设置了电流调节器（ACR）和速度调节器（ASR），分别用来调节电流和转速。其中 ACR 在内环，ASR 在外环。图中采用稳压二极管限制调节器的输出电压幅值。这种调速方式中，负载的变化首先引起转速的变化，速度调节器 ASR 起主导作用；而

电网电压的波动，首先引起电流的变化，电流调节器 ACR 起主导作用。双环系统在两个调节器的协调工作下，使调速性能更加理想。

3. 交流电动机的速度控制

交流电动机速度控制可分为标量控制法和矢量控制法，前者为开环控制，后者为闭环控制。简单调速可使用标量控制法，要求较高的系统使用矢量控制法。它们都是通过改变电动机的供电频率实现的。标量控制可采用 SPWM 调速电路，矢量控制也称为磁场定向控制，它是把交流电动机模拟成直流电动机，使交流电动机变频调速后的机械特性及动态性能达到足以和直流电动机调压调速特性相媲美的程度。被控方法是通过坐标变换，以交流电动机转子磁场定向，把定子电流向量分解成与转子磁场方向相平行的磁化电流分量和相垂直的转矩电流分量，分别使其对应直流电动机中的励磁电流和电枢电流。在转子旋转坐标系中，分别对电流分量和转矩电流分量进行控制，以达到对实际交流电动机控制的目的。

6.3.3 数控机床的主轴控制

1. 主轴控制的含义

数控机床的主轴控制有两个方面的含义：一方面是主轴的驱动控制，另一方面是主轴的定向控制。主轴的驱动控制主要是指主轴的速度、转向控制，而主轴的定向控制则是指某些数控机床要求在主轴停下换刀等情况下，为便于机械手操作必须停在某一角度（如刀背向上），这样需要对主轴旋转角度进行控制。

2. 交流主轴电机及其驱动控制

交流主轴电机均采用感应电机的结构形式，对其进行矢量控制就能满足数控机床主轴驱动的要求。进行控制的目的就是调节主轴电机的转速。交流主轴电机矢量控制单元结构如图 6.20 所示。

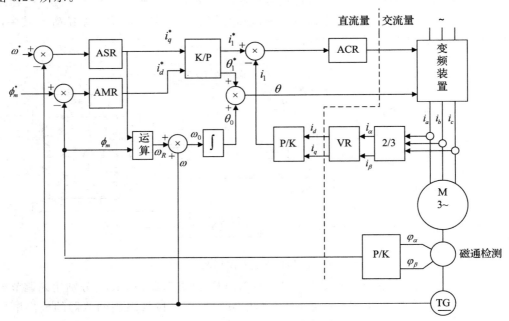

图 6.20　交流主轴电机矢量控制单元结构

图 6.20 中带"＊"号的量表示各量的控制值，而不带"＊"号的量表示实际测量值，ASR 为速度调节器，它的输出相当于直流电动机电枢电流 i_q^* 信号；AMR 为磁通调节器，其输出相当于直流电动机励磁电流的 i_d^* 信号。这两个信号经坐标变换器 K/P 合成为定子电流幅值给定信号 i_1^* 和相角给定信号 θ_1^*。定子电流幅值给定信号 i_1^* 与反馈电流幅值 i_1 比较，其差值经电流调节器 ACR 调节放大后控制变频器输出电压的幅值。利用三相电流经 3/2 相（即三相到两相）变换器和矢量旋转变换器 VR 得到等效电流 i_d、i_q，然后再经 P/K 坐标变换（即直角坐标到极坐标）即可得到定子电流幅值的反馈信号 i_1。相角给定信号 θ_1^* 则用于确定指令电流矢量的位置。该位置的确定过程为：首先由 i_q^* 和 ϕ_m 信号经运算得到转差角速度 ω_R（$\omega_R = K i_q / \phi_m$，$K$ 为与电机结构和电气参数有关的常数），然后与实际测量的角速度 ω 相加之后，得到同步角速度 ω_0，再经积分器得到磁通同步旋转角 θ_0，然后再与电流相位角 θ_1^* 相加，便得到电流矢量的位置 $\theta = \theta_0 + \theta_1^* = \omega_0 t + \theta_1^*$。这样变频装置将根据上面给出的电压幅值、$\theta$ 输出相应的 PWM 波驱动电机旋转。

3. 直流主轴电机及其驱动控制

直流主轴电机和普通直流电机一样，也是由定子和转子两大部分组成。其中转子与永磁直流电机的转子相同，由电枢绕组和换向器组成。而定子则由主磁极和换向极组成。直流主轴电机控制单元结构如图 6.21 所示，该系统的下半部分由速度环和电流环构成双环调速系统来控制主轴电机的电枢电压。上半部分为激磁控制回路。该回路由激磁电流设定电路、电枢电压反馈电路及激磁电流反馈电路组成。三者的输出信号经电流调节器、电压/相位变换器来决定晶闸管控制极触发脉冲的相位，从而控制激磁绕组的电流大小，完成恒功率调速。

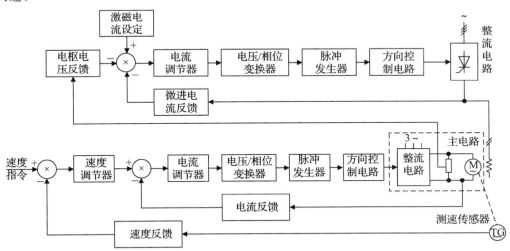

图 6.21　直流主轴电机控制单元结构

4. 主轴的其他控制

对主轴除了要求连续调速外，还有主轴定向准停功能、主轴旋转与坐标轴进给的同步及恒线速切削等控制要求。

主轴的定向控制也称主轴定向准停控制。在固定切削循环中，有的要求刀具必须在某一径向位置才能退出，这就要求主轴能准确地停在某一固定位置上，此即主轴定向准停功能。利用位置编码器或磁性传感器反馈的位置信号可使主轴准确地停在规定位置上。图6.22所示为磁性传感器主轴定向控制示意图。

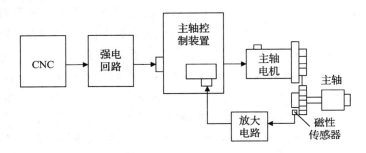

图 6.22 磁性传感器主轴定向控制示意图

主轴旋转与坐标轴进给的同步控制是采用脉冲编码器作为主轴的位置传感器，并将其装在主轴上，与主轴一起旋转，发出位置脉冲。这些脉冲送给 CNC 装置作为坐标轴进给，使进给量与主轴转动保持所要求的比率，从而实现主轴旋转与坐标轴进给的同步。

恒线速切削控制是在进行端面切削时，为保证加工端面的粗糙度，而要求工件与刀尖接触点的线速度为恒值。为此，随着刀具的径向进给及切削直径的逐渐减小，应不断提高主轴转速，并保持切削线速度 $v = 2\pi nD$ 为常值（n 为主轴转速，D 为工件的切削直径）。根据关系式可算出各时刻相应的主轴转速 n，送至主轴驱动系统。

6.4 数控机床的编程

6.4.1 数控机床编程的概念

数控机床能按照事先编制好的加工程序，自动地对被加工零件进行加工。其工作过程如下：先把零件的加工工艺路线、工艺参数、刀具的运动轨迹、位移量、切削参数以及辅助功能等，按照数控机床规定的指令代码及程序格式编写成加工程序单，再把这一程序单中的内容记录在控制介质上（如穿孔纸带、磁带、磁盘、磁泡存储器），然后输入到数控机床的数控装置中，从而指挥机床加工零件。这种从零件图的分析到制成控制介质的全部过程，称为数控程序的编制。

手工编程是指从零件图样分析、工艺处理、数值计算、编写程序单、程序输入到程序校验等各个阶段均由人工完成的编程方法。

自动编程是指利用计算机专用软件完成数控加工程序编制中的大部分或全部工作的编程方法，包括数控语言编程和图形交互式编程。

6.4.2 数控机床编程概述

1. 数控编程的主要内容

数控编程的主要内容包括：分析零件图样、确定加工工艺过程、确定走刀轨迹、计算刀位数据、编写零件加工程序、制作控制介质、校对程序及首件试加工。

2. 数控编程的过程及步骤

数控编程的过程如图 6.23 所示。

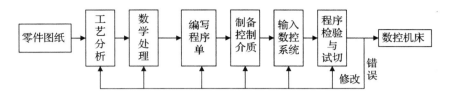

图 6.23　数控编程的过程

一般说来，数控机床编程有以下 5 个步骤。

（1）工艺分析：在对零件图进行全面分析的基础上，确定零件的装夹定位方法、加工路线、刀具及切削用量等工艺参数。

（2）数学处理：一般数控装置具有直线插补和圆弧插补的功能，数学计算的最终目标是为了获取编程所需的相关数据。

（3）编写零件加工程序：根据计算出的坐标值和已确定的切削用量以及辅助动作，结合数控系统使用的指令及程序段格式编写零件加工程序。

（4）程序输入：程序编写好之后，需要操作者或编程者将加工信息输入数控装置，也可根据数控系统输入、输出装置的不同，现将程序移至某种控制介质上。常用的控制介质有穿孔纸带、磁盘、磁带等。

（5）程序校验和零件试切：编制好的程序必须经过校验和试切才能使用。校验的方法是直接将控制介质上的内容输入到数控装置中，检查刀具的运动轨迹是否正确。在有 CRT 图形显示屏的数控机床上，可以用模拟工件切削过程的方法进行校验。同时，还可通过零件的试切检查零件的加工精度是否符合要求，如不符合，则应进行程序或控制介质等的修改，甚至采用误差补偿方法，直到加工出合格零件为止。

6.4.3　自动编程

1. 自动编程的概念

自动编程就是借助计算机及其外围设备装置自动完成从零件图构造、零件加工程序编制到控制介质制作等工作的一种编程方法。与手工编程相比，自动编程解决了手工编程难以处理的复杂零件的编程问题，既减轻劳动强度、缩短编程时间，又可减少差错，使编程工作简便。

2. 自动编程的条件

自动编程需要计算机硬件环境和软件环境。硬件环境指计算机编程所需的硬件设备。软件环境是完成计算机自动编程所要的软件条件。软件是指程序、文档和使用说明书的集合。它包括系统软件和应用软件两大类。系统软件是直接与计算机硬件发生关系的软件，起到管理系统和减轻应用软件负担的作用。应用软件是指直接形成和处理数控程序的软件，它需要通过系统软件才能与计算机硬件发生关系。应用软件可以是自动编程软件，包括识别处理由数控语言编写源程序的语言软件（如 APT 语言软件）和各类计算机辅助设计/计算机辅助制造（CAD/CAM）软件；其他工具软件和用于控制数控机床的零件数控加工程序也属于应用软件。在自动编程软件中，按所完成的功能可以分为前置计算程序和后置处理程序两部分。

3. 自动编程的分类

（1）按计算机硬件的种类规格分为：① 微机自动编程；② 大、中、小型计算机自动编程；③ 工作站自动编程；④ 依靠机床本身的数控系统进行自动编程。

（2）按计算机联网的方式分为：① 单机工作方式的自动编程，这种方式是单台计算机独立进行编程工作；② 联网工作方式的自动编程，它是建立在通信网络的基础上，同时有多个用户进行编程。按照联网的分布，这种方式又可分为集中式联网、分布式联网和环网式联网等形式。

（3）按编程信息的输入方式分为：① 批处理方式自动编程；② 人机对话式自动编程。

（4）按加工中采用的机床坐标数及联动性分为：点位自动编程、点位直线自动编程、轮廓控制机床自动编程等。

4. 自动编程的发展

自动编程系统的发展主要表现在以下几方面：

（1）人机对话式自动编程系统。

（2）数字化技术编程。

（3）语音数控编程系统。

（4）依靠机床本身的数控系统进行自动编程。

5. 图形交互式自动编程系统

在数控自动编程系统中，图形交互式自动编程系统具有速度快、精度高、直观性好、实用简便、便于检查等优点，其自动编程的流程如图 6.24 所示。目前使用较多的图形交互式自动编程软件有：国内北航海尔软件有限公司的 CAXA 软件，美国 UNIGRAPHICS 公司的 UGⅡ软件，以色列的 Cimatron 软件，英国的 Pro/E 软件，美国 CNC 软件公司的 MasterCAM 软件等。其中，MasterCAM 软件是在微机上开发的侧重于数控加工的软件，具有针对性强、简单易学、价格便宜等优点，是目前应用较广的数控自动编程系统。

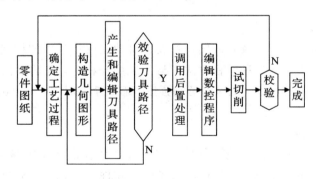

图 6.24　自动编程的流程图

6. 图形交互式自动编程加工零件实例

已知某平面凸轮零件如图 6.25 所示，采用 MasterCAM 自动编程，在华中Ⅰ型数控系统下的 ZJK7532 数控钻铣床上加工，其操作步骤如下。

（1）软硬件配置。

① 微型计算机（PⅡ以上配置），安装有 MasterCAM 自动编程应用软件。

② 安装有华中Ⅰ型数控铣削系统软件的微型计算机连接于 ZJK7532 数控钻铣床（这样

可以加工），或安装有华中Ⅰ型数控铣削系统软件的微型计算机配插系统软件加密狗（这样只能进行程序模拟）。

（2）图形构造。

① 依次打开微型计算机各电源开关：显示器→计算机主机。

② 运行 MasterCAM。

③ 产生 $\phi200$ 左半圆。

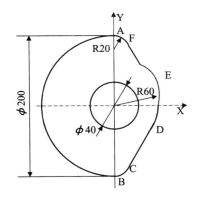

图 6.25　凸轮零件

选择主功能表→绘图 create→圆弧 Arc→极坐标点 Polar→圆心点 Ctr Point。

输入圆心点：0，0。

输入半径：100。

输入起始角度：90°。

输入终止角度：270°。

④ 产生上下两 R20 圆弧及 R60 圆弧。

输入圆心点：0，80。

输入半径：20。

输入起始角度：0。

输入终止角度：90°，完成 R20 的圆弧。

输入圆心点：0，－80。

输入半径：20。

输入起始角度：270°。

输入终止角度：360°，完成 R20 的圆弧。

输入圆心点：0，0。

输入半径：60。

输入起始角度：－90°。

输入终止角度：90°，完成 R60 的圆弧。

⑤ 产生两条切线。

选择主功能表 Main menu→绘图 create→线 Line→切线 Tangent→两个物体 2 arcs→点选物体→则划出两条切线。

⑥ 修整上、下两 R10 圆弧与切线。

选择主功能表 Main menu→修整 Modify→修剪延伸 Trim→二个物体 2 entities→点选需要的，修剪去不需要的。

⑦ 存图档。

选择主功能表 Main menu→档案 File→存档 Save→文件名：＊＊＊→确定。

（3）产生刀具路径。

① 选择主功能表 Main menu→刀具路径 Tool paths→外形铣削 Contour→串联 chain→点击 R50 圆弧→向前移动 move fwd，直到图形封闭为止→执行 Done。

② 设置刀具参数及外形铣削参数。

具体参数设置如下：

2D 外形		吃刀深度	－7.0
粗切削次数及加工量	1	精切削次数及加工量	0
进、退刀线长	20	进、退刀圆弧半径	20
角度	90°相切加工	行号增量	2
刀具名称	10000FLT	刀具号码	1
刀具半径补正号码	101	刀具长补正号码	1
刀具直径	10	安全高度	25
X、Y 轴进给	200	Z 轴进给	200
主轴转速	250	程序号码	2000
起始行号	10		

电脑不补正，控制器右补正，冷却液开，选择执行 Done 后，则在屏幕上出现刀具路径。

（4）后置处理。

选择操作管理→执行后处理，当前默认的后置处理程序为 Mpfan.pst→NCI，输入档名：＊＊＊＊→NC，输入档名：＊＊＊＊（与 NCI 档的正名相同）→确定→形成凸轮零件的 NC 程序码。

对于具体的数控系统，则需选择合适的后置处理程序，可通过选择操作管理→执行后处理→更改后处理程序→选择所要的后置处理程序，即可。

（5）自动编程后的数控程序与数控系统的连接。

若选择了与数控系统相对应的后置处理程序，则得到的 NC 程序不再需要编辑修改。否则，需在文本编辑器中对后置处理后的 NC 程序进行编辑修改，使其符合具体数控系统的格式。

对于自动编程后的数控程序与华中 I 型数控铣削系统的连接，其具体步骤如下（其他数控系统的连接依具体数控系统而定）：① 用编辑软件修改零件程；② 套用华中 I 型数控系统的程序格式；③ 编辑后数控程序存盘。

（6）程序校验或模拟加工或空运行。

按华中 I 型数控铣削系统程序校验或模拟加工或空运行的操作步骤进行。

（7）零件加工。

按华中 I 型数控铣削系统控制下的 ZJK7532 数控钻铣床的零件加工操作步骤进行。

（8）零件加工后检验。

按传统铣削加工的检验方法，使用合适的量具对加工后零件进行检验。

6.5 数控技术的发展趋势

1. 机电一体化数控技术的智能化

计算机技术不断发展，机械智能化的相关技术得到越来越多人们的热点关注，在先进计算机技术的支持下，为机电一体化数控开拓了智能化发展的道路。智能化指的是在生产实践期间，借助计算机设备录入相关程序指令，使机械设备可对程序指令予以识别，从而达到根据指令展开运作的目的。机电一体化数控技术智能化可极大地降低人力物力消耗，通过将其应用至大型生产环节，促使企业收获更佳的经济效益。此外，机电一体化数控技术智能化还能够应用于机器人生产，伴随着智能化的不断发展，机器人具备逻辑判定、决策能力等将变得更加可能，如此机器人将在工业生产领域得到更为广泛的应用，从而进一步帮助工业制造企业节约人力资源。智能化的方向如下：为追求加工效率和加工质量的智能化，如自适应控制，工艺参数自动生成；为提高驱动性能及使用连接方便的智能化，如前馈控制、电机参数的自适应运算、自动识别负载自动选定模型、自整定等；简化编程、简化操作的智能化，如智能化的自动编程，智能化的人机界面等；智能诊断、智能监控，方便系统的诊断及维修等。世界上正在进行研究的智能化切削加工系统很多，其中日本智能化数控装置研究会针对钻削的智能加工方案具有代表性。

2. 机电一体化数控技术的开放式

开放式数控系统指的是机电一体化数控系统的开发能够于全面运行平台上，服务于机床生产商、终端用户，经转变、提升数控功能，产生系列化，同时能够有助于将用户个性应用和技术窍门集成于控制系统内，便捷促进各类品种、档次开放式数控系统，产生有着鲜明个性的名牌产品。现阶段，关于机电一体化数控技术的开放式主要研究重点为体系结构规范、运行平台、通信规范及数控系统功能软件开发工具等。

3. 机电一体化数控技术的网络化

网络信息技术不断发展，自最初的 2G 网络发展至现如今全面覆盖的 4G 网络，仅仅在短短的几年时间里，网络技术全面发展的现状有目共睹。目前，网络技术正深刻地影响着社会大众的日常生活工作学习。网络技术全面发展为人民生活创造了便利，同样为工业生产创造了极大的便利。鉴于此，机电一体化数控技术同样势必会朝网络化方向展开深入发展。机电一体化数控技术的网络化将在机电一体化数控设备网络化方面得到充分显现，积极促进企业单元的虚拟制造。

4. 机电一体化数控技术高速度高精度以及高效化

我国机械生产过程中，对精度、加工速度以及加工效率等方面有着很高的要求。因此在应用数控技术进行机械加工的过程中，也有着相同的要求。

在我国的数控设备中，采用了先进的数控技术，例如 CPU 高速芯片；而多功能 CPU控制系统以及 RISC 芯片等的应用能够不断地改善数控设备中的交流数字系统，同时对数控设备的动态特性以及静态特性等方面也有非常大的改善。通过数控技术的应用我国的数控加工技术以及加工效率在很大程度上有了改进和提升。

5. 机电一体化数控技术柔性化

在数控技术中，柔性化技术主要是取决于数控技术本身，数控技术通过模块化的具体设计，才能够实现数控技术的覆盖功能强化，具有很强的裁剪性能，能够实现并且满足各种机械加工的技术要求以及性能要求。尤其是数控技术的群体性柔性能够有针对性的通过群控技术来实现不同生产要求。提升数控设备的生产多样化以及集成化。数控机床的制造柔性化、自动化程度不断提高，从传统的单机加工、流水线生产逐渐向制造岛、自动车间和分布式网络集成制造系统的方向立体式发展。一方面，机床加工精度更高、速度更快、柔性更好；一方面，制造信息系统集成度更高，数控机床能方便地与 CAD、CAM、CAPP、MTS 联结。在生产制造过程中，数控加工系统通过在线监测过程参数，如切削力、主轴和进给电机的功率、电流等，实时调整主轴转速、进给速度等工艺参数以及加工指令，并可自动识别电机及负载的转动惯量，及时优化和调整控制系统参数，从而使设备处于最佳运行状态。

6. 机电一体化数控技术信息化

数控技术实现信息化的发展能够有效地提升数控设备的数据处理能力；能够有效地将加工过程中的相应数据进行转化以及处理；信息化的数控技术能够在最大限度上突破加工过程中语言以及数据的表达形式，能够使用加工图形，加工图像以及加工动画等方式进行加工数据的表达以及处理。数控技术的可视性还能够进一步地提升以及拓展数控设备的加工方式以及能力。现阶段我国的数控加工已经可以不适用生产图纸进行加工处理，大大提升了数控设备的能力以及加工效率。

7. 机电一体化数控技术自动化

数控设备中的自动化程度高低直接影响着设备的加工效率以及加工便捷度。我国现阶段的数控设备中大多安装了高性能的数控软件以及数控加工控制模板，这样就能够让数控设备在加工过程中非常直观地进行在线调试以及在线辅助；在加工的过程中还能够根据用户的不同加工要求，通过 PCL 的相应设置来进行详细的编辑以及修改；也能让数控设备独立使用一套应用程序，以便加工。

思 考 题

1. 试解释下列名词：数控、数控技术、数控系统、数控机床、手工编程和自动编程。
2. 计算机数控系统的工作原理是什么？
3. 数控机床的分类有哪些？
4. 数控机床的组成有哪些？
5. 数控机床的进给和主轴控制有哪些？
6. 数控编程的编程过程有哪些？
7. 学习本章内容需掌握哪些相关知识？

第 *7* 章 机器人技术

【导读】 自动化＋机器人＋网络＝工业 4.0。"中国制造 2025"指出：当前更值得关注的是，信息化和工业化的进一步融合发展将使人工智能越来越广泛深入地融入工业，不仅能实现工业生产过程的智能化，而且将生产各种智能化的工业品，例如无人驾驶汽车、无人驾驶飞机，以至具有各种拟人功能的机器人产品。其实，整个工业发展的历史就是一个机器替代人和模仿人的过程："人像机器一样"和"机器像人一样"，"机器延伸人的功能"和"人使机器具有智能"，以至"人机信息互联"和"人机智能一体"是工业技术进化的基本逻辑。过去，人们以机械论的隐喻看待人和工业，认为"人是机器"；而在工业高度发达的今天，如果以生物学的隐喻看待人和工业，则可以认为"技术有生命"，"机器是人"。因此有国外学者认为，人类正面临新工业革命，意味着进入"新生物时代"。无论我们是否同意这一观点，都不能不看到：科学、技术、机器、信息、智能、艺术、人文在工业化进程中汇聚，形成工业文明的内在逻辑，推动人类文明经历辉煌的发展阶段。目前，机器人产业发展要围绕汽车、机械、电子、危险品制造、国防军工、化工、轻工等工业机器人、特种机器人，以及医疗健康、家庭服务、教育娱乐等服务机器人应用需求，积极研发新产品，促进机器人标准化、模块化发展，扩大市场应用。突破机器人本体、减速器、伺服电机、控制器、传感器与驱动器等关键零部件及系统集成设计制造等技术瓶颈。

7.1 机器人概述

机器人是 20 世纪出现的名词。1920 年，捷克剧作家第一次提出了机器人这个词。真正使机器人成为现实是在 20 世纪工业机器人出现以后。根据机器人的发展过程可将其分为三代：第一代是示教再现型机器人，主要由夹持器、手臂、驱动器和控制器组成。它由人操纵机械手做一遍应当完成的动作或通过控制器发出指令让机械手臂动作，在动作过程中机器人会自动将这一过程存入记忆装置。当机器人工作时，能再现人类教给它的动作，并能自动重复地执行。第二代是有感觉的机器人，它们对外界环境有一定感知能力，并具有听觉、视觉、触觉等功能。机器人工作时，根据感觉器官(传感器)获得的信息，灵活调整自己的工作状态，保证在适应环境的情况下完成工作。第三代是具有智能的机器人。智能机器人是靠人工智能技术决策行动的机器人，它们根据感觉到的信息，进行独立思维、识别、推理，并作出判断和决策，不用人的参与就可以完成一些复杂的工作。

7.1.1 机器人的定义

对于机器人，目前尚无统一的定义。在英国简明牛津字典中，机器人的定义是：貌似人的自动机，具有智力和顺从于人但不具人格的机器。美国国家标准局(NBS)对机器人的定义是：机器人是一种能够进行编程并在自动控制下执行某些操作和移动作业任务的机械装置。日本工业机器人协会(JIRA)对机器人的定义是：工业机器人是一种能够执行与人的上肢(手和臂)类似的多功能机器；智能机器人是一种具有感觉和识别能力并能控制自身行为的机器。世界标准化组织(ISO)对机器人的定义是：机器人是一种能够通过编程和自动控制来执行诸如作业或移动等任务的机器。

我国机械工业部对机器人的定义是：工业机器人是一种能自动定位控制、可重复编程、多功能多自由度的操作机，它能搬运材料零件或夹持工具，用以完成各种作业。蒋新松院士认为，机器人是一种拟人功能的机械电子装置。

7.1.2 机器人的组成

工业机器人是一种应用计算机进行控制的替代人进行工作的高度自动化系统，它主要由控制器、驱动器、夹持器、手臂和各种传感器等组成。工业机器人计算机系统能够对力觉、触觉、视觉等外部反馈信息进行感知、理解、决策，并及时按要求驱动运动装置、语音系统完成相应任务。通常可将工业机器人分为执行机构、驱动装置和控制系统三大部分，其组成如图 7.1 所示。

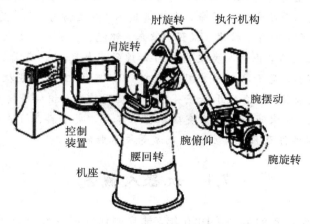

图 7.1 工业机器人的组成

1. 执行机构

执行机构也叫操作机，具有和人臂相似的功能，是可以在空间抓放物体或进行其他操作的机械装置。包括机座、手臂、手腕和末端执行器。

末端执行器又称手部，是执行机构直接执行工作的装置，可安装夹持器、工具、传感器等，通过机械接口与手腕连接。夹持器可分为机械夹紧、真空抽吸、液压张紧和磁力夹紧等四种。

手腕又称副关节组，位于手臂和末端执行器之间，由一组主动关节和连杆组成，用来支承末端执行器和调整末端执行器的姿态，它有弯曲式和旋转式两种。

手臂又称主关节组，由主动关节(由驱动器驱动的关节称主动关节)和执行机构的连接杆件组成，用于支承和调整手腕和末端执行器。手臂应包括肘关节和肩关节。一般将靠近末端执行器的一节称为小臂，靠近机座的称为大臂。手臂与机座用关节连接，可以扩大末端执行器的运动范围。

机座是机器人中相对固定并承受相应力的部件，起支撑作用，一般分为固定式和移动式两种。立柱式、机座式和屈伸式机器人大多是固定式的，它可以直接连接在地面基础上，也可以固定在机身上。移动式机座下部安装行走机构，可扩大机器人的工作范围；行走机构多为滚轮或履带，分为有轨和无轨两种。

2. 驱动装置

机器人的驱动装置用来驱动执行结构工作，根据动力源不同可分为电动、液动和气动三种，其执行机构电动机、液压缸和气缸可以与执行结构直接相连，也可通过齿轮、链条等装置与执行装置连接。

3. 控制系统

机器人的控制系统用来控制工业机器人的要求动作，其控制方式分为开环控制和闭环控制。目前多数机器人都采用计算机控制，其控制系统一般可分为决策级、策略级和执行级三级。决策级的作用是识别外界环境，建立模型，将作业任务分解为基本动作序列；策略级将基本动作变为关节坐标协调变化的规律，分配给各关节的伺服系统；执行级给出关节伺服系统执行给定的指令。控制系统常用的控制装置包括：人-机接口装置(键盘、示教盒、操纵杆等)、具有存储记忆功能的电子控制装置(计算机、PLC 或其他可编程逻辑控制装置)、传感器的信息放大、传输及信息处理装置、速度位置伺服驱动系统(PWM、电－液伺服系统或其他驱动系统)、输入/输出接口及各种电源装置等。

现在的机器人多为智能型机器人，其控制结构如图 7.2 所示(图示是一个多级计算机控制系统)。

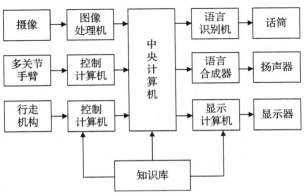

图 7.2　智能型机器人的多级控制结构

7.2　机器人的机械系统

机器人要完成各种各样的动作和功能，如移动、抓举、抓紧工具等工作，必须靠动力装置、机械机构来完成。一般所说的机器人指的是工业机器人。工业机器人的机械部分（执行机构或操作机）主要由手部（末端执行器）、手臂、手腕和机座组成，其结构如图7.3所示。

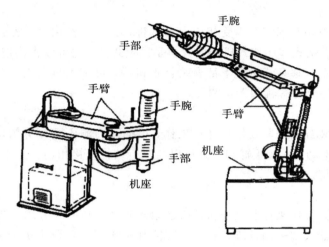

图 7.3　机器人机械结构

7.2.1　机器人手臂的典型机构

手臂是机器人执行机构中重要的部件，它的作用是将被抓取的工件送到指定位置。一般机器人的手臂有3个自由度，即手臂的伸缩、左右回转和升降（或俯仰）运动。其中，手臂回转和升降运动是通过机座的立柱实现的。

机器人的运动功能是由一系列单元运动的组合来确定的。所谓的单元运动，就是"直线运动（伸缩运动）""旋转运动"和"摆动"三种运动。"旋转运动"指的是轴线方向不变，以轴线方向为中心进行旋转的运动。"摆动"是改变轴线方向的运动，有的是轴套固定轴旋转，也有的是轴固定而轴套旋转。一般用"自由度"来表示构成运动系的单元运动的个数。

手臂的各种运动一般是由驱动机构和各种传动机构来实现，因此它不仅承受被抓取工件的重量，而且承受末端执行器、手腕和手臂自身的重量。手臂的结构、工作范围、灵活性以及抓重大小和定位精度都直接影响机器人的工作性能，必须根据机器人的抓取重量、运动形式、自由度数、运动速度以及定位精度等的要求来设计手臂的结构形式。

按手臂的运动形式来说，手臂有直线运动，如手臂的伸展、升降即横向或纵向移动；有回转运动，如手臂的左右回转、上下摆动（即俯仰）；有复合运动，如直线和回转运动的组合、两直线运动的组合、两回转运动的组合。

实现手臂回转运动的结构形式很多，其中常用的有齿轮传动机构、链轮传动机构、连杆传动机构等。

7.2.2　机器人手腕结构

1. 手腕的概念

手腕是连接末端夹持器和小臂的部件，它的作用是调整或改变工件的方位，因而具有独立的自由度，可使末端夹持器能完成各种复杂的动作。

2. 手腕的结构及运动形式

确定末端夹持器的作业方向，一般需要有相互独立的 3 个自由度，由 3 个回转关节组成。手腕关节的结构及其运动形式如图 7.4 所示，其中，偏摆是指末端夹持器相对于手臂进行的摆动；横滚是指末端夹持器(手部)绕自身轴线方向的旋转；俯仰是指绕小臂轴线方向的旋转。

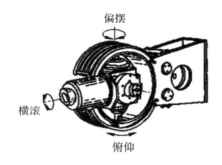

图 7.4　手腕关节的结构及其运动形式

在实际使用中，手腕的自由度不一定是 3，可以为 1 或 2，也可大于 3。手腕自由度的选用与机器人的工作环境、加工工艺、工件的状态等许多因素有关。

3. 单自由度手腕

单自由度手腕有俯仰型和偏摆型两种，其结构简图如图 7.5 所示。俯仰型手腕沿机器人小臂轴线方向做上下俯仰动作完成所需的功能；偏摆型手腕沿机器人小臂轴线方向做左右摆动动作完成所需要的功能。

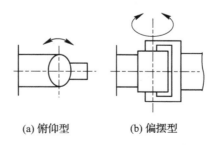

(a) 俯仰型　　　　　(b) 偏摆型

图 7.5　单自由度手腕结构简图

4. 双自由度手腕

双自由度手腕能满足大多数工业作业的需要，是工业机器人中应用最多的结构形式。双自由度手腕的结构简图如图 7.6 所示。由图 7.6 可知，双自由度手腕有双横滚型、横滚偏摆型、偏摆横滚型和双偏摆型四种。

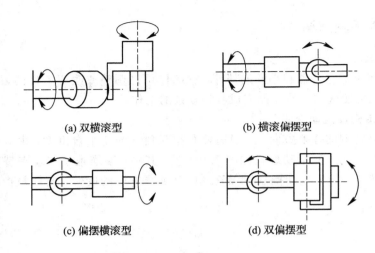

(a) 双横滚型   (b) 横滚偏摆型

(c) 偏摆横滚型   (d) 双偏摆型

图 7.6 双自由度手腕结构简图

5. 三自由度手腕

　　三自由度手腕是结构较复杂的手腕，可达空间度最高，能够实现直角坐标系中的任意姿态，常见于万能机器人的手腕。常用三自由度手腕的六种结构简图如图 7.7 所示。三自由度手腕由于某些原因导致自由度降低的现象，称为自由度的退化现象。

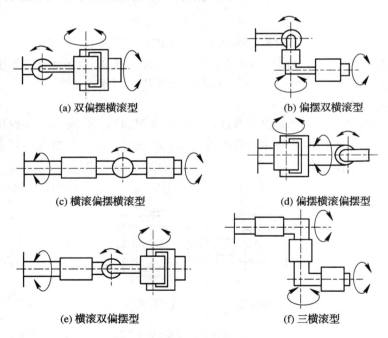

(a) 双偏摆横滚型   (b) 偏摆双横滚型

(c) 横滚偏摆横滚型   (d) 偏摆横滚偏摆型

(e) 横滚双偏摆型   (f) 三横滚型

图 7.7 三自由度手腕结构简图

6. 柔顺手腕

　　柔顺性装配技术有两种，一种是从检测、控制的角度，采取不同的搜索方法，实现边校正边装配，这种装配方式称为主动柔顺装配。另一种是从结构的角度在手腕部配置一个柔顺环节，以满足柔顺装配的需要，这种柔顺装配技术称为被动柔顺装配。柔顺手腕结构示意图如图 7.8 所示。

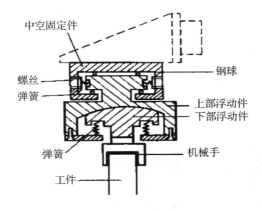

图 7.8　柔顺手腕结构示意图

7.2.3　机器人的手部结构

1. 机器人手部的概念

机器人的手部就是末端夹持器，它是机器人直接用于抓取和握紧（或吸附）工件或夹持专用工具进行操作的部件，具有模仿人手动作的功能，安装于机器人小臂的前端。它分为夹钳式取料手、吸附式取料手和专用操作器等。

2. 夹钳式取料手

夹钳式取料手由手指（手爪）和驱动机构、传动机构、连接与支承部件组成，其结构如图 7.9 所示。夹钳式手部通过手指的开、合动作实现对物体的夹持。手指是直接和加工工件接触的部分，通过手指的闭合和张开实现对工件的夹紧和松开。机器人手指数量从两个到多个不等，一般根据需要而设计。手指的形状取决于工件的形状，一般有 V 型、平面型指、尖指和特殊形状指等。其中 V 型指如图 7.10 所示。

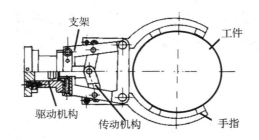

图 7.9　夹钳式手部的结构

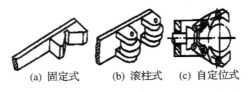

图 7.10　V 型指

3. 机器人手爪

常见的典型手爪有弹性力手爪、摆动式手爪和平动式手爪等。

1) 弹性力手爪

弹性力手爪结构如图 7.11 所示。弹性力手爪的特点是夹持物体的抓力由弹性元件提供，无需专门驱动装置，它在抓取物体时需要一定的压入力，而在卸料时则需一定的拉力。

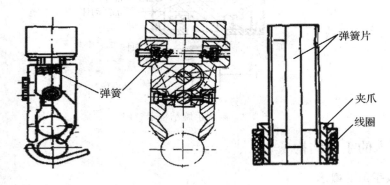

图 7.11　弹性力手爪结构

2) 摆动式手爪

摆动式手爪的结构原理如图 7.12 所示。其特点是在手爪的开合过程中，摆动式手爪的运动状态是绕固定轴摆动的，适合于圆柱表面物体的抓取。活塞杆的移动，通过连杆带动手爪回绕同一轴摆动，完成开合动作。

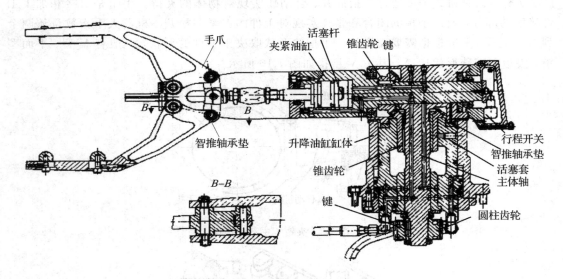

图 7.12　摆动式手爪的结构原理图

3) 平动式手爪

平动式手爪采用平行四边形平动机构，特点是手爪在开合过程中，爪的运动状态是平动的。常见的平动式手爪有连杆式圆弧平动式手爪(见图 7.13)。

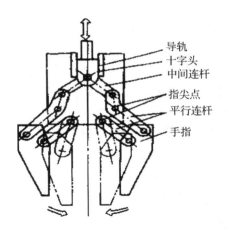

图 7.13　连杆式圆弧平动式手爪

导轨
十字头
中间连杆
指尖点
平行连杆
手指

7.2.4　仿生多指灵巧手

由于简单的夹钳取料手不能适应物体外形变化，因而无法满足对复杂性状、不同材质物体的有效夹持和操作。为了完成各种复杂的作业和姿势，提高机器人手爪和手腕的操作能力、灵活性和快速反应能力，使机器人手爪像人手一样灵巧是十分必要的。

1. 柔性手

为了能实现对不同外形物体实施表面均匀地抓取，人们研制出了柔性手，如图 7.14 所示。柔性手的一端是固定的，另一端是双管合一的柔性管状手爪（自由端）。若向柔性手爪一侧管内充气体或液体，向另一侧管内抽气或抽液，则会形成压力差，此时柔性手爪就会向抽空侧弯曲。此种柔性手可适用于抓取轻型、圆形物体，如玻璃杯等。

2. 多指灵巧手

尽管柔性手能够完成一些复杂的操作，但是机器人手爪和手腕最完美的形式是模仿人手的多指灵巧手，如图 7.15 所示。多指灵巧手有多个手指，每个手指有 3 个回转关节，每一个关节自由度都是独立控制的，因此，它几乎能模仿人手，完成各种复杂动作，如弹琴、拧螺丝等。

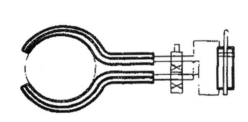

图 7.14　柔性手

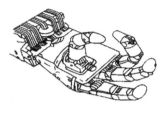

(a)三手指型　　　　　　　(b)四手指型

图 7.15　多指灵巧手

7.3　机器人的传感器

机器人传感器是指能把智能机器人对内外部环境感知的物理量、化学量、生物量变换为电量输出的装置，智能机器人可以通过传感器实现某些类似于人类的知觉作用。机器人传感器可分为内部检测传感器和外界检测传感器两大类。内部检测传感器安装在机器人自身中，用来感知机器人自身的状态，以调整和控制机器人的行动，常由位置、加速度、速度及压力传感器等组成。外界检测传感器能获取周围环境和目标物状态特征等信息，使机器人与环境之间发生交互作用，从而使机器人对环境有自校正和自适应能力。外界检测传感器通常包括触觉、接近觉、听觉、嗅觉、味觉等传感器。

7.3.1　机器人常用传感器

1. 内部传感器

内部传感器是用来检测机器人本身状态(如手臂间角度)的传感器，多为检测位置和角度的传感器。

1) 位移传感器

按照位移的特征可分为线位移和角位移。线位移是指机构沿着某一条直线运动的距离，角位移是指机构沿某一定点转动的角度。

(1) 电位器式位移传感器。电位器式位移传感器由一个线绕电阻(或薄膜电阻)和一个滑动触点组成。其中滑动触点通过机械装置受被检测量的控制。当被检测的位置量发生变化时，滑动触点也发生相应位移，从而改变了滑动触点与电位器各端之间的电阻值和输出电压值，根据这种输出电压值的变化，可以检测出机器人各关节的位置和位移量。

(2) 直线型感应同步器。直线型感应同步器由定尺和滑尺组成。定尺和滑尺间保持一定的间隙，一般为0.25 mm左右。在定尺上用铜箔制成单向均匀分布的平面连续绕组，滑尺上用铜箔制成平面分段绕组。绕组和基板之间有一厚度为 0.1 mm 的绝缘层，在绕组的外面也有一层绝缘层，为了防止静电感应，在滑尺的外边还粘贴有一层铝箔。定尺固定在设备上不动；滑尺可以在定尺表面来回移动。

(3) 圆形感应同步器。圆形感应同步器主要用于测量角位移，它由定子和转子两部分组成。在转子上分布着连续绕组，绕组的导片是沿圆周的径向分布的。在定子上分布着两相扇形分段绕组，定子和转子的截面构造与直线型同步器是一样的，为了防止静电感应，在转子绕组的表面粘贴有一层铝箔。

2) 角度传感器

(1) 光电轴角编码器。

光电轴角编码器是采用圆光栅莫尔条纹和光电转换技术将机械轴转动的角度量转换成数字信息量输出的一种现代传感器。作为一种高精度的角度测量设备，光电轴角编码器已广泛应用于自动化领域中。根据形成代码方式的不同，光电轴角编码器分为绝对式和增量式两大类。

绝对式光电编码器由光源、码盘和光电敏感元件组成。光学编码器的码盘是在一个基体上采用照相技术和光刻技术制作的透明与不透明的码区，分别代表二进制码"0"和"1"。

对高电平"1"，码盘作透明处理，光线可以透射过去，通过光电敏感元件转换为电脉冲；对低电平"0"，码盘作不透明处理，光电敏感元件接收不到光，为低电平脉冲。光学编码器的性能主要取决于码盘的质量，光电敏感元件可以采用光电二极管、光电晶体管或硅光电池。为了提高输出逻辑电压，光学编码器还需要接各种电压放大器，而且每个轨道对应的光电敏感元件要接一个电压放大器，电压放大器通常由集成电路高增益差分放大器组成。为了减小光噪声的影响，在光路中要加入透镜和狭缝装置，狭缝不能太窄，且要保证所有轨道的光电敏感元件的敏感区都处于狭缝内。

增量式编码器的码盘刻线间距均等，对应每一个分辨率区间，可输出一个增量脉冲，计数器相对于基准位置（零位）对输出脉冲进行累加计数，正转则加，反转则减。增量式编码器的优点是响应迅速、结构简单、成本低、易于小型化，目前广泛用于数控机床、机器人、高精度闭环调速系统及小型光电经纬仪中。码盘、敏感元件和计数电路是增量式编码器的主要元件。增量式光电编码器有三条光栅，A 相与 B 相在码盘上互相错半个区域，在角度上相差 90°。当码盘以顺时针方向旋转时，A 相超前于 B 相首先导通；当码盘反方向旋转时，A 相滞后于 B 相。码盘旋转方向和转角位置的确定：采用简单的逻辑电路，就能根据 A、B 相的输出脉冲相序确定码盘的旋转方向；将 A 相对应敏感元件的输出脉冲送给计数器，并根据旋转方向使计数器作加法计数或减法计数，就可以检测出码盘的转角位置。增量式光电编码器是非接触式的，其寿命长、功耗低、耐振动，广泛应用于角度、距离、位置、转速等的检测中。

（2）磁性编码器。

磁性编码器是近年发展起来的一种新型编码器，与光学编码器相比，磁性编码器不易受尘埃和结露的影响，具有结构简单紧凑、可高速运转、响应速度快（达 500～700 kHz）、体积小、成本低等特点。目前磁性编码器的分辨率可达每圈数千个脉冲，因此，其在精密机械磁盘驱动器、机器人等领域旋转量（位置、速度、角度等）的检测和控制中有着广泛的应用。

磁性编码器由磁鼓和磁传感器磁头构成，其中高分辨率磁性编码器的磁鼓会在铝鼓的外缘涂敷一层磁性材料。磁头以前采用感应式录音机磁头，现在多采用各向异性金属磁电阻磁头或巨磁电阻磁头。这种磁头采用光刻等微加工工艺制作，具有精度高、一致性好、结构简单、灵敏度高等优点，其分辨率可与光学编码器相媲美。

3）加速度传感器

加速度传感器一般有压电式加速度传感器，也称为压电式加速度计，是利用压电效应制成的一种加速度传感器。其常见形式有基于压电元件厚度变形的压缩式加速度传感器以及基于压电元件剪切变形的剪切式和复合型加速度传感器。

2. 外部传感器

机器人外部传感器是用来检测机器人所处环境（如是什么物体，离物体的距离有多远等）及状况（如抓取的物体是否滑落）的传感器，如触觉传感器、视觉传感器、力觉传感器、接近觉传感器、超声波传感器、听觉传感器等。随着外部传感器的进一步完善，机器人完成的工作将越来越复杂，机器人的功能也将越来越强大。

1）力或力矩传感器

机器人在工作时，需要有合理的握力，握力太小或太大都不合适。因此，力或力矩传感器是某些特殊机器人中的重要传感器之一。力或力矩传感器的种类很多，有电阻应变片式、压电式、电容式、电感式以及各种外力传感器。力或力矩传感器通过弹性敏感元件将被测力或力矩转换成某种位移量或变形量，然后通过各自的敏感介质把位移量或变形量转换成能够输出的电量。机器人常用的力传感器分为以下三类。

（1）装在关节驱动器上的力传感器，称为关节传感器，可以测量驱动器本身的输出力和力矩，并控制力的反馈。

（2）装在末端执行器和机器人最后一个关节之间的力传感器，称为腕力传感器，可以直接测出作用在末端执行器上的力和力矩。

（3）装在机器人手爪指（关节）上的力传感器，称为指力传感器，用来测量夹持物体时的受力情况。

2）触觉传感器

触觉是机器人获取环境信息的一种仅次于视觉的重要知觉形式，是机器人实现与环境直接作用的必需媒介。与视觉不同，触觉本身有很强的敏感能力，可直接测量对象和环境的多种性质特征，因此，触觉不仅仅是视觉的一种补充。触觉的主要任务是为获取对象与环境信息和为完成某种作业任务而对机器人与对象、环境相互作用时的一系列物理特征量进行检测或感知。机器人触觉与视觉一样，基本上都是模拟人的感觉，广义上它包括接触觉、压觉、力觉、滑觉、冷热觉等与接触有关的感觉；狭义上它是机械手与对象接触面上的力感觉。触觉是接触、冲击、压迫等机械刺激感觉的综合，可以协助机器人完成抓取工作，利用触觉可以进一步感知物体的形状、软硬等物理性质。目前对机器人触觉的研究，主要集中于扩展机器人能力所必需的触觉功能，一般把检测感知和外部直接接触而产生的接触觉、压力、触觉及接近觉的传感器称为机器人触觉传感器。

在机器人中，触觉传感器主要有三方面的作用：

① 使操作动作适用，如感知手指同对象物之间的作用力，便可判定动作是否适当，还可以用这种力作为反馈信号，通过调整，使给定的作业程序实现灵活的动作控制。这一作用是视觉无法代替的。

② 识别操作对象的属性，如规格、质量、硬度等，有时可以代替视觉进行一定程度的形状识别，在视觉无法使用的场合尤为重要。

③ 用以躲避危险、障碍物等以防事故，相当于人的痛觉。

3）接近觉传感器

接近觉传感器介于触觉传感器与视觉传感器之间，不仅可以测量距离和方位，而且可以融合视觉和触觉传感器的信息。接近觉传感器可以辅助视觉系统的功能，来判断对象物体的方位、外形，同时识别其表面形状。因此，为准确定位抓取部件，对机器人接近觉传感器的精度要求比较高，接近觉传感器的作用可归纳如下：

① 发现前方障碍物，限制机器人的运动范围，以避免与障碍物发生碰撞。

② 在接触对象物前得到必要信息，如与物体的相对距离、相对倾角，以便为后续动作做准备。

③ 获取对象物表面各点间的距离，从而得到有关对象物表面形状的信息。

机器人接近觉传感器具有接触式和非接触式两种测量方法，以测量周围环境的物体或被操作物体的空间位置。接触式接近觉传感器主要采用机械机构完成；非接触接近觉传感器的测量根据原理不同，采用的装置各异。根据采用原理的不同，机器人接近觉传感器可以分为机械式、感应式、电容式、超声波式和光电式等。

4）滑觉传感器

机器人为了抓住属性未知的物体，必须确定最适当的握力目标值，因此需检测出握力不够时所产生的物体滑动。利用这一信号，在不损坏物体的情况下，能牢牢抓住物体。为此目的设计的滑动检测器，称为滑觉传感器。

5）视觉传感器

每个人都能体会到眼睛对人来说多么重要，有研究表明，视觉获得的信息占人对外界感知信息的 80%。人类视觉细胞数量的数量级大约为 10^6，是听觉细胞的 300 多倍，是皮肤感觉细胞的 100 多倍。视觉分为二维视觉和三维视觉。二维视觉是对景物在平面上投影的传感，三维视觉则可以获取景物的空间信息。

人工视觉系统可以分为图像输入（获取）、图像处理、图像理解、图像存储和图像输出几个部分，实际系统可以根据需要选择其中的若干部件。机器人视觉传感器采用的光电转换器件中最简单的是单元感光器件，如光电二极管等；其次是一维的感光单元线阵，如线阵 CCD（电荷耦合器件）、PSD（位置敏感器件）；应用最多的是结构较复杂的二维感光单元面阵，如面阵 CCD、PSD，它是二维图像的常规传感器件。采用 CCD 面阵及附加电路制成的工业摄像机有多种规格，选用十分方便。这种摄像机的镜头可更换，光圈可以自动调整，有的带有外部同步驱动功能，有的可以改变曝光时间。CCD 摄像机体积小，价格低，可靠性高，是一般机器人视觉的首选传感器件。

6）听觉传感器

智能机器人在为人类服务的时候，需要能听懂主人的吩咐，即需要给机器人安装耳朵。声音是由不同频率的机械振动波组成的。外界声音使外耳鼓产生振动，随后中耳将这种振动放大、压缩和限幅并抑制噪声，然后经过处理的声音传送到中耳的听小骨，再通过卵圆窗传到内耳耳蜗，最后由柯蒂氏器、神经纤维进入大脑。内耳耳蜗充满液体，其中有由30000 个长度不同的纤维组成的基底膜，它是一个共鸣器。长度不同的纤维能听到不同频率的声音，因此内耳相当于一个声音分析器。智能机器人的耳朵首先要具有接收声音信号的器官，其次还需要有语音识别系统。在机器人中常用的声音传感器主要有动圈式传感器和光纤式传感器。

7）味觉传感器

味觉是指酸、咸、甜、苦、鲜等人类味觉器官的感觉。酸味是由氢离子引起的，比如盐酸、氨基酸、柠檬酸；咸味主要是由 NaCl 引起的；甜味主要是由蔗糖、葡萄糖等引起的；苦味是由奎宁、咖啡因等引起的；鲜味是由海藻中的谷氨酸钠、鱼和肉中的肌苷酸二钠、蘑菇中的鸟苷酸二钠等引起的。

在人类的味觉系统中，舌头表面味蕾上味觉细胞的生物膜可以感受味觉。味觉物质被转换为电信号，经神经纤维传至大脑。味觉传感器与传统的、只检测某种特殊的化学物质的化学传感器不同。目前某些传感器可以实现对味觉的敏感，如 pH 计可以用于酸度检测、导电计可用于碱度检测、比重计或屈光度计可用于甜度检测等。但这些传感器智能检测味觉溶液的某些物理、化学特性，并不能模拟实际的生物味觉敏感功能，测量的物理值要受到非味觉物质的影响。此外，这些物理特性还不能反应各味觉之间的关系，如抑制效应等。

实现味觉传感器的一种有效方法是使用类似于生物系统的材料做传感器的敏感膜，电子舌是用类脂膜作为味觉传感器，其能够以类似人的味觉感受方式检测味觉物质。从不同的机理看，味觉传感器采用的技术原理大致分为多通道类脂膜技术、基于表面等离子体共振技术、表面光伏电压技术等，味觉模式识别由最初的神经网络模式发展到混沌识别。混沌是一种遵循一定非线性规律的随机运动，它对初始条件敏感。混沌识别具有很高的灵敏度，因此受到越来越广的应用。目前较典型的电子舌系统有新型味觉传感器芯片和 SH - SAW 味觉传感器。

7.3.2　其他传感器

机器人为了能在未知或实时变化的环境下自主地工作，应具有感受作业环境和规划自身动作的能力。机器人运动规划过程中，传感器主要为系统提供两种信息：机器人附近障碍物的存在信息以及障碍物与机器人之间的距离信息。目前，比较常用的测距传感器有：超声波测距传感器、激光测距传感器和红外测距传感器等。

超声波是一种振动频率高于声波的机械波，是由换能晶片在电压的激励下发生振动而产生的，具有频率高、波长短、绕射现象小，特别是方向性好、能够定向传播等特点。超声波传感器是利用超声波的特性研制而成的。超声波碰到杂质或分界面会产生显著反射形成反射成回波，碰到活动物体能产生多普勒效应。因此，超声波检测广泛应用在工业、国防和生物医学等方面。若以超声波作为检测手段，则必须拥有产生超声波和接收超声波的器件。而完成这种功能的装置就是超声波传感器，习惯上称为超声换能器或超声探头。超声波探头主要由压电晶片组成，它既能发射超声波，也可以接收超声波。小功率超声探头多作探测作用，它有许多不同的结构，主要有直探头(纵波)、斜探头(横波)、表面波探头(表面波)、兰姆波探头(兰姆波)和双探头(一个探头反射、一个探头接收)等。

激光检测的应用十分广泛，其对社会生产和生活的影响也十分明显。激光具有方向性强、亮度高、单色性好等优点，其中激光测距是激光最早的应用之一。激光测距传感器的工作过程：先由激光二极管对准目标发射激光脉冲，经目标物体反射后激光向各方向散射，部分散射光返回到传感器接收器，被光学系统接收后成像到雪崩光电二极管上。雪崩光电二极管是一种内部具有放大功能的光学传感器，因此，它能检测极其微弱的光信号。激光测距传感器的工作原理是记录并处理从光脉冲发出到返回被接收所经历的时间，从而测定目标距离。

红外测距传感器具有一对红外信号发射器与红外接收器，红外发射器通常是红外发光二极管，可以发射特定频率的红外信号。接收管则可接收这种频率的红外信号。红外测距传感器的工作原理：当检测方向遇到障碍物时，红外线经障碍物反射传回接收器，并由接收管接收，据此可判断前方是否有障碍物。根据发射光的强弱可以判断物体的距离，由于接收管接收的光强是随反射物体的距离变化而变化的，因而，距离近则反射光强，距离远则反射光弱。红外信号反射回来被接收管接收，经过处理之后，通过数字接口返回到机器人控制系统，机器人即可利用红外的返回信号来识别周围环境的变化。

另外，还有碰撞传感器、光敏传感器、声音传感器、光电编码器、温度传感器、磁阻效应传感器、霍尔效应传感器、磁通门传感器、火焰传感器、接近开关传感器、灰度传感器、姿态传感器、气体传感器、人体热释电红外线传感器等。

7.3.3　传感系统、智能传感器、多传感器融合

一般情况下传感器的输出并不是被测量本身。为了获得被测量需要对传感器的输出进行

处理。此外，得到的被测量信息很少能直接利用。因此，要先将被测量信息处理成所需形式。利用传感器实际输出提取所需信息的机构总体上可称为传感系统。基本的传感器仅是一个信号变换元件，如果其内部还具有对信号进行某些特定处理的机构就称为智能传感器。传感器的智能化得力于电子电路的集成化，高集成度的处理器件使得传感器能够具备传感系统的部分信息加工能力。智能化传感器不仅减小了传感系统的体积，而且可以提高传感系统的运算速度，降低噪声，提高通信容量，降低成本。典型的传感处理功能如表 7－1 所示。

表 7－1　传感器的处理功能

分　类	功　　能	运　算　例
补偿	校正、补偿、去噪声、线性化	平均、比较、滤波
运算	特征提取、识别、变换	相关、平均、重心求和、比较
控制	执行测量运算、主动检测	顺序控制、扫描、伺服
传输	输出变换、规格化、压缩调制	编码、误差检出与修正
表示	分布表示、浓度变换、可视化	相关、扫描、像提取
操作	执行命令	参数调制、采样命令

机器人系统中使用的传感器种类和数量越来越多。为了有效地利用这些传感器信息，需要对不同信息进行综合处理，从传感信息中获取单一传感器不具备的新功能和新特点，这种处理称为多传感器融合。多传感器融合可以提高传感的可信度、克服局限性。多传感器融合的基本方法如表 7－2 所示。

表 7－2　多传感器融合方法

分类	意义	各传感器信息(A、B)处理关系	处　理　目　的
复合	多个相加	A，$B \rightarrow A+B$ 相互独立、互补	避免单一性或局限性，扩大量程
综合	形成支配	A，$B \rightarrow f(A,B)$：确定运算处理关系	提高精度或可靠性，缩短处理时间，故障诊断
融合	合而为一	A，$B \rightarrow C$：归纳出知觉表象，协调、竞争处理	双目融合，视触觉融合
联合	形成关联	A，$B \rightarrow (A \rightarrow B, B \rightarrow A)$：提取相互关系，理想处理	预测、学习，建立模型，异常检出

7.4　机器人的控制系统

控制系统是工业机器人的重要组成部分，它的功能类似于人脑。机器人要与外围设备协调动作，共同完成作业任务，就必须具备一个功能完善、灵敏可靠的控制系统。工业机器人的控制系统可分为两大部分：一是对自身运动的控制；另一个是与周围设备的协调控制。

工业机器人的运动控制：末端执行器从一点移动到另一点的过程中，工业机器人对其位置、速度和加速度的控制。这些控制都是通过控制关节运动实现的。

7.4.1 机器人控制系统的作用及结构

1. 机器人控制系统的作用

工业机器人控制系统的主要任务是控制机器人在工作空间中的运动位置、姿态和轨迹、操作顺序及动作的时间等项。

2. 机器人控制系统的结构组成

工业机器人的控制系统主要包括硬件部分和软件部分。

硬件部分主要由传感装置、控制装置和关节伺服驱动部分组成。传感装置用来检测工业机器人各关节的位置、速度和加速度等，即感知其本身的状态，可称为内部传感器，而外部传感器就是所谓的视觉、力觉、触觉、听觉、滑觉等传感器，它们能感受外部工作环境和工作对象的状态。控制装置能够处理各种感觉信息、执行控制软件，也能产生控制指令，通常由一台计算机及相应接口组成。关节伺服驱动部分可以根据控制装置的指令，按作业任务要求驱动各关节运动。图 7.16 为机器人控制系统的一种典型硬件结构，它有两级计算机控制系统，其中 CPU_1 用来进行轨迹计算和伺服控制，以及作为人机接口和周边装置连接的通信接口；CPU_2 用来进行电流控制。

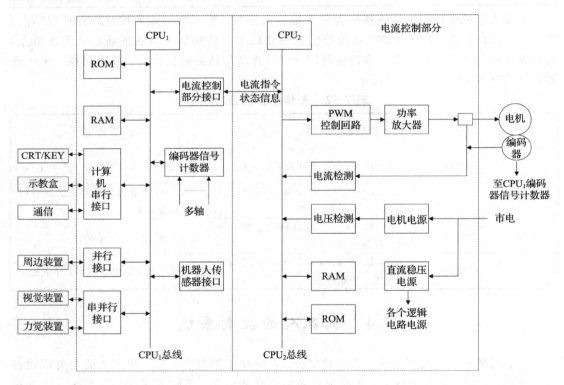

图 7.16 机器人双 CPU 控制系统硬件结构

机器人系统由于存在非线性、耦合、时变等特征，完全的硬件控制一般很难使其达到最佳状态，或者说，为了完善系统需要的硬件十分复杂，而采用软件的方法可以达到较好的效果。计算机控制系统的软件主要是控制软件，它包括运动轨迹规划算法和关节伺服控制算法及相应的动作程序。软件编程语言多种多样，但主流是采用通用模块编制的专用机器人语言。

7.4.2　位置和力控制系统结构

1. 位置控制的作用

许多机器人的作业是控制机械手末端执行器的位置和姿态，以实现点到点的控制（PTP 控制，如搬运、点焊 机器人）或连续路径的控制（CP 控制，如弧焊、喷漆机器人），因此实现机器人的位置控制是机器人的最基本的控制任务。

2. 位置控制的方式

机器人末端从某一点向下一点运动时，根据控制点的关系，机器人的位置控制分为点位（Point to Point，PTP）控制和连续轨迹（Continuous Path，CP）控制两种（两者的区别见图 7.17）。PTP 控制方式可以实现点的位置控制，对点与点之间的轨迹没有要求，这种控制方式的主要指标是定位精度和运动所需要的时间；而 CP 控制方式则可指定点与点之间的运动轨迹（指定为直线或者圆弧等），其特点是连续地控制工业机器人末端执行器在作业空间中的位姿，要求其严格按照预定的轨迹和速度在一定的精度要求内运行，且速度可控、轨迹光滑、运动平稳，这种控制方式的主要指标是轨迹跟踪精度即平稳性。对于起落操作等没有运动轨迹要求的情况，采用 PTP 控制就足够了，但对于喷涂和焊接等具有较高运动轨迹的操作，必须采用 CP 控制。若能在运动轨迹上多取一些示教点那么也可以用 PTP 控制来实现轨迹控制，但示教工作量很大，需要花费很多的时间和劳动力。

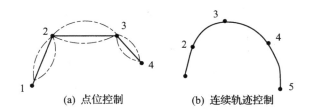

图 7.17　点位控制和连续轨迹控制的区别

3. 位置控制的结构

根据空间形式，机器人的位置控制结构主要有两种形式，即关节空间控制结构和直角坐标空间控制结构，如图 7.18 中所示。

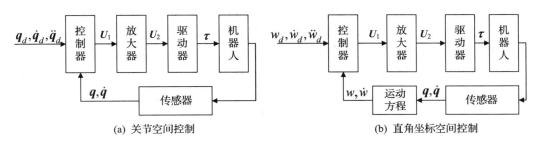

图 7.18　机器人位置控制基本结构

在图 7.18(a)中，$q_d = [q_{d1}, q_{d2}, \cdots, q_{dn}]^T$ 是期望的关节位置矢量，$\dot{q}_d$ 和 $\ddot{q}_d$ 是期望的关节速度矢量和加速度矢量，q 和 $\dot{q}$ 是实际的关节位置矢量和速度矢量。$\tau =$

$[\tau_1, \tau_2, \cdots, \tau_n]^T$ 是关节驱动力矩矢量，$\boldsymbol{U}_1$ 和 $\boldsymbol{U}_2$ 是相应的控制矢量。在图 7.18(b) 中，$w_d = [p_d^T, \varphi_d^T]^T$ 是期望的工具位姿，其中 $p_d = [x_d, y_d, z_d]$ 表示期望的工具位置，φ_d 表示期望的工具姿态。$\dot{w}_d = [v_d^T, w_d^T]^T$，其中 $v_d = [v_{dx}, v_{dy}, v_{dz}]^T$ 是期望的工具线速度，$w_d = [w_{dx}, w_{dx}, w_{dz}]^T$ 是期望的工具角速度，$\ddot{w}_d$ 是期望的工具加速度，w 和 $\dot{w}$ 表示实际的工具位姿和工具速度。运行中的工业机器人一般采用图 7.18 (a) 所示的控制结构。该控制结构的期望轨迹是关节的位置、速度和加速度，因而易于实现关节的伺服控制。

4. 力控制的作用

对于一些更复杂的作业，有时采用位置控制成本太高或不可用，则可采用力控制。在许多情况下，操作机器的力或力矩控制与位置控制具有同样重要的意义。对机器人机械手进行力控制，就是对机械手与环境之间的相互作用力进行控制。力控制主要分为以位移为基础的力控制、以广义力为基础的控制，以及位置和力的混合控制等。

1）以位移为基础的力控制

以位移为基础的力控制就是在位置闭环之外加上一个力的闭环，力传感器检测输出力，并与设定的力目标值进行比较，力值误差经过力/位移变化环节转换成目标位移，参与位移控制，如图 7.19 所示。图中 P_c 是机器人手部位移，Q_c 是操作对象的输出力。这种控制方式中，位移控制是内环，也是主环，力控制则是外环。这种方式结构简单，但因为力和位移都在同一个前向环节内施加控制，所以很难使力和位移得到较为满意的结果。力/位移变换环节的设计需知道手部的刚度，如果刚度太大，那么即使是微量位移也可导致大的力变化，严重时还会造成手部破坏，因此为了保护系统，需要使手部具有一定的放入柔性。

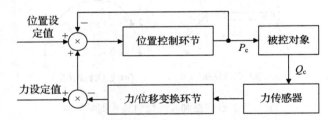

图 7.19　以位移为基础的力控制

2）以广义力为基础的力控制

以广义力为基础的力控制就是在力闭环的基础上加上位置闭环，如图 7.20 所示。图中 P_c 是机器人手部位移，Q_c 是操作对象的输出力。通过传感器检测手部的位移，经位移/力变换环节转换为输入力，与力的设定值合成之后作为力控制的给定量。这种方式与以位移为基础的力控制相比，可以避免小位移变化引起大的力变化，因此对手部具有保护功能。

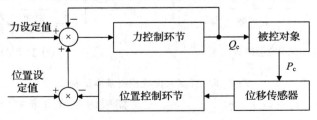

图 7.20　以广义力为基础的力控制

不足之处是力和位移都由同一个前向通道控制，位移精度不是很高。

3）位置和力的混合控制

位置和力的混合控制是采用两个独立的闭环来分别实施力和位置控制。这种方式采用独立的控制回路可以对力和位置实现同时控制。在实际应用中，并不是所有的关节都需要进行力控制，应该根据机器人的具体结构和实际作业工况来确定哪些关节需要力控制，哪些需要位置控制。对同一机器人来说，不同的作业状况，需要控制力的关节也会有所不同，因此，通常需要由选择器来控制。图 7.21 为力和位置混合控制的结构示意图，图中 P_c 是机器人手部位移，Q_c 是操作对象的输出力。

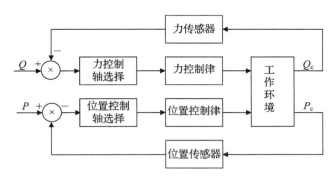

图 7.21　力和位置混合控制的结构示意图

7.4.3　刚性控制

图 7.22 所示为一个主动刚性控制（Active Stiffness control）系统框图。图 7.22 中 J 为机械手末端执行装置的雅克比矩阵；K_p 为定义于末端笛卡儿坐标系的刚性对角矩阵，其元素由人为确定。如果希望在某个方向上遇到实际约束，那么这个方向的刚性应当降低，以保证有较低的结构应力；反之，在某些不希望碰到实际约束的方向上，则应加大刚性，这样可使机械手紧紧跟随期望轨迹，于是，就能够通过改变刚性来适应变化的作业要求。

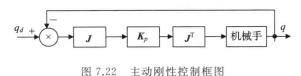

图 7.22　主动刚性控制框图

7.5　机器人的编程

机器人是一种自动化的机器，该类机器应该具备与人或生物相类似的智能行为，如动作能力、决策能力、规划能力、感知能力和人机交互能力等。机器人要想实现自动化需要人为事先输入它能够处理的代码程序，即要想控制机器人，需要在控制软件中输入程序。控制机器人的语言可以分为以下几种：机器人语言，指计算机中能够直接处理的二进制表示的数据或指令；自然语言，类似于人类交流使用的语言，常用来表示程序流程；高级语言，介于机器人语言和自然语言之间的编程语言，常用来表示算法。

伴随着机器人的发展，机器人语言也相应得到了发展和完善。机器人语言已成为机人技术的一个重要部分。机器人的功能除了依靠机器人硬件的支持外，相当一部分依赖机器人语言来完成。早期的机器人由于功能单一，动作简单，可采用固定程序或示教方式来控制机器人的运动。随着机器人作业动作的多样化和作业环境的复杂化，依靠固定的程序或示教方式已满足不了要求，必须依靠能适应作业和环境随时变化的机器人语言编程来完成机器人的工作。

自机器人出现以来，美国、日本等较早发展机器人的国家也同时开始进行机器人语言的研究。美国斯坦福大学于 1973 年研制出世界上第一种机器人语言——WAVE 语言。WAVE 是一种机器人动作语言，即语言功能以描述机器人的动作为主，兼以对力和接触的控制，还能配合视觉传感器进行机器人的手、眼协调控制。

在 WAVE 语言的基础上，斯坦福大学人工智能实验室于 1974 年开发出一种新的语言，称为 AL 语言。这种语言与高级计算机语言 ALGOL 结构相似，是一种编译形式的语言，带有一个指令编译器，能在实时机上控制，用户编写好的机器人语言源程序经编译器编译后对机器人进行任务分配和作业命令控制。AL 语言不仅能描述手爪的动作，而且可以记忆作业环境和该环境内物体和物体之间的相对位置，实现多台机器人的协调控制。

美国 IBM 公司也一直致力于机器人语言的研究，取得了不少成果。1975 年，IBM 公司研制出 ML 语言，主要用于机器人的装配作业。随后该公司又研制出另一种语言——AUTOPASS 语言，这是一种用于装配的更高级语言，它可以对几何模型类任务进行半自动编程。

美国的 Unimation 公司于 1979 年推出了 VAL 语言。它是在 BASIC 语言基础上扩展的一种机器人语言，因此具有 BASIC 的内核与结构，编程简单，语句简练。VAL 语言成功地用于 PUMA 和 UNIMATE 型机器人。1984 年，Unimation 公司又推出了在 VAL 基础上改进的机器人语言——VAL-Ⅱ语言。VAL-Ⅱ语言除了含有 VAL 语言的全部功能外，还增加了对传感器信息的读取，使得可以利用传感器信息进行运动控制。

20 世纪 80 年代初，美国 Automatix 公司开发了 RAIL 语言，该语言可以利用传感器的信息进行零件作业的检测。同时，麦道公司研制了 MCL 语言，这是一种在数控自动编程语言（APT 语言）的基础上发展起来的机器人语言。MCL 特别适用于由数控机床、机器人等组成的柔性加工单元的编程。

机器人语言品种繁多，而且新的语言层出不穷。这是因为机器人的功能不断拓展，需要新的语言来配合其工作。此外，机器人语言多是针对某种类型的具体机器人而开发的，所以机器人语言的通用性很差，几乎一种新的机器人问世，就有一种新的机器人语言出现来与之配套。机器人语言可以按照其作业描述水平的程度分为动作级编程语言、对象级编程语言和任务级编程语言三类。

1. 动作级编程语言

动作级编程语言是最低一级的机器人语言。它以机器人的运动描述为主，通常一条指令对应机器人的一个动作，表示从机器人的一个位姿运动到另一个位姿。动作级编程语言的优点是比较简单，编程容易。其缺点是功能有限，无法进行繁复的数学运算，不接受浮点数和字符串，子程序不含有自变量；不能接受复杂的传感器信息，只能接受传感器开关信息；与计算机的通信能力很差。典型的动作级编程语言为 VAL 语言，如 VAL 语言语句"MOVETO(destination)"的含义为机器人从当前位姿运动到目的位姿。动作级编程语言编程时分为关节级编程和末端执行器级编程两种。

（1）关节级编程是以机器人的关节为对象，编程时给出机器人一系列各关节位置的时间序列，在关节坐标系中进行的一种编程方法。对于直角坐标型机器人和圆柱坐标型机器人，由于直角关节和圆柱关节的表示比较简单，这种方法编程较为适用；而对具有回转关节的关节型机器人，由于关节位置的时间序列表示困难，即使一个简单的动作也要经过许多复杂的运算，故这一方法并不适用。关节级编程可以通过简单的编程指令来实现，也可以通过示教盒示教和键入示教实现。

（2）末端执行器级编程在机器人作业空间的直角坐标系中进行。它在直角坐标系中给出机器人末端执行器一系列位姿组成的位姿时间序列，连同其他一些辅助功能如力觉、触觉、视觉等的时间序列，同时确定作业量、作业工具等，协调地进行机器人动作的控制。

动作级编程语言的特点：允许有简单的条件分支，有感知功能，可以选择和设定工具，有时还有并行功能，并且数据实时处理能力强。

2. 对象级编程语言

所谓对象，就是作业及作业物体本身。对象级编程语言是比动作级编程语言高一级的编程语言，它不需要描述机器人手爪的运动，只要由编程人员用程序的形式给出作业本身顺序过程的描述和环境模型的描述，即描述操作物与操作物之间的关系。通过编译程序机器人即能知道如何动作。典型例子有 AML 及 AUTOPASS 等语言。对象级编程语言的特点：

（1）具有动作级编程语言的全部动作功能。

（2）有较强的感知能力，能处理复杂的传感器信息，可以利用传感器信息来修改、更新环境的描述和模型，也可以利用传感器信息进行控制、测试和监督。

（3）具有良好的开放性，语言系统提供了开发平台，用户可以根据需要增加指令，扩展语言功能。

（4）数字计算和数据处理能力强，可以处理浮点数，能与计算机进行即时通信。

对象级编程语言用接近自然语言的方法描述对象的变化。对象级编程语言的运算功能、作业对象的位姿时序、作业量、作业对象承受的力和力矩等都可以以表达式的形式得以体现。系统中机器人尺寸、作业对象及工具等参数一般以知识库和数据库的形式存在，系统编译程序时获取这些信息后对机器人动作过程进行仿真，再进行实现作业对象合适的位姿，获取传感器信息并处理，回避障碍以及与其他设备通信等工作。

3. 任务级编程语言

任务级编程语言是比前两类更高级的一种语言，也是最理想的机器人高级语言。这类语言不需要用机器人的动作来描述作业任务，也不需要描述机器人对象物的中间状态过程，只需要按照某种规则描述机器人对象物的初始状态和最终目标状态，机器人语言系统即可利用已有的环境信息和知识库、数据库自动进行推理和计算，从而自动生成机器人详细的动作、顺序和数据。例如，一装配机器人欲完成某一螺钉的装配，螺钉的初始位置和装配后的目标位置已知，当发出抓取螺钉的命令时，语言系统从初始位置到目标位置之间寻找路径，在复杂的作业环境中找出一条不会与周围障碍物产生碰撞的合适路径，在初始位置处选择恰当的姿态抓取螺钉，沿此路径运动到目标位置。在此过程中，作业中间状态中，作业方案的设计、工序的选择、动作的前后安排等一系列问题都由计算机自动完成。

任务级编程语言的结构十分复杂，需要人工智能的理论基础和大型知识库、数据库的支持，目前还不是十分完善，是一种理想状态下的语言，有待于进一步的研究。但可以相信，随着人工智能技术及数据库技术的不断发展，任务级编程语言必将取代其他语言成为机器人语言的主流，使机器人的编程应用变得十分简单。

根据机器人控制方法的不同，所用的程序设计语言也有所不同，目前比较常用的程序设计语言是 C 语言。

7.6 机器人技术的发展趋势

从机器人研究的发展过程来看，机器人的发展潮流可分为人工智能机器人与自动装置机器人两种。前者着力于实现有知觉、有智能的机械；后者着力于实现目的，研究重点在于动作的速度和精度，各种作业的自动化。智能机器人系统由指令解释、环境认识、作业计划设计、作业方法决定、作业程序生成与实施、知识库等环节及外部各种传感器和接口等组成。智能机器人的研究与现实世界的关系很大，也就是说，不仅与智能的信息处理有关，还与传感器收集现实世界的信息和据此机器人做出的动作有关。此时，信息的输入、处理、判断、规划必须互相协调，以使机器人选择合适的动作。

构成智能机器人的关键技术很多，在考虑智能机器人的智能水平时，可将作业环境分为三类，依次为：设定环境、已知环境和未知环境。此外，按机器人的学习能力也可分为三类，依次为：无学习能力、内部限定的学习能力及自学能力。将这些类别分别组合，就可得出 3×3 矩阵状的智能机器人分类，目前研究得最多的是在已知环境中工作的机器人。从长远的观点来看，在未知环境中学习，是智能机器人的一个重要研究课题。

考虑到机器人是根据人的指令进行工作的，则不难理解以下三点对机器人的操作是至关重要的：

（1）正确地理解人的指令，并将其自身的情况传达给人，并从人身上获得新的知识、指令和教益（人-机关系）。

（2）了解外界条件，特别是工作对象的条件，识别外部世界。

（3）理解自身的内部条件（例如机器人的臂角），识别内部世界。

上述第三项是相当容易的，因为它是伺服系统的基础，在各种自动机床或第一代机器人中已经实现。对于具有感觉的第二代机器人（即自适应机器人），有待解决的主要技术问题是对外界环境的感觉，根据得到的外界信息适当改变自身动作。对于像玻璃那样透明的物体以及像餐刀那样带有镜面反射的物体，均是人工视觉很难解决的问题。此外，对于基于模式的操纵来说，像纸、布一类薄而形状不定的物件也相当难以处理。总之，如何将几何模型忽略的一些物理特征（如材质、色泽、反光性等）予以充分利用，是提高智能机器人认识周围环境水平的一个重要研究内容。

第三代机器人也称智能机器人，从智能机器人所应具有的知识着眼，最主要的知识是构成周围环境物体的各种几何模型，从几何模型的不同性质（如形状、惯性矩）分类，定出其阈值。搜索时逐次逼近，以求得最为接近的模型。这种以模型为基础的视觉和机器人学是今后智能机器人研究的一个重要内容。

但目前对智能机器人还没有一个统一的定义。也就是说，在软件方面，究竟什么是机器人的智能，它的智力范围应有多大，目前尚无定论；硬件方面，采用哪一类的传感器，采用何种结构形式或材料的手臂、手抓、躯干等的机器人才是智能机器人所应有的外表，至少在目前尚无人涉及。但是，将上述第二项功能扩大到三维自然环境，并建立第一项中提到的联络（通信）功能，将是第三代机器人研究的一个重要课题。第一代、第二代机器人与人的联系基本上是单向的，第三代机器人与人的关系如同人类社会中的上、下级关系，机器人是下级，它听从上级的指令，当它不理解指令的意义时，就向上级询问，直至完全明白为止（问答系统）。当数台机器人联合操作时，每台机器人之间的分工合作以及彼此间的联系也是很重要的，由于机器人对自然环境知识贫乏，因此，最有效的方法是建立人-机系统，以完成不能由单独的人或单独的机器人所能胜任的工作。

思 考 题

1. 什么是机器人？
2. 机器人的组成有哪些？
3. 机器人的机械系统包括哪些部分，各有什么作用？
4. 机器人控制系统的组成有哪些？
5. 机器人的位置和力控制方式有哪些？
6. 如何实现机器人的刚性控制？
7. 学习机器人技术需要掌握哪些相关知识？

第 8 章　机电一体化产品的检测技术

【导读】 "工业 4.0"是在工业制造中以芯片与机器人为物理层，以网络与移动通信为信息层，并将传感器的实体感知与软件所设规则相结合，从而形成一种智能性结果。"中国制造 2025"及"工业 4.0"提倡智能化生产模式。智能化生产需要物理系统采集生产过程的所有信息，反馈到信息系统，以供分析决策，然后下达控制操作的数据，对物理系统形成反馈控制，在此过程中，数据的传输在物理系统和信息系统中间进行双向流动，这也是智能化与自动化的根本区别，其中检测技术是至关重要的。

8.1　检测技术的地位与作用

检测是指在各类生产、科研、试验及服务等各个领域为及时获得被测、被控对象的有关信息而实时或非实时地对一些参量进行定性检查和定量测量。因此，检测是意义更为广泛的测量。

对于工业生产而言，采用各种先进的检测技术对生产全过程进行检查、监测，对确保安全生产、保证产品质量、提高产品合格率、降低能源和原材料消耗、提高企业的劳动生产率和经济效益是必不可少的。

中国有句古话："工欲善其事，必先利其器"，用这句话来说明检测技术在我国现代化建设中的重要性是非常恰当的，今天我们所进行的"事"就是现代化建设大业，而"器"则是先进的检测手段。科学技术的进步、制造业和服务业的发展、军队现代化建设的大量需求，促进了检测技术的发展，而先进的检测手段可提高制造业、服务业的自动化、信息化水平和劳动生产率、促进科学研究和国防建设的进步，提高人民的生活水平。

"检测"是测量，"计量"也是测量，两者有什么区别呢？一般说来，"计量"是指用精度等级更高的标准量具、器具或标准仪器，对被测样品、样机进行考核性质的测量；这种测量，通常具有非实时及离线和标定的性质，一般在规定的具有良好环境条件的计量室、实验室采用比对被测样品、样机、更高精度并按有关计量法规经定期校准的标准量具、器具或标准仪器进行。而"检测"通常是指在生产、实验等现场，利用某种合适的检测仪器或综合测试系统对被测对象进行在线、连续的测量。

在工业生产中，为了保证生产过程能正常、高效、经济地运行，必须对生产过程的某些重要工艺参数(如温度、压力、流量等)进行实时检测与优化控制。例如，城镇生活污水处理厂在污水的收集、提升、处理、排放的生产过程中，通常需要实时准确检测液位、流量、温度、浊度、泥位(泥、水分界面位置)、酸碱度(pH)、污水中溶解氧含量(DO)、化学需氧量(COD)、各种有害重金属含量等多种物理和化学成分参量，再由计算机根据这些实测物理、化学成分参量进行流量、(多种)加药(剂)量、曝气量、排泥优化控制；为保证设备完好及安全生产，需同时对污水处理所需机电动力设备、电气设备的温度、工作电压、电流、阻抗进行安全监测，这样才能实现污水处理安全、高效率和低成本运行。据了解，目前国内外一些城市污水处理厂由于在污水的收集、提升、处理、排放的各环节均实现自动检测与优化控制，因而大大降低了污水处理的运营成本，其污水处理的平均运行费用约为0.4 元/立方米，而我国许多基本上靠人工操作的城镇污水处理厂其污水处理的平均运行费用约为 1.0～1.6 元/立方米，两者相比差距十分明显。

在军工生产和新型武器、装备研制过程中更离不开现代检测技术，对检测的需求更多，要求更高。研制任何一种新武器，从设计到零部件制造、装配到样机试验，都要经过成百、上千次严格的试验，每次试验需要高速、高精度地同时检测多种物理参量，测量点经常多达上千个。至于飞机、潜艇等在正常使用时都装备了成百上千个各种检测传感器，组成十几至几十种检测仪表实时监测和指示各部位的工作状况。至于在新机型设计、试验过程中需要检测的物理量则更多，检测点通常在 5000 点以上。在火箭、导弹和卫星的研制过程中，需动态高速检测的参量很多，要求也更高。没有精确、可靠的检测手段，要使导弹精准确命中目标和卫星准确入轨是根本不可能的。用各种先进的医疗检测仪器可大大提高疾病的检查、诊断速度和准确性，有利于争取时间、对症治疗，增加患者战胜疾病的机会。

随着生活水平的提高，检测技术与人们日常生活愈来愈密切。例如，新型建筑材料的物理、化学性能检测、装饰材料有害成分检测；城镇居民家庭室内的温度、湿度、防火、防盗及家用电器的安全监测等。从这些都不难看出，检测技术在现代社会中的重要地位与作用。

8.2　检测系统的组成

检测系统的组成首先跟传感器输出的信号形式和仪器的功能有关，并由此决定检测系统的类型。

8.2.1　模拟信号检测系统

模拟式传感器是目前应用最多的传感器，如电阻式、电感式、电容式、压电式、磁电式及热电式等传感器均输出模拟信号，其输出是与被测物理量相对应的连续变化的电信号。检测系统的基本组成如图 8.1 所示。

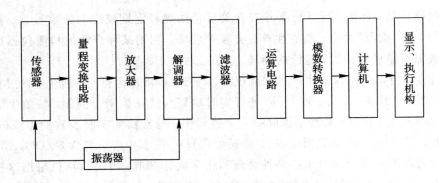

图 8.1　模拟信号检测系统的基本组成

在图 8.1 中，振荡器用于对传感器信号进行调制，并为解调提供参考信号；量程变换电路的作用是避免放大器饱和并满足不同测量范围的需要；解调器用于将已调制信号恢复成原有形式；滤波器可将无用的干扰信号滤除，并取出代表被测物理量的有效信号；运算电路可对信号进行各种处理，以正确获得所需的物理量，其功能也可在对信号进行模/数转换后，由数字计算机来实现；计算机对信号进行进一步处理后，可获得相应的信号去控制执行机构，而在不需要执行机构的检测系统中，计算机则将有关信息送去显示或打印输出。

在具体的机电一体化产品的检测系统中，也可能没有图 8.1 中的某些部分或多出了一些其他部分，如有些传感器可不进行调制与解调，而直接进行阻抗匹配、放大和滤波等。

8.2.2　数字信号检测系统

通常，数字信号检测系统首先由各种传感器（变送器）将非电被测物理或化学成分参量转换成电信号，然后经信号调理（信号转换、信号检波、信号滤波、信号放大等）、数据采集、信号处理、信号显示、信号输出以及系统所需的交/直流稳压电源和必要的输入设备（如拨动开关、按钮、数字拨码盘、数字键盘等）便组成了一个完整的检测（仪器）系统，其组成如图 8.2 所示。

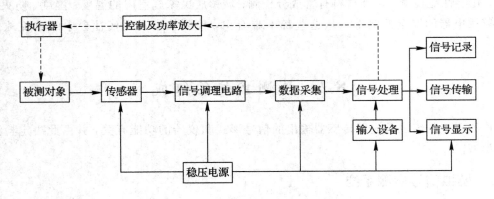

图 8.2　数字信号检测系统的基本组成

1. 传感器

传感器是检测系统与被测对象直接发生联系的器件或装置，作为检测系统的信号源，其性能的好坏将直接影响检测系统的精度和其他指标，是检测系统中十分重要的环节。工程上涉及面较广、应用较多、需求量大的各种物理量、化学成分量的检测涉及先进的检测技术与实现方法以及如何选用合适的传感器，对传感器要求了解其工作原理、应用特点，通常检测仪器、检测系统设计师对传感器有如下要求：

（1）准确性：传感器的输出信号必须准确地反映其输入量，即被测量变化。因此，传感器的输出与输入关系必须是严格的单值函数关系，最好是线性关系。

（2）稳定性：传感器的输入、输出的单值函数关系最好不随时间和温度而变化，受外界其他因素的干扰影响亦应很小，重复性要好。

（3）灵敏度：即要求被测参量较小的变化就可使传感器获得较大的输出信号。

（4）其他：如耐腐蚀性好、低能耗、输出阻抗小和售价相对较低等。

各种传感器输出信号形式也不尽相同，通常有电荷、电压、电流、频率等。在设计检测系统、选择传感器时对此也应给予重视。

2. 信号调理

信号调理在检测系统中的作用是对传感器输出的微弱信号进行检波、转换、滤波、放大等，以方便检测系统后续处理或显示。例如，工程上常见的热电阻型数字温度检测（控制）仪表，其传感器 PT100 输出信号为热电阻值的变化，为便于后续处理，通常需设计一个四臂电桥，把随被测温度变化的热电阻阻值转换成电压信号。由于信号中往往夹杂着50 Hz 工频等噪声电压，故其信号调理电路通常包括滤波、放大、线性化等环节。

如果需要远距离传输，则常采取 D/A 或 V/I 电路将获得的电压信号转换成标准的 4～20 mA 电流信号后再进行传送。检测系统种类繁多，复杂程度差异很大，信号的形式也多种多样，且系统的精度、性能指标要求各不相同，故其所配置的信号调理电路的多少也不尽一致。

对信号调理电路的一般要求是：

（1）能准确转换、稳定放大、可靠地传输信号。

（2）信噪比高，抗干扰性能好。

3. 数据采集

数据采集（系统）在检测系统中的作用是对信号调理后的连续模拟信号离散化并转换成与模拟信号电压幅度相对应的一系列数值信息，同时以一定的方式把这些转换数据及时传递给微处理器或依次自动存储。数据采集系统通常以各类模/数（A/D）转换器为核心，辅以模拟多路开关、采样/保持器、输入缓冲器、输出锁存器等组成。数据采集系统主要性能指标是：

（1）输入模拟电压信号范围，单位为 V。

（2）转换速度（率），单位为次/秒。

（3）分辨率，通常以模拟信号输入为满度时的转换值的倒数来表征。

（4）转换误差，通常指实际转换数值与理想 A/D 转换器理论转换值之差。

4. 信号处理

信号处理是现代检测仪表、检测系统进行数据处理和各种控制的中枢环节，其作用与功能和人的大脑相类似，解决信号的数学运算（如加减乘除、微分、积分、频谱、相关等）或逻辑运算。现代检测仪表、检测系统中的信号处理模块通常以各种型号的单片机、微处理器为核心来构建，对高频信号和复杂信号的处理有时需增加数据传输和运算速度快、处理精度高的专用高速数据处理器(DSP)或直接采用工业控制计算机。

当然由于检测仪表、检测系统种类和型号繁多，被测参量不同、检测对象和应用场合不同，用户对各检测仪表的测量范围、测量精度、功能的要求差别也很大。对检测仪表、检测系统的信号处理环节来说，只要能满足用户对信号处理的要求，则是愈简单愈可靠、成本愈低愈好。对于一些容易实现、传感器输出信号大、用户对检测精度要求不高，只要求被测量不要超过某一上限值，一旦越限，则送出声(喇叭或蜂鸣器)、光(指示灯)信号的应用场合，其检测仪表的信号处理模块往往只需设计一个可靠的比较电路，比较电路一端为被测信号，另一端为表示上限值的固定电平，若被测信号小于设定的固定电平值，则比较器输出为低，声、光报警器不动作，一旦被测信号电平大于固定电平，比较器翻转，经功率放大驱动扬声器、指示灯动作。这种简单系统的信号处理很容易实现，只要一片集成比较器芯片和几个分立元件就可构成。但对于像热处理炉的炉温检测、控制系统来说，其信号处理电路将大大复杂化。因为对于热处理炉温测控系统，用户不仅要求系统高精度地实时测量炉温，而且需要系统根据热处理工件的热处理工艺制定的时间—温度曲线进行实时控制(调节)。

如果采用一般通用中小规模集成电路来构建这一类较复杂的检测系统的信号处理模块，则不仅构建技术难度很大，而且所设计的信号处理模块必然结构复杂、调试困难、性能和可靠性差。

由于微处理器、单片机和大规模集成电路技术的迅速发展和这类芯片价格不断降低，对于稍复杂一点的检测系统(仪器)，其信号处理环节都应考虑选用合适的单片机、微处理器或 DSP 或新近开始推广的嵌入式模块为核心来设计和构建(或者由工控机兼任)，从而使所设计的检测系统获得更高的性能价格比。

5. 信号显示

通常人们都希望及时知道被测参量的瞬时值、累积值或其随时间的变化情况。因此，各类检测仪表和检测系统在信号处理器计算出被测参量的当前值后通常均需送各自的显示器进行实时显示。显示器是检测系统与人联系的主要环节之一，显示器一般可分为指示式、数字式和屏幕式三种。

(1)指示式显示：又称模拟式显示。被测参量数值大小由光指示器或指针在标尺上的相对位置来表示。有形的指针位移用于模拟无形的被测量是较方便、直观的。指示式仪表有动圈式和动磁式多种形式，但均有结构简单、价格低廉、显示直观的特点，在检测精度要求不高的单参量测量显示场合应用较多。指针式仪表存在指针驱动误差、标尺刻度误差，这种仪表读数精度和仪器的灵敏度等受标尺最小分度的限制，如果操作者读仪表示值时站位不当就会引入主观读数误差。

(2)数字式显示：以数字形式直接显示出被测参量数值的大小。在正常情况下，数字式显示彻底消除了显示驱动误差，能有效地克服读数的主观误差，(相对指示式仪表)提高显示和读数的精度，还能方便地与计算机连接和进行数据传输。因此，各类检测仪表和检测系统正越来越多地采用数字式显示方式。

（3）屏幕显示：实际上是一种类似电视显示方法，具有形象性和易于读数的优点，又能同时在同一屏幕上显示一个被测量或多个被测量的（大量数据式）变化曲线，有利于对它们进行比较、分析。屏幕显示器一般体积较大，价格与普通指示式显示和数字式显示相比要高得多，其显示通常需由计算机控制，对环境温度、湿度等指标要求较高，在仪表控制室、监控中心等环境条件较好的场合使用较多。

6. 信号输出

在许多情况下，检测仪表和检测系统在信号处理器计算出被测参量的瞬时值后除送显示器进行实时显示外，通常还需把测量值及时传送给控制计算机、可编程控制器（PLC）或其他执行器、打印机、记录仪等，从而构成闭环控制系统或实现打印（记录）输出。检测仪表和检测系统信号输出通常有 $4\sim20$ mA 电流、经 D/A 变换和放大后的模拟电压、开关量、脉宽调制 PWM、串行数字通信和并行数字输出等多种形式，需根据测控系统的具体要求确定。

7. 输入设备

输入设备是操作人员和检测仪表或检测系统联系的另一主要环节，用于输入设置参数、下达有关命令等。最常用的输入设备是各种键盘、拨码盘、条码阅读器等。近年来，随着工业自动化、办公自动化和信息化程度不断提高，通过网络或各种通信总线利用其他计算机或数字化智能终端，实现远程信息和数据输入方式愈来愈普遍。最简单的输入设备是各种开关、按钮。对于模拟量输入、设置，往往借助电位器进行。

8. 稳压电源

一个检测仪表或检测系统往往既有模拟电路部分，又有数字电路部分，通常需要多组幅值大小要求各异但均需稳定的电源。这类电源在检测系统使用现场一般无法直接提供，通常只能提供交流 220 V 工频电源或＋24 V 直流电源。检测系统的设计者需要根据使用现场的供电电源情况及检测系统内部电路的实际需要，统一设计各组稳压电源，给系统各部分电路和器件分别提供它们所需稳定电源。

最后，值得一提的是，以上八个部分不是所有检测系统（仪表）都具备的，对有些简单的检测系统，其各环节之间的界线也不是十分清楚，需根据具体情况分析而定。另外，在进行检测系统设计时，对于把以上各环节具体相连的传输通道，也应予以足够的重视。传输通道的作用是联系仪表的各个环节，给各环节的输入、输出信号提供通路，它可以是导线、管路（如光导纤维）以及信号所通过的空间等。信号传输通道比较简单，易被人所忽视，如果不按规定的要求布置及选择，则易造成信号的损失、失真及引入干扰等，影响检测系统的精度。

8.3　检测系统的分类

随着科技和生产的迅速发展，检测系统（仪表）的种类不断增加，对其分类方法也很多，工程上常用的几种分类法如下所述。

1. 按被测参量分类

常见的被测参量可分为以下几类：

（1）电工量：电压、电流、电功率、电阻、电容、频率、磁场强度、磁通密度等。

（2）热工量：温度、热量、比热、热流、热分布、压力、压差、真空度、流量、流速、物位、液位、界面等。

（3）机械量：位移、形状、力、应力、力矩、重量、质量、转速、线速度、振动、加速度、噪声等。

（4）物性和成分量：气体成分、液体成分、固体成分、酸碱度、盐度、浓度、黏度、粒度、密度、比重等。

（5）光学量：光强、光通量、光照度、辐射能量等。

（6）状态量：颜色、透明度、磨损量、裂纹、缺陷、泄漏、表面质量等。

严格地说，状态量范围更广，但是有些状态量由于习惯已分别归入热工量、机械量、成分量中，因此，在这里不再列出。

2. 按被测参量的检测转换方法分类

被测参量通常是非电物理或化学成分量，通常需用某种传感器把被测参量转换成电量，以便于作后续处理。

被测量转换成电量的方法很多，最主要的有以下几类：

（1）电磁转换：电阻式、应变式、压阻式、热阻式、电感式、互感式（差动变压器）、电容式、阻抗式（电涡流式）、磁电式、热电式、压电式、霍尔式、振频式、感应同步器、磁栅。

（2）光电转换：光电式、激光式、红外式、光栅、光导纤维式。

（3）其他能/电转换：声/电转换（超声波式）、辐射能/电转换（X 射线式、β 射线式、γ 射线式）、化学能/电转换（各种电化学转换）。

3. 按使用性质分类

检测仪表按使用性质通常可分为标准表、实验室表和工业用表等三种。"标准表"顾名思义是各级计量部门专门用于精确计量、校准送检样品和样机的标准仪表。标准表必须高于被测样品、样机所标称的精度等级。而其本身又根据量值传递的规定，必须经过更高一级法定计量部门的定期检定、校准，由更高精度等级的标准表检定，并出具该标准表重新核定的合格证书，方可依法使用。

"实验室表"多用于各类实验室中，它的使用环境条件较好，往往无特殊的防水、防尘措施。对于温度、相对湿度、机械振动等的允许范围也较小。这类检测仪表与系统的精度等级虽较工业用表为高，但使用条件要求较严，只适于实验室条件下读数，不适于远距离观察及远传信号等。

"工业用表"是长期安装使用于实际工业生产现场上的检测仪表与检测系统。这类仪表与系统为数最多，根据安装地点的不同，有现场安装及控制室安装之分。前者应有可靠的防护，能抵御恶劣的环境条件，其显示也应醒目。工业用表的精度一般不很高，但要求能长期连续工作，并具有足够的可靠性。在某些场合使用时，还必须保证不因仪表引起事故，如在易燃、易爆环境条件下使用时，各种检测仪表都应有很好的防爆性能。此外，按检测系统的显示方式可分为指示式（主要是指针式）显示、数字式显示、屏幕式显示等几类，其余还有模拟式、数字式、智能型（以 CPU 为核心，具有常规数字系统所没有的性能），等等。

8.4　检测系统的信号变换

8.4.1　模拟量的输入转换

在机电一体化产品中，控制和信息处理功能多采用计算机来实现。因此，检测信号一般都需要被采集到计算机中作进一步处理，以便获得所需的信息。模拟式传感器输出的是连续信号，首先必须将其转换成能够被计算机接收的数字信号，然后才送入计算机进行处理。

1. 模拟量的转换输入方式

模拟量的输入转换方式主要有四种，如图 8.3 所示。第一种方式如图 8.3(a)所示，它是最简单的一种方式。传感器输出的模拟信号经 A/D 转换器转换成数字信号，通过三态缓冲器送入计算机总线。这种方式仅适用于只有一路检测信号的场合。第二种方式如图 8.3(b)所示，多路检测信号共用一个 A/D 转换器，通过多路模拟开关依次对各路信号进行采样，其特点是电路简单，节省元器件，但信号采集速度低，不能获得同一瞬时的各路信号。第三种方式如图 8.3(c)所示，它与第二种方式的主要区别是信号的采集/保持电路在多路开关之前，因而可获得同一瞬时的各路信号。图 8.3(d)所示为第四种方式，其中各路信号都有单独的采样/保持电路和 A/D 转换通道，可根据检测信号的特点，分别采用不同的采样/保持电路或不同精度的 A/D 转换器，因而灵活性大，抗干扰能力强，但电路复杂，采用的元器件较多。

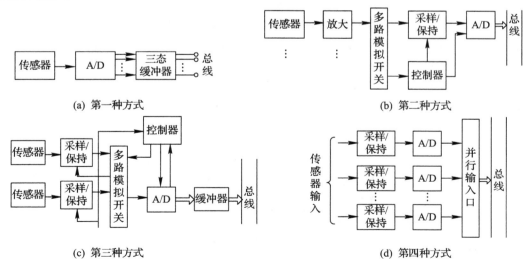

图 8.3　模拟量输入转换方式

上述四种方式中，除第一种外，其他三种都可用于对多路检测信号进行采集，因此对应的系统常被称作多路数据采集系统。

2. 多路模拟开关

多路模拟开关又称为多路转换开关，简称多路开关，其作用是分别或依次把各路检测信号与 A/D 转换器接通，以节省 A/D 转换器件。因为在实际的系统中，被测量的回路往往是几路或几十路，不可能对每一个回路都配置一个 A/D 转换器，所以常利用多路开关，轮流切换各被测回路与 A/D 转换器间的通路，以使各回路分时占用 A/D 转换器。

图 8.4 表示一个 8 通道的模拟开关的结构图，它由模拟开关 $S_0 \sim S_7$ 及开关控制与驱动电路组成。8 个模拟开关的接通与断开通过用二进制代码寻址来指定，从而选择特定的通道。例如当开关地址为 000 时，S_0 开关接通，$S_1 \sim S_7$ 均断开，当开关地址为 111 时，S_7 开关接通，其他 7 个开关断开。模拟开关一般采用 MOS 场效应管，如果后级电路具有足够的输入阻抗，则可以直接连接。

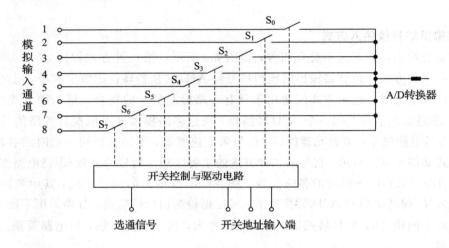

图 8.4　多路模拟开关结构

图 8.5 是 AD7501 型多路模拟开关集成芯片的管脚功能图，这是具有 8 路输入通道、1路公共输出的多路开关 CMOS 集成芯片。由三个地址线（A_0、A_1、A_2）的状态及 EN 端来选择 8 个通道之中的一路，片上所有的逻辑输入端与 TTL/DTL 及 CMOS 电路兼容。AD7503 与 AD7501 除了 EN 端的控制逻辑电平相反外，其他完全一样。表 8－1 为AD7501 真值表，列出了多路通道的接通逻辑关系。

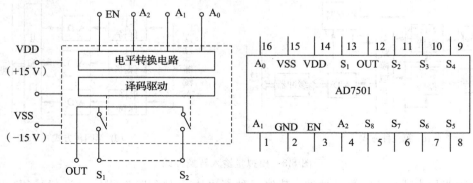

图 8.5　AD7501 型芯片管脚功能图

表 8 - 1 AD7501 真值表

A_2	A_1	A_0	EN	"ON"
0	0	0	1	1
0	0	1	1	2
0	1	0	1	3
0	1	1	1	4
1	0	0	1	5
1	0	1	1	6
1	1	0	1	7
1	1	1	1	8
×	×	×	0	无

在实际应用中，对于多路 A/D 通道的切换开关，要求多路模拟输入，输出则是公用的一条线(称多输入-单输出)；而对于多路 D/A 通道切换开关，则要求输入是共用一条信号线，输出是多通道(称单输入-多输出)。上述 AD7501～AD7503 都是多输入-单输出的多路开关。CD4051、CD4052 芯片允许双向使用，既可用于多输入-单输出的切换，也可以用于单输入-多输出的切换。

3. 信号采集与保持

所谓采集，就是把时间连续的信号变成一串不连续的脉冲时间序列的过程。信号采样是通过采样开关来实现的。采样开关又称采样器，实质上它是一个模拟开关，每隔时间间隔 T 闭合一次，每次闭合持续时间 τ，其中，T 称为采样周期，其倒数 $f_s=1/T$ 称为采样频率，τ 称为采样时间或采样宽度，采样后的脉冲序列称为采样信号。采样信号是一个离散的模拟信号，它在时间轴上是离散的，但在函数轴上仍是连续的，因而还需要用 A/D 转换器将其转换成数字量。

A/D 转换过程需要一定时间，为防止产生误差，要求在此期间内保持采样信号不变。实现这一功能的电路称为采样/保持电路。典型的采样/保持电路由模拟开关、保持电容和运算放大器组成，如图 8.6 所示。运算放大器 N_1 和 N_2 接成跟随器，作缓冲器用。当控制信号 U_c 为高电平时场效应管 VF 导通，对输入信号采样。输入信号 u_i 通过 N_1 和 VF 向电容 C 充电，并通过 N_2 输出 u_o。由于 N_1 的输出阻抗很小，N_2 的输出阻抗很大，因而在 VF 导通期间 $u_o=u_i$。当 U_c 为低电平时，VF 截止，电容 C 将采样器间的信号电平保持下来，并经 N_2 缓冲后输出。该电路中，场效应管 VF 即为采样开关，其关断电阻和 N_2 的输入阻抗越高，C 的泄漏电阻越大，u_o 的保持时间就越长，保持精度越好。

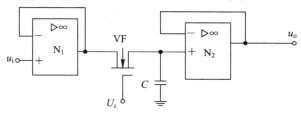

图 8.6 采样/保持电路

图 8.7 是单片集成的 LF198 采样/保持电路原理图,其中 S 是模拟开关,A 是开关驱动电路,二极管 VD_1 和 VD_2 是开关保护电路。当控制信号 U_c 为高电平时,S 闭合,$u_o = u_i$;当 U_c 为低电平时,S 断开,u_i 被保持在外接电容 C 上。在 S 断开期间,若 u_i 发生变化,N_1 的输出 u'_o 可能变化很大甚至超过开关电路所能承受的电压,这时由二极管构成的保护电路可将 u'_o 嵌位在 $u_i + U_D$ 范围内(U_D 为二极管正向电压降)。

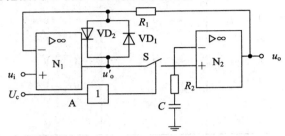

图 8.7　LF198 采样/保持电路原理图

应当指出,目前许多 A/D 转换器本身带有多路开关和采样/保持电路。此外,在输入信号变化非常缓慢时,也可不用保持电路。

8.4.2　数字信号的预处理

传感器的输出信号被采入计算机后往往要先进行适当的预处理,其目的是去除混杂在有用信号中的各种干扰,并对检测系统的非线性、零位误差和增益误差等进行补偿和修正。数字信号预处理一般用软件的方法来实现。

1. 数字滤波

混杂在有用信号中的干扰信号有两大类:周期性干扰和随机性干扰。典型的周期干扰是 50 Hz 的工频干扰,采用积分时间为 20 ms 整数倍的双积分型 A/D 转换器,可有效地消除其影响。对于随机性干扰,可采用数字滤波的方法予以削弱或消除。

数字滤波实质上是一种程序滤波,与模拟滤波相比具有如下优点:

(1) 不需要额外的硬件设备,不存在阻抗匹配问题,可以使多个输入通道共用一套数字滤波程序,从而降低了仪器的硬件成本;

(2) 可以对频率很低或很高的信号实现滤波;

(3) 可以根据信号的不同而采用不同的滤波方法或滤波参数,灵活、方便、功能强。

数字滤波的方法很多,以下为几种常用方法。

1) 中值滤波

中值滤波方法对缓慢变化的信号中由于偶然因素引起的脉冲干扰具有良好的滤除效果。其原理是,对信号连续进行 n 次采样,然后对采样值排序,并取序列中位值作为采样有效值。程序算法就是通用的排序算法。采样次数 n 一般取为大于 3 的奇数。当 $n > 5$ 时排序过程比较复杂,可采用"冒泡"算法。

2) 算术平均滤波

算术平均滤波方法的原理是,对信号连续进行 n 次采样,以其算术平均值作为有效采样值。该方法对压力、流量等具有周期脉动特点的信号具有良好的滤波效果。采样次数 n

越大,滤波效果越好,但灵敏度也越低,为便于运算处理,常取 $n=4$、8、16。

3) 滑动平均滤波

在中值滤波和算术平均滤波方法中,每获得一个有效的采样数据必须进行 n 次采样,当采样速度较慢或信号变化较快时,系统的实时性往往得不到保证。采用滑动平均滤波的方法可以避免这一缺点。该方法采用循环队列作为采样数据存储器,队列长度固定为 n,每进行一次新的采样,把采样数据放入队尾,扔掉原来队首的一个数据。这样,在队列中始终有 n 个最新的数据。对这 n 个最新数据求取平均值,作为此次采样的有效值。这种方法每采样一次,便可得到一个有效采样值,因而速度快,实时性好,对周期性干扰具有良好的抑制作用。图 8.8 是滑动平均滤波程序的流程图。

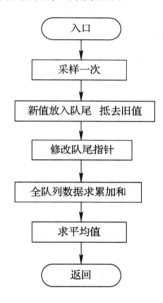

图 8.8　滑动平均滤波程序流程图

4) 低通滤波

当被测信号缓慢变化时,可采用数字低通滤波的方法去除干扰。数字低通滤波器是用软件算法来模拟硬件低通滤波的功能。

一阶 RC 低通滤波器的微分方程为

$$u_i = iR + u_o = RC \frac{\mathrm{d}u_o}{\mathrm{d}t} + u_o = \tau \frac{\mathrm{d}u}{\mathrm{d}t} + u_o \qquad (8-1)$$

式中,$\tau = RC$ 是电路的时间常数。用 X 替代 u_i,Y 替代 u_o,将微分方程转换成差分方程,得

$$X(n) = \tau \frac{Y(n) - Y(n-1)}{\Delta t} + Y(n) \qquad (8-2)$$

整理后得

$$Y(n) = \frac{\Delta t}{\tau + \Delta t} X(n) + \frac{\tau}{\tau + \Delta t} Y(n-1) \qquad (8-3)$$

式中,Δt 为采样周期;$X(n)$ 为本次采样值;$Y(n)$ 和 $Y(n-1)$ 为本次和上次的滤波器输出

值。取 $\alpha = \Delta t / (\tau + \Delta t)$，则式(8-3)可改写为

$$Y(n) = \alpha X(n) + (1-\alpha)Y(n-1) \qquad (8-4)$$

式中，α 为滤波平滑系数，通常取 $\alpha \ll 1$。由式(8-4)可见，滤波器的本次输出值主要取决于其上次输出值，本次采样值对滤波器输出仅有较小的修正作用，因此该滤波器算法相当于一个具有较大惯性的一阶惯性环节，模拟了低通滤波器的功能，其截止频率为

$$f_c = \frac{1}{2\pi\tau} = \frac{\alpha}{2\pi\Delta t(1-\alpha)} = \frac{\alpha}{2\pi\Delta t} \qquad (8-5)$$

如取 $\alpha = 1/32$，$\Delta t = 0.5\ \text{s}$，即每秒采样 2 次，则 $f_c \approx 0.01\ \text{Hz}$，可用于频率相当低的信号的滤波。

图 8.9 是按照式(8-4)设计的低通数字滤波程序的流程图。

2. 静态误差补偿

1) 非线性补偿

在机电一体化产品中，常用软件方法对传感器的

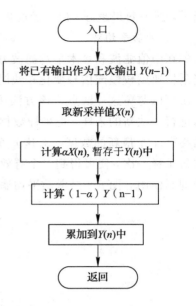

图 8.9　低通滤波程序流程图

非线性传输特性进行补偿校正，以降低对传感器的要求。图 8.10(a)为传感器的非线性校正系统。当传感器及其调理电路至 A/D 转换器的输入-输出有非线性特性时，如图 8.10(b)所示，可按图8.10(c)所示的反非线性特性进行转换，并进行非线性校正，使输出 y 与输入 x 呈理想直线关系，如图 8.10(d)所示。

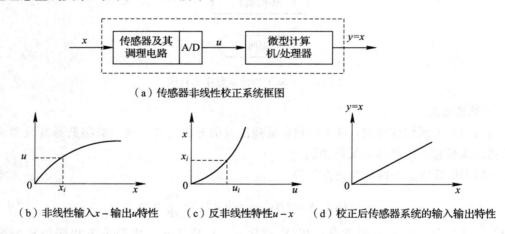

（a）传感器非线性校正系统框图

（b）非线性输入 x-输出 u 特性　（c）反非线性特性 u-x　（d）校正后传感器系统的输入输出特性

图 8.10　传感器的非线性校正系统

软件校正非线性的方法很多，概括起来有计算法、查表法、插值法和拟合法等，下面介绍曲线拟合法。

曲线拟合法采用 n 次多项式来逼近非线性曲线，该多项式方程的各个系数由最小二乘法确定，其具体步骤如下：

（1）对传感器及其调理电路进行静态标定，得校准曲线。标定点的数据为

$$输入 \quad x_i: x_1, x_2, x_3, \cdots, x_N$$
$$输出 \quad u_i: u_1, u_2, u_3, \cdots, u_N$$

其中 N 为标定点个数；$i = 1, 2, \cdots, N$。

（2）设反非线性特性拟合方程为

$$x_i(u_i) = a_0 + a_1 u_i + a_2 u_i^2 + a_3 u_i^3 + \cdots + a_n u_i^n \tag{8-6}$$

式中，$a_0, a_1, a_2, a_3, \cdots, a_n$ 为待定常数。

（3）求解待定常数 $a_0, a_1, a_2, a_3, \cdots, a_n$。根据最小二乘法来确定待定常数的基本思想是，由多项式方程式（8-6）确定的各个 $x_i(u_i)$ 值与各个点的标定值 x_i 之均方差应最小，即

$$\sum_{i=1}^{N} \left[x_i(u_i) - x_i \right]^2 = \sum_{i=1}^{N} \left[(a_0 + a_1 u_i + a_2 u_i^2 + \cdots + a_n u_i^n) - x_i \right]^2$$
$$= 最小值 = F(a_0, a_1, \cdots, a_n) \tag{8-7}$$

所以对该函数求导并令它为 0，即令

$$\frac{\partial F(a_0, a_1, \cdots, a_n)}{\partial a_0} = 0$$

$$\frac{\partial F(a_0, a_1, \cdots, a_n)}{\partial a_1} = 0$$

$$\vdots$$

$$\frac{\partial F(a_0, a_1, \cdots, a_n)}{\partial a_n} = 0$$

从这 $n+1$ 个方程中可解出 $a_0, a_1, \cdots, a_n$ 等 $n+1$ 个系数，从而可写出反非线性特性拟合方程式。有了反非线性特性曲线的 n 次多项式近似表达式，就可利用该表达式编写非线性校正程序。

在实际应用中，$x_i(u_i)$ 的阶次 n 需根据要求的逼近精度来确定。一般来讲，n 值越大，逼近精度越高，但计算工作量也越大。阶次 n 还与被逼近的反非线性函数的特性有关，若该函数接近于线性，则可取 $n=1$，即用一次多项式逼近；若该函数接近于抛物线，则可取 $n=2$，即用二次多项式逼近。

2）零位误差补偿

检测系统的零位误差是由温度漂移和时间漂移引起的。采用软件对零位误差进行补偿的方法又称数字调零，其原理如图 8.11 所示。多路模拟开关可在微型机控制下将任一路被

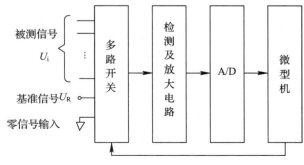

图 8.11　数字调零原理

测信号接通，并经测量及放大电路和 A/D 转换器后，将信号采入微型机。在测量时，先将多路开关接通某一被测信号，然后将其切换到零信号输入端，由微型机先后对被测量和零信号进行采样，设采样值分别为 x 和 a_0，其中 a_0 即为零位误差，由微型机执行运算：$y = x - a_0$，就可得到经过零位误差补偿后的采样值 y。

3）增益误差补偿

增益误差同样是由温度漂移和时间漂移等引起的。增益误差补偿又称校准，采用软件方法可实现全自动校准，其原理与数字调零相似。在检测系统工作时，可每隔一定时间自动校准一次。校准时，在微型机控制下先把多路开关接地，得到采样值 a_0，然后把多路开关接基准输入 U_R，得到采样值 x_R，并寄存 a_0 和 x_R。在正式测量时，如测得对应输入信号 U_i 的采样值为 x_i，则输入信号为

$$U_i = \frac{x_i - a_0}{x_R - a_0} U_R \tag{8-8}$$

采用上述校准方法可使测得的输入信号 U_i 与检测系统的漂移和增益变化无关，因而实现了增益误差的补偿。

8.5 检测技术的发展趋势

随着世界各国现代化步伐的加快，对检测技术的大量需求与日俱增，而科学技术，尤其是大规模集成电路技术、微型计算机技术、机电一体化技术、微机械和新材料技术的不断进步，则大大促进了现代检测技术的发展。目前，现代检测技术发展总的趋势大体有以下几个方面。

（1）不断拓展测量范围，努力提高检测精度和可靠性。

随着科学技术的发展，对检测仪器和检测系统的性能要求，尤其是精度、测量范围、可靠性指标要求愈来愈高。以温度为例，为满足某些科研实验的需求，不仅要求研制测温下限接近绝对零度 $-273.15℃$，且测温范围尽可能达到 15 K（约 $-258℃$）的高精度超低温检测仪表；同时，某些场合需连续测量液态金属的温度或长时间连续测量 $2500 \sim 3000℃$ 的高温介质温度。目前虽然已能研制和生产最高上限超过 $2800℃$ 的热电偶，但测温范围一旦超过 $2500℃$，其准确度将下降，而且极易氧化从而严重影响其使用寿命与可靠性；因此，寻找能长时间连续准确检测上限超过 $2000℃$ 被测介质温度的新方法。

新材料和研制（尤其是适合低成本大批量生产）出相应的测温传感器是各国科技工作者的许多年来一直努力试图解决的课题。目前，非接触式辐射型温度检测仪表测温上限原理上最高可达 100 000℃ 以上，但与聚核反应优化控制理想温度相比还相差 3 个数量级，这就说明超高温检测的需求远远高于当前温度检测所能达到的技术水平。在十余年前，如果在长度、位移检测中仅存在几丝（米）的测量误差，就被大家认为是高精度测量，但随着近几年许多国家大力开展微机电系统、超精细加工等高技术研究，"微米（米）、纳米（米）技术"很快成了人们熟知的词汇，这意味着科技的发展迫切需要有达到纳米级，甚至更高精度的检测技术和检测系统。

目前，除了超高温、超低温度检测仍有待突破外，诸如混相流量检测、脉动流量检测，

微差压(几十个帕)、超高压检测,高温高压下物质成分检测,分子量检测,高精度(0.02%以上)、大吨位重量检测等都是需要尽早攻克的检测课题。

随着自动化程度不断提高,各行各业的高效率生产更依赖于各种检测、控制设备的安全可靠。努力研制在复杂和恶劣测量环境下能满足用户所需精度要求且能长期稳定工作的各种高可靠性检测仪器和检测系统将是检测技术的一个长期方向。对于航天、航空和武器装备系统等特殊用途的检测仪器,其可靠性要求则更高。例如,在卫星上安装的检测仪器,不仅要求体积小、重量轻,而且既要能耐高温,又要能在极低温和强辐射的环境下长期稳定工作,因此,所有检测仪器都应有极高的可靠性和尽可能长的使用寿命。

(2) 传感器逐渐向集成化、组合式、数字化、网络化、智能化方向发展。

鉴于传感器与信号调理电路分开,微弱的传感器信号在通过电缆传输的过程中容易受到各种电磁干扰信号的影响,以及各种传感器输出信号形式众多,而使检测仪器与传感器的接口电路无法统一和标准化,实施起来颇为不便。随着大规模集成电路技术与产业的迅猛发展,采用贴片封装方式、体积大大缩小的通用和专用集成电路愈来愈普遍,因此,目前已有不少传感器实现了敏感元件与信号调理电路的集成和一体化,对外直接输出标准的4~20 mA电流信号,成为名副其实的变送器。这对检测仪器整机研发与系统集成提供了很大的方便,从而亦使得这类传感器身价倍增。其次,一些厂商把两种或两种以上的敏感元件集成于一体,而成为可实现多种功能新型组合式传感器。例如,将热敏元件和湿敏元件和信号调理电路集成在一起,一个传感器可同时完成温度和湿度的测量。此外,还有厂商把敏感元件与信号调理电路、信号处理电路统一设计并集成化,成为能直接输出数字信号的新型传感器。例如,美国 DALLAS 公司推出的数字温度传感器 DS18B20,可测温度范围为−55~+150℃、精度为 0.5℃,封装和形状与普通小功率三极管十分相似,采用独特的一线制数字信号输出。东南大学吴健雄实验研制的生物基因芯片可用于检测和诊断不同类型和亚型的肝炎病毒,已获得初步成功。

(3) 重视非接触式检测技术研究。

在检测过程中,把传感器置于被测对象上,直接测量被测参量的变化,这种接触式检测方法通常比较直接、可靠,测量精度较高。但在某些情况下,因传感器加入会对被测对象的工作状态产生干扰,而影响测量的精度;而在有些被测对象上,根本不不允许或不可能安装传感器,例如测量高速旋转轴的振动、转矩等。因此,各种可行的非接触式检测技术的研究愈来愈受到重视。目前已商品化的光电式传感器、电涡流式传感器、超声波检测仪表、核辐射检测仪表等正是在这些背景下不断发展起来的。今后不仅需要继续改进和克服非接触式(传感器)检测仪器易受外界干扰及绝对精度较低等问题,而且相信对一些难以采用接触式检测或无法采用接触方式进行检测,尤其是那些具有重大军事、经济或其他应用价值的非接触检测技术课题的研究投入会不断增加,非接触检测技术的研究、发展和应用步伐都将明显加快。

(4) 检测系统智能化。

近十年来,由于包括微处理器、单片机在内的大规模集成电路的成本和价格不断降低,功能和集成度不断提高,使得许许多多以单片机、微处理器或微型计算机为核心的现代检测仪器(系统)实现了智能化。这些现代检测仪器通常具有系统故障自测、自诊断、自调零、自校准、自选量程、自动测试和自动分选功能功能、自校正功能、强大数据处理和统计功能、远距离数据通信和输入、输出功能,可配置各种数字通讯接口,传递检测数据和各种操作命令等,可方便地接入不同规模的自动检测、控制与管理信息网络系统。与传统检测系统相比,智能化的现代检系统具有更高的精度和性能价格比。

正是由于智能化检测仪器、检测系统具有上述优点,所以其市场占有率多年来一直维持强劲的上升趋势。

思 考 题

1. 模拟式和数字式传感器信号检测系统是怎样组成的?
2. 多路模拟开关和采集/保持电路的作用是什么?
3. 与模拟滤波器相比,数字滤波器有哪些优点?常采用的数字滤波的方法有哪些?
4. 试举一方法说明如何对传感器的非线性特性进行数字线性化。
5. 零位误差和增量误差产生的原因是什么?如何用软件方法对其进行补偿?
6. 学习机电一体化检测技术需要掌握哪些方面的知识?

第 *9* 章　机电一体化设备故障诊断技术

【导读】　"中国制造 2025"指出："在智能装备领域，一些企业推出跨品牌、跨终端的智慧操作系统，提供产品无故障运转监测、智能化维保服务。"在现代化生产中，机电设备的故障诊断技术越来越受到重视，由于结构的复杂性和大功率、高负荷的连续运转，设备在工作过程中，随着时间的增长和内外部条件的变化，不可避免地会发生故障。如果某台设备出现故障而又未能及时发现和排除，其结果轻则降低设备性能，影响生产，重则停机停产，毁坏设备，甚至造成人员伤亡。国内外曾经发生的各种空难、海难、断裂、倒塌、泄漏等恶性事故，都造成了人员的巨大伤亡和严重的经济损失与社会影响。及时发现故障和预测故障并保证设备在工作期间始终安全、高效、可靠地运转是当务之急，而故障诊断技术为提高设备运行的安全性和可靠性提供了一条有效的途径。但由于故障的随机性、模糊性和不确定性，其形成往往是众多因素造成的结果，且各因素之间的联系又十分复杂，这种情况下，用传统的故障诊断方法已不能满足现代设备的要求，因此必须采用智能故障诊断等先进技术，以便及时发现故障，给出故障信息，并确定故障的部位、类型和严重程度，同时自动隔离故障；预测设备的运行状态、使用寿命、故障的发生和发展；针对故障的不同部位、类型和程度，给出相应的控制和处理方案，并进行技术实现；自动对故障进行削弱、补偿、切换、消除和修复，以保证设备出现故障时的性能尽可能地接近原来正常工作时的性能，或以牺牲部分性能指标为代价来保证设备继续完成其规定的功能。可见，对于连续生产机电一体化系统，故障诊断具有极为重要的意义。

9.1　设备故障诊断概述

9.1.1　设备故障及故障诊断的含义

随着现代化工业的发展，设备能否安全可靠地以最佳状态运行，对于确保产品质量、提高企业生产能力、保障安全生产都具有十分重要的意义。

设备的故障就是指设备在规定时间内、规定条件下丧失规定功能的状况，通常这种故障是从某一零部件的失效引起的。从系统观点来看，故障包括两层含义：一是系统偏离正常功能，它的形成原因主要是因为系统的工作条件不正常而产生的，通过参数调节，或零部件修复又可恢复正常；二是功能失效，是指系统连续偏离正常功能，且其程度不断加剧，使机电设备的基本功能不能保证。

任何零部件都是有它的寿命周期的，世界上不存在永久不坏的部件，因而设备的故障是客观必然存在的，如何有效地提高设备运行的可靠性，及时发现和预测出故障的发生是十分必要的，这正是加强设备管理的重要环节。设备从正常到故障会有一个发生、发展的过程，因此对设备的运行状况应进行日常的、连续的、规范的工作状态的检查和测量，即工况监测或称状态监测，它是设备管理工作的一部分。

设备的故障诊断则是发现并确定故障的部位和类型，寻找故障的起因，预报故障的趋势并提出相应的对策。

设备状态监测及故障诊断技术是从机械故障诊断技术基础上发展起来的。所谓"机械故障诊断技术"就是指在基本不拆卸机械的情况下，于运行当中就掌握其运行状态，即早期发现故障，判断出故障的部位和原因，以及预报故障的发展趋势。

在现代化生产中，机电设备的故障诊断技术越来越受到重视，如果某一零部件或设备出现故障而又未能及时发现和排除，其结果不仅可能导致设备本身损坏，甚至可能造成机毁人亡的严重后果。在流程生产系统中，如果某一关键设备因故障而不能继续运行，往往会导致整个流程生产系统不能运行，从而造成巨大的经济损失。因此，对流程生产系统进行故障诊断具有极为重要的意义，例如电力工业的汽轮发电机组，冶金、化工工业的压缩机组等。在机械制造领域中，如柔性制造系统、计算机集成制造系统等，故障诊断技术也具有相同的重要性。这是因为故障的存在可能导致加工质量降低，使整个机器产品质量不能得到保证。

设备故障诊断技术不仅在设备使用和维修过程中使用，而且在设备的设计、制造过程中也要为今后它的监测和维修创造条件。因此，设备故障诊断技术应贯穿到机电一体化设备的设计、制造、使用和维修的全过程。

9.1.2　设备故障诊断技术的发展历史

设备故障诊断技术的发展与设备的维修方式紧密相连。人们将故障诊断技术按测试手段分为六个阶段，即感官诊断、简易诊断、综合诊断、在线监测、精密诊断和远程监测。若从时间上考查，可把 20 世纪 60 年代以前、60 到 80 年代和 80 年代以后的故障诊断技术进行大概的概括。在 20 世纪 60 年代以前，人们往往采用事后维修（不坏不修）和定期维修，但所定的时间间隔难以掌握，过度维修和突发停机（没到维修期、设备已发生故障）事故时有发生，鉴于这些弊端，美国军方首先在 20 世纪 60 年代，改定期维修为预知维修，也就是定期检查，视情（视状态）维修。这种主动维修的方式很快被许多国家和其他行业所效仿，设备故障诊断技术也因此很快发展起来。

20 世纪 60 年代到 80 年代是故障诊断技术迅速发展的年代，那时把诊断技术分为简易诊断和精密诊断两类，前者相当于状态监测，主要回答设备的运行状态是否正常，后者则要能定量掌握设备的状态，了解故障的部位和原因，预测故障对设备未来的影响。对于回转设备，现场常用的诊断方法以振动法较多，其次是油-磨屑分析法，对于低速、重载往复运动的设备，振动诊断比较困难，而油-磨屑分析技术比较有效。此外，在设备运行中都会产生机械的、温度的、噪声的以及电磁的种种物理和化学变化，如振动、噪声、力、扭矩、压力、温度、功率、电流、声光等。这些反映设备状态变化的信号均有其各自的特点，一般情况下，一个故障可能表现出多个特征信息，而一个特征信息往往又包含在几种状态信息之中。因此除振动法和油-磨屑分析法之外，其他实用的诊断方法还有声响法、压力法、应力测定法、流量测定法、温度分布（红外诊断技术）、声发射法（Acoustic Emission，AE）等。这些诊断方法所用仪器简便、讲求实效，同时，可反映设备故障的特征信息，从信息处理技术角度出发，通过利用信号模型，直接分析可测信号，提取特征值，从而检测出故障。既然一个设备故障，往往包含在几种状态信息之中，因此利用各种诊断方法对一个故障进行综合分析和诊断就十分必要，如同医生诊断病人的疾患一样，要尽可能多地调动多种诊断、测试方法，从各个角度、各个方面进行分析、判断，以得到正确的诊断结论。此外各种状态信息都是通过一些测试手段获得的，各种测量误差无一例外地要加杂进去，对这些已获得的信号如何进行处理，以便去伪存真、提高设备故障诊断的确诊率也是十分重要的。把现代信号处理理念和技术引入设备管理和设备故障诊断是当前的热门。常用的信号模型有相关函数、频谱自回归滑动平均、小波变换等。从可测信号中提取的特征值常用的有方差、幅度、频率等。

以信息处理技术为基础，构成了现代设备故障诊断技术。20 世纪 80 年代中期以后，人工智能理论得到迅猛发展，其中专家系统很快被应用到故障诊断领域。以信息处理技术为基础的传统设备故障诊断技术向基于知识的智能诊断技术方向发展，不断涌现出许多新型的状态监测和故障诊断方法。

9.1.3　设备诊断的国家政策及经历过程

1. 设备诊断的国家政策

远在 1983 年 1 月，国家经委下达的《国营工业交通企业设备管理试行条例》，就吸取了国外经验，明确提出要"根据生产需要，逐步采用现代故障诊断和状态监测技术，发展以状态监测为基础的预防维修体制"。在 1985 年 11 月国家经委更委托中国设备管理协会，在上海金山召开了"设备诊断技术应用推广会议"，后来在 1986 年第二届全国设备管理优秀单位表彰会上，李鹏总理更是明确指出："应该从单纯的以时间周期为基础的检修制度，逐步发展到以设备的实际技术状态为基础的检修制度。不仅要看设备运转了多长时间，还要看设备的实际使用状态和实际技术状况，实际利用小时和实际负荷状况，以确定设备该不该修。也就是说，要从静态管理发展到动态管理。这就要求我们采用一系列先进的仪器来诊断设备的状况，通过检查诊断来确定检修的项目。"

2. 我国开展设备诊断的经历过程

我国工业交通企业设备诊断从 1983 年起步，迄今已有三十多年，不仅获得了较好的效益，而且也接近了当代世界的先进水平，整个历程大致可分为 5 个阶段，分述于下：

（1）从 1983 至 1985 年：准备阶段。

这一阶段的标志是从 1983 年国家经委《国营工业交通企业设备管理试行条例》的发布，和同年中国机械工程学会设备维修专业委员会在南京会议上提出的"积极开发和应用设备诊断技术为四化建设服务"开始，包括学习国外经验，开展国内调研，制订初步规划，在部分企业试点等。与此同时还积极参加国际交流、邀请外国专家来华讲授，从而建立了一批既有理论知识也有工作经验的骨干队伍。此时期的主要困难是手段不足，仪器主要依靠进口，由于实际经验不多，尚缺乏对复杂问题的处理能力，因而在企业创立的信誉较低。

(2) 从 1986 至 1989：实施阶段。

这一阶段的标志是从 1985 年国家经委在上海召开的"设备诊断技术应用推广大会"开始，由于经过了二年准备、工作试点，取得了初步成效，在企业界开始了较大规模的投入，从而使得设备诊断进入到一个活跃时期。不仅中国机械工程学会、中国振动工程学会和中国设备管理协会的诊断技术委员会都已先后成立，并给予大家有力支持，而且在石化、电力、冶金、机械和核工业等行业也都建立了专委会或协作网，在辽宁、天津、北京和上海等地还建立了地区组织，在 1986 年沈阳国际诊断会议召开后，还促进了仪器厂家对诊断仪器的开发研制。此时期的主要问题是尽管设备诊断在重点企业多已开展起来，但在不少一般企业还推广不够，而且重点企业和一般企业的工作水平也相差很大。

(3) 从 1990 至 1995：普及提高阶段。

这一阶段的标志是从 1989 年设备维修分会在天津召开的"数据采集器和计算机辅助设备诊断研讨会"开始。由于"数据采集器"是普及点检定修的重要手段，而"计算机诊断"又是向高水平迈进的必要手段，因此两者的结合标志着设备诊断技术向普及和提高的新阶段迈进。这个时期的科研成果层出不穷，一些专家的成就已接近了当代世界水平。原来发展较慢的行业，如有色、铁路、港口、建材和轻纺等相继赶了上来。每年国内都有不少论文被选入国际会议，而在国内的书刊杂志出版上也有改进，由西安交大和冶金工业出版社发行的系列专业诊断技术丛书，亦开始面市。

(4) 从 1996 至 2000：工程化、产业化阶段。

这一阶段的标志是从 1996 年 10 月中国设备管理协会在天津成立设备诊断工程委员会，并提出了"学术化、工程化、产业化和社会化，向设备诊断工程要效益的工作方法"，针对国内的机制转换、体制改革和国外 CIMS 系统的发展，需要从系统工程、信息工程、控制工程和市场经济学的大系统角度来处理众多的诊断问题。也即从设备综合管理的角度，把设备诊断作为一个工程产业，实施产、学、研三结合。在此观念下，中设协一方面组织了石化、冶金、电力、铁路等部门进行编制规划，一方面开发了 EGK-Ⅲ设备诊断工程软件库里振动、红外和油液三个软件包，在此形势下，国内诊断仪器的生产厂、科研所、代理商比过去增长很多。这一阶段存在的问题是缺乏统一规划和协调。

(5) 从 2001 至今：传统诊断与现代诊断并存阶段。

我国自进入 21 世纪以来，由于世界高新科技的发展极为迅速，国际学术交流分外活跃，仪器厂家系列产品不断推陈出新，从而有力地推进了诊断工作，无论在理论上和实践上，都进入了一个新的历史阶段。在这个时期内，一方面，一些经得起时间考验，并早已为人所熟练应用的传统诊断技术，如简易诊断和精密诊断等，仍在相当广阔的领域继续发挥着其重要作用；另一方面，有相当一些在高科技推进下产生的现代诊断技术进入了国内科研生产领域，其中包括近年应用颇显成效的模糊诊断、神经网络、小波分析、信息集成与融合等，还有令人重视的虚拟及智能技术、分布式及网络监测诊断系统等，这些可以称为正在发展的现代诊断技术，正在与传统诊断技术并肩齐进、互为补充，呈现出诊断工程界百花齐放的大好局面。

9.2　设备故障诊断类型及特点

1. 故障的分类

故障的类型因故障性质、状态不同可以分类如下：按工作状态分有间歇性故障和永久性故障；按故障程度分有局部功能失效形成的故障和整体功能失效形成的故障；按故障形成速度分有急剧性故障和渐进性故障；按故障程度及形成速度分有突发性故障和缓变性故障；按故障形成的原因分有操作或管理失误形成的故障和机器内在原因形成的故障；按故障形成的后果分有危险的故障和非危险的故障；按故障形成的时间分有早期故障、随时间变化的故障和随机性故障。这些故障类型相互交叉，且随着故障的发展，可从一种类型转为另一种类型。

2. 故障诊断方法的分类

由于目前人们对故障诊断的理解不同，各工程领域都有其各自的方法，概括起来有以下三方面：

（1）按诊断环境分有离线人工分析、诊断和在线计算机辅助监视诊断，二者要求有很大差别。

（2）按检测手段分有

① 振动检测诊断法，以机器振动作为信息源，在机器运行过程中，通过振动参数的变化特征判别机器的运行状态；

② 噪声检测诊断法，以机器运行中的噪声作为信息源，在机器运行过程中，通过噪声参数的变化特征判别机器的运行状态，但易受环境噪声影响；

③ 温度检测诊断法，以可观测的温度作为信息源，在机器运行过程中，通过温度参数的变化特征判别机器的运行状态；

④ 压力检测诊断法，以机械系统中的气体、液体的压力作为信息源，在机器运行过程中，通过压力参数的变化特征判别机器的运行状态；

⑤ 声发射检测诊断法，金属零件在磨损，变形，破裂过程中产生弹性波，以此弹性波为信息源，在机器运行过程中，分析弹性波的频率变化特征判别机器的运行状态；

⑥ 润滑油或冷却液中金属含量分析诊断法，在机器运行过程中，以润滑油或冷却液中金属含量的变化，判别机器的运行状态；

⑦ 金相分析诊断法，某些运动的零件，通过对其表面层金属显微组织，残余应力，裂纹及物理性质进行检查，研究变化特征，判别机器设备存在的故障及形成原因。

（3）按诊断方法原理分：

① 频域诊断法，应用频谱分析技术，根据频谱特征的变化判别机器的运行状态及故障；

② 时域分析法，应用时间序列模型及其有关的特性函数，判别机器的工况状态的变化；

③ 统计分析法，应用概率统计模型及其有关的特性函数，实现工况状态监测与故障诊断；

④ 信息理论分析法，应用信息理论建立的特性函数，进行工况状态分析与故障诊断；

⑤ 模式识别法，提取对工况状态反应敏感的特征量构成模式矢量，设计合适的分类器，判别工况状态；

⑥ 其他人工智能方法，如人工神经网络、专家系统等新发展的研究领域。

上述方法是从应用方面考虑的，就学科角度而言，它们是交叉的，例如许多统计方法都包括在统计模式识别范畴之内。

3. 故障诊断的特点

（1）机电一体化设备运行过程是动态过程，其本质是随机过程。此处"随机"一词包括两层含义：一是在不同时刻的观测数据是不可重复的。说现时刻机器的工作状态和过去某时刻没有变化只能理解为其观测值在统计意义上没有显著差别；二是表征机器工况状态的特征值不是不变的，而是在一定范围内变化的。即使同型号设备，由于装配、安装及工作条件上的差异，也往往会导致机器的工况状态及故障模式改变。因此，研究工况状态必须遵循随机过程的基本原理。

（2）从系统特性来看，除了前述诸如连续性、离散性、间歇性、缓变性、突发性、随机性、趋势性和模糊性等一般特性外，机电设备都由成百上千个零部件装备而成，零部件间相互耦合，这就决定了机电设备故障的多层次性。一种故障可能由多层次故障原因所构成。故障与现象之间没有简单的对应关系，上述所列举的故障诊断方法，由于只从某一个侧面去分析而作出判断，因而很难作出正确的决策。因此，故障诊断应该从随机过程出发，运用各种现代化科学分析工具，综合判断设备的故障现象属性、形成及其发展。

9.3 设备故障诊断技术分析方法

在故障诊断学建立之前，传统的故障诊断方法主要依靠经验的积累。将反映设备故障的特殊信号，从信息论角度出发对其进行分析，是现代设备故障诊断技术的特点。设备故障诊断技术的分析方法主要有贝叶斯法、最大似然法、时间序列法、灰色系统法、故障树分析法等。

1. 贝叶斯法（Bayes）

贝叶斯法（又称最大后验概率法或 Bayes 准则）是基于概率统计的推理方法，它是以概率密度函数为基础，综合设备的故障信息来描述设备的运行状态，进行故障分析的。其诊断推理过程包括"先验概率的估计"和"后验概率的计算"（利用 Bayes 公式），设备运行过程是一个随机过程，故障出现的概率一般是可以估计的。比如机器运行状态良好时，产品的合格率为 90%，而当机器发生的故障时，产品的合格率会猛然下降为 30%，每天早上机器调整到良好状态的概率为 75%，试估算某日早上第一个产品是合格的前提下，设备状态良好的概率是多少？

为此，可以利用 Bayes 公式推算。Bayes 公式为

$$P(D_i \mid x) = \frac{P(x \mid D_i)P(D_i)}{\sum\limits_{i=1}^{n} P(x \mid D_i)P(D_i)} \tag{9-1}$$

式中，D_1，D_2，…，D_i，…，D_n 为样本空间 S 的一个划分，$P(D_i) > 0(\lambda = 1, \alpha, \cdots, n)$。

Bayes 公式的推算过程如下：

对于任一事件 x，$P(x) > 0$，由概率乘法定理和条件概率定义可知

$$P(D_i \mid x) = \frac{P(D_i x)}{P(x)} = \frac{P(x \mid D_i) P(D_i)}{P(x)}$$

由于 $P(x) = \sum_{i=1}^{n} P(x \mid D_i) P(D_i)$（全概公式），所以逆概公式——Bayes 公式为

$$P(D_i \mid x) = \frac{P(x \mid D_i) P(D_i)}{\sum_{i=1}^{n} P(x \mid D_i) P(D_i)}$$

以"产品合格"记为 A 事件，以"设备状态良好"记为 B 事件，已知 $P(A \mid B) = 0.9$，$P(A \mid \bar{B}) = 0.3$，$P(B) = 0.75$，$P(\bar{B}) = 0.25$，那么

$$P(B \mid A) = \frac{P(A \mid B) \cdot P(B)}{P(A \mid B) P(B) + P(A \mid \bar{B}) P(\bar{B})}$$

$$= \frac{0.9 \times 0.75}{0.9 \times 0.75 + 0.3 \times 0.25}$$

$$= 0.9$$

也就是说，在某日第一个产品是合格的前提下，可以估算设备状态良好的概率在 90%。这里的 75%（$P(B) = 0.75$）是由以往的数据分析得到的，称为先验概率，而经过计算得到的 90%（$P(B \mid A) = 0.9$）则称为后验概率。

2. 最大似然法

与贝叶斯准则类似，最大似然法也起源于概率理论，按最大似然法规定，有

$$L_i = P(D_i \mid S_1, S_2, S_3, \cdots, S_k) = \prod_{j=1}^{k} P(S_j \mid D_i) \tag{9-2}$$

式中，$S_1, S_2, \cdots, S_k$ 为设备异常的种种信息；$D_1, D_2, \cdots, D_i$ 为设备可能的故障种类，$P(D_i \mid S_1, S_2, \cdots, D_k)$ 为故障 D_i 在出现 k 种异常信息时可能发生的概率；$P(S_j \mid D_i)(j = 1, 2, \cdots, k)$ 为已知设备发生了 D_i 种故障时，某一异常信号 S_j 出现的概率。$P(S_j \mid D_i)$ 可以从以往的资料统计中得到。

按式（9-2），取其中最大的，即可得出诊断的结果。由于式（9-2）进行连乘计算不方便，可作如下的简化：

$$L_i' = \sum_{j=1}^{k} \left[\lg P(S_j \mid D_i) + 1 \right] \times 10 \tag{9-3}$$

式（9-3）保持了若 $L_i > L_j$ 则 $L_i' > L_j'$ 的性质，可通过比较 L 值的大小进行故障诊断。

最大似然法与贝叶斯法比较，舍去了先验概率的估计，且一律认为诸事件的先验概率相等，简化了计算，但往往与实际情况有出入。

3. 时间序列法

时间序列分析（Time Series Analysis，TSA）是又一重要的故障诊断技术。时间序列是以等间隔采集连续信号 $x(t)$，所得到的离散序列数据 $x_1, x_2, \cdots, x_i, \cdots, x_n$，简记为 $\{x_i\}$，处理和分析这种数据序列的统计数学方法称为时间序列分析。

时间序列可以包括随机过程 $x(t)$ 的随机序列，也可以包括按时间顺序或按空间顺序排列的数据，甚至于按其他物理量顺序排列的数据，数据的排列顺序及其大小，蕴含着客观事物及其变化的信息，表现着变化的动态过程，具有外延特性，因此时间序列也可称为"动态数据"。

时间序列分析分为时域分析和频域分析，时域分析是通过观察信号的时间历程，对其周期性和随机性给出评价，建立和获得序列的统计性规律。频域分析是通过对信号序列进行某种变换（如傅里叶变换），将复杂的信号，分解为简单信号的叠加，实现对信号序列的现代谱分析。

时间序列分析的特点是根据观测数据和建模方法建立动态参数模型，利用该模型可进行动态系统及过程的模拟、分析、预报和控制。把时间序列分析用于设备的故障诊断，一般可采用自回归滑动平均模型 ARMA（Auto Regressive Moving Average，递进推算分析法），也可采用 AR 模型。

1) ARMA、AR 和 MA 模型

ARMA 模型是具有物理意义的随机差分方程模型。设 x_i 和 y_i 分别表示线性平稳系统的输入和输出在采样时刻 t 的数值，联系 x_i 和 y_i 的向前差分方程为

$$y_t - \sum_{i=1}^{p} \varphi_i y_{t-i} = x_t - \sum_{j=1}^{q} \theta_j x_{t-j}$$

即

$$y_t = \sum_{i=1}^{p} \varphi_i y_{t-i} + x_t - \sum_{j=1}^{q} \theta_j x_{t-j} \tag{9-4}$$

式中，φ_i 和 θ_j 为待识别的模型参数，φ_i 称为自回归参数；θ_j 称为滑动平均参数；p 为自回归阶数；q 为滑动平均阶数。

式（9-4）所表达的模型称为自回归平均模型，简记为 ARMA(p，q) 模型，对于该模型的基本假设是，系统的输入 x_t 是均值为 0，方差为 σ_x^2 的白噪声序列，即 $x_t \sim \text{NID}(0，\sigma_x^2)$。

如果 $\theta_j = 0$（$j = 1，2，\cdots，q$）模型中没有滑动平均部分，则有

$$y_t = \sum_{i=1}^{p} \varphi_i y_{t-i} + x_t \qquad x_t \sim \text{NID}(0，\sigma_x^2) \tag{9-5}$$

式（9-5）称为 p 阶自回归模型，简记为 AR(p) 模型。

如果 $\varphi_i = 0$（$i = 1，2，\cdots，p$），模型中没有自回归部分，则有

$$y_t = x_t - \sum_{j=1}^{q} \theta_j x_{t-j} \qquad x_t \sim \text{NID}(0，\sigma_x^2) \tag{9-6}$$

式（9-6）称为 q 阶滑动平均模型，简记为 MA(q) 模型。

2) ARMA 模型的建模

所谓 ARMA 模型的建模，就是通过对观测得到的时间序列 $\{y_t\}$（$t = 1，2，\cdots，N$）拟合出适用的 ARMA(p，q) 模型，建模的内容包括数据采集、数据检验与预处理。模型形式的选取、模型参数 φ_i 和 θ_j 的估计、模型的适用性检验（实质上是确定模型的阶次 p 和 q）和建模的策略等，最关键的步骤是模型参数的估计和模型的适用性检验。由于 AR 模型的参数估计是线性估计，在工况监测、故障诊断中显示出更大的优越性。

根据模型参数和方差均可进行故障诊断。若以设备的振动信号作为序列数据进行时域分析包括时间历程波形、峰谷值、周期能量、均值、有效值、方差、轴心轨迹和概率分布等，频域分析包括特征分析、谐频分析、变频分析、倒频分析、谱能量分析、相关分析、全息谱分析等。

必须指出的是，不同的信号分析方法，只是从不同的角度去观察、分析信号，分析的结果反映了同一信号的不同侧面，因而更真实、更全面地揭示了信号的本质特征，不论进行何种信号处理，既不会增加也不会减少信号中的任何信息成分。采用多种分析方法比采用单一分析方法所获得的信息更丰富，使设备故障诊断的准确率更高，判断依据更科学。

4. 灰色系统法

灰色系统是指系统的部分信息已知，部分信息未知的系统，区分白色系统与灰色系统的重要标志是系统各因素之间是否有确定的关系。当各因素之间存在明确的映射关系时，就是白色系统，否则就是灰色系统或一无所知的黑色系统。灰色系统理论是控制论的观点和方法的延拓，它是从系统的角度出发，按某种逻辑推理和理性认知来研究信息间关系的。一台设备的状态监测和故障诊断系统由许多因素组成、针对一定的认知层次和研究需要，如果组成系统的因素明确，因素之间的关系清楚，那么这个系统就是白色系统；如果部分信息已知，部分信息未知（即系统因素不完全明确，因素间关系和结构不完全清楚，系统的作用原理不完全明了）那就是灰色系统。

灰色系统理论是解决不确定问题的一种工具，模糊理论、模糊集理论、统计理论、贝叶斯法、信息熵法和神经网络法等，都是解决设备故障诊断的工具，但各有优缺点。

5. 故障树分析法

故障树分析（Fault Tree Analysis，FTA）模型是一个基于被诊断对象结构、功能特征的行为模型，是一种定性的因果模型。首先写出设备故障事件作为第一级（或称顶事件），再将导致该事件发生的直接原因（包括硬件故障、环境因素、人为差错等）并列地作为第二级（或称中间事件），用适当的事件符号表示，并用适当的逻辑门把它们与顶事件联结起来。其次，将导致第二级事件的原因分别按上述方法展开作为第三级，直到把最基本的原因（或称底事件）都分析出来为止。这样一张逻辑图叫作故障树，故障树分析反映了特征向量与故障向量（故障原因）之间的全部逻辑关系。图 9.1 就是简单的故障树，根据故障树来分析系统发生故障的各种途径和可靠性特征量，就是故障树分析法。

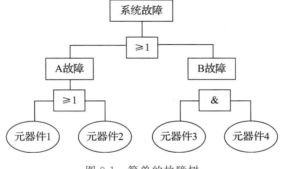

图 9.1　简单的故障树

9.4 基于知识的故障诊断方法

基于知识的故障诊断方法，不需要待测对象精确的数学模型，具有智能特性，目前这种故障诊断方法主要有：专家系统故障诊断方法、模糊故障诊断方法、神经网络故障诊断方法、信息融合故障诊断方法、基于 Agent 故障诊断方法等。

1. 专家系统故障诊断方法

所谓专家系统故障诊断方法，是指计算机在采集被诊断对象的信息后，综合运用各种专家经验，进行一系列的推理，以便快速地找到最终故障或最有可能的故障，再由用户来证实。此种方法国内外已有不少应用实例。专家系统由知识源、推理机、解释系统、人机接口等部分组成。

(1) 知识源：包括知识库、模型库和数据库等。

① 知识库：是专家知识、经验与书本知识、常识的存储器。

② 模型库：存储着描述分析对象的状态和机理的数学模型。

③ 数据库：存有被分析对象实时检测到的工作状态数据，和推理过程中所需要的各种信息。

(2) 推理机：根据获取的信息，运用各种规则进行故障诊断，并输出诊断结果。推理机的推理策略有以下三种：

① 正向推理：由原始数据出发，运用知识库中专家的知识，推断出结论。

② 反向推理：即先提出假设的结论，然后逐层寻找支持这个结论的证据和方法。

③ 正反向混合推理：一般采用"先正后反"的途径。

(3) 解释系统：回答用户询问的系统。如显示推理过程、解释电脑发出的指示等。

(4) 人机接口：人机接口是故障诊断人员与系统的交接点。美国西屋公司于 20 世纪 80年代中期推出的过程控制系统 PDS，是利用汽轮机专家建立的知识规则库，采用基于规则的正向推理方式，到 1990 年，该系统规则库已扩展到 1 万多条。日本三菱重工研制的机械状态监测系统 MHMS 经历了 8～10 年的研制历程，目前正在与系统配置以规则型知识与框架型知识相结合的 Master 推理机制，并开发利用决策树及模糊逻辑分析各种置信度的故障诊断专家系统。

2. 模糊故障诊断方法

所谓"模糊"，是指一种边界不清楚，在质上没有确切的含义，在量上又没有明确界限的概念，磨损状态的转变，正是典型的、带有明显中介过渡性的模糊现象。对于这种事物是不能用经典数学的二值逻辑方法的，即以$[0,1]$区间的逻辑代替传统的二值 0，1 逻辑，而且要用能综合事物内涵与外延形态的合理数学模型——隶属度函数，来定量处理模糊现象。典型的模糊故障诊断方法是向量的识别法，模糊故障向量识别法的诊断过程如图 9.2所示。

图中 R 为故障与特征征兆间的模糊关系矩阵：

$$R = \{\mu_R(x_i, y_i); x_i \in \mathbf{x}; y_i \in \mathbf{y}\} \tag{9-7}$$

式中，$\mathbf{y} = \{y_1, y_2, y_3, \cdots, y_n\} = \{y_i \mid i = 1, 2, \cdots, n\}$ 表示可能发生故障的集合，n 为故障总数

$$\mathbf{x} = \{x_1, x_2, x_3, \cdots, x_m\} = \{x_i \mid i = 1, 2, \cdots, m\} \tag{9-8}$$

式(9-8)表示由上面这些故障所引起的各种特征信息(征兆)的集合，m 为各种特征信息(或称征兆、元素)的总数；$\mathbf{x}$ 向量为待诊断对象现场测试数据所提取的特征参量(或称信息、元素、征兆)；$\mathbf{y}$ 向量为待检状态的故障向量，它由关系矩阵方程 $\mathbf{y} = \mathbf{x}R$ 求得。

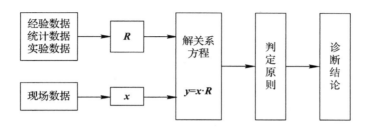

图 9.2　模糊故障向量识别法的诊断过程

根据一定的判断准则，如最大隶属度原则、阈值原则或择近原则等得到诊断结果。

模糊故障诊断方法的优点在于计算简便、应用方便、结论明确直观，但用来进行趋势预测存在一定难度。特别是构造隶属度函数、建立隶属度矩阵是根据经验，统计人为构造的，会有一定的主观因素，对特征参量(元素、信息、征兆)的选择也是人为的，如果选择的不当，就会造成诊断失败。

3. 人工神经网络故障诊断方法

人工神经网络源于 1943 年，是模仿人的大脑神经元结构特性建立起来的一种非线性动力学网络系统，它由大量简单的非线性处理单元(类似人脑的神经元)高度并联、互联而成。由于故障诊断的核心技术是故障模式识别，而人工神经网络本身具有信息处理的特点，如并行性、自学习、自组织性、联想记忆功能等，所以能够解决传统模式识别方法不能解决的问题。

人工神经网络工作过程由学习期和工作期两个阶段组成，具体诊断过程如图 9.3 所示。

(1) 学习期：包括输入样本；对输入数据进行归一化处理，得到标准输入样本；初始化权值和阈值；计算各个隐层的输出和输出层的输出值；比较输出值和期望值；调整权值；使用递归算法从输出层开始逆向传播误差直到第一隐层，再比较输出值和期望值，直至满足精度要求，形成在一定的标准模式样本的基础上，依据一定的分类规则来设计神经网络分类器。

(2) 工作期：又称诊断过程，是将待诊断对象的信息与网络学习期建立的分类器进行比较，以诊断待诊断对象所处的状态(即故障类别)。在比较之前还应对由诊断对象获取的信息进行预处理，删除原始数据中的无用信号，形成可与网络分类器进行比较的未知样本(或称进行归一化处理)。

神经网络故障诊断过程如图 9.3 所示。

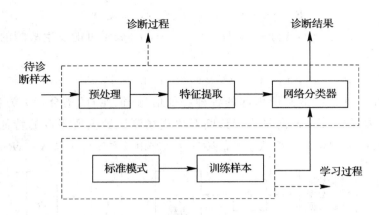

图 9.3　神经网络故障诊断过程

用于故障诊断的分类器，常用的有 BP 网络、双向联想记忆网络(BAM)、自适应共振理论(ART)、自组织网络(SOM)等。

人工神经网络对于给定的训练样本能够较好地实现故障模式表达，也可以形成所要求的决策分类区域，然而，它的缺点也是明显的，训练需要大量的样本，当样本较少时，效果不理想。忽视了领域专家的经验知识，网络权值表达方式也难以理解。

4. 信息融合故障诊断方法

信息融合就是利用计算机，对来自多传感器的信息按一定的准则加以自动分析综合的数据处理过程，以完成所需要的决策和判定。信息融合应用于故障诊断原因有三：一是多传感器形成了不同通道的信号；二是同一信号形成不同的特征信息；三是不同诊断途径得出了有偏差的诊断结论，使得人们不得不以信息融合提高诊断的准确率。

目前信息融合故障诊断有 Bayes(贝叶斯)推理、模糊融合、D-S证据推理等。

5. 基于 Agent 故障诊断方法

Agent 是一种具有自主性、反应性、主动性等特征，并基于软、硬件结合的计算机系统，故障诊断的 Agent 系统，是将多个 Agent 组合起来，设计出一组分工协作的 Agent 大系统。包括故障信号码检测、特征信息的提取，故障诊断 Agent 的刻画，Agent 系统的管理、控制和各 Agent 之间的通信与协作，等等。

9.5　设备故障诊断内容和流程

机电设备的故障诊断从 20 世纪 60 年代以前的"单纯故障排除"，发展到以动态测试技术为基础，以工程信号处理为手段的现代设备诊断技术，自 20 世纪 80 年代中期以后又发展为以知识处理为核心，信号处理与知识处理相融合的智能诊断技术。

在各种诊断方法中，以振动信号为基础的诊断约占 60%，以油-磨屑分析为基础的诊断约占 12%。就大型机电设备而言，故障诊断技术主要研究故障机理、故障特征提取方法、诊断推理方法，从而构造出最有效的故障样板模式，以作出诊断决策。机电设备故障诊断流程如图 9.4 所示。

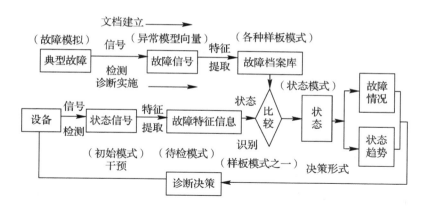

图 9.4 机电设备故障诊断流程

比较待检模式与样板模式状态识别的过程，是模式识别的过程。模式识别不仅仅是简单的分类，还包括对事件的描述、判断和综合，以及通过对大量信息的学习，判断和寻找事件规律。模式识别的全过程如图 9.5 所示。

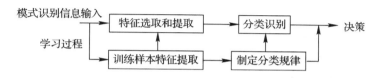

图 9.5 模式识别的全过程

设备故障特征提取是故障诊断的关键。通过特征提取，来构造样板模式的待检模式。在模式识别中，特征提取的任务是从原始的样本信息中，寻找最有效的、最适于分类的特征。只有选取合适的特征提取方法，提高故障特征的信息含量，才能通过故障诊断准确地把握机电设备的运行状态。

设备诊断技术发展很快，可归纳为以下 4 项基本技术：

（1）信号检测。这是设备故障诊断的基础和依据，能否根据不同的诊断目的，真实、充分地检测到反映设备状态的信号，是设备诊断技术的关键。

（2）信号处理技术。既然检测到的信号属物理信号，误差和环境干扰是不可避免的。如何去伪存真，精化故障特征信息是信号处理技术的根本目的，这个过程也是特征提取的过程。

（3）模式识别技术。比较待检对象所处模式与样板模式，是模式识别的过程；确定设备是否存在故障，故障的原因、部位、严重程度是模式识别的根本任务。

（4）预测技术。这是对未发生或目前还不够明确的设备状态进行预估和推测，以判断故障可能的发展过程和对设备的劣化趋势及剩余寿命作出预测。

9.6 设备故障诊断的发展趋势

研究机电一体化设备的故障是较为复杂的过程且持续时间较长，在提取故障信息中，需要把较多的非故障因素转变成信号能量，但是故障趋势信息也可能会被非故障变化信息掩盖，使其工作人员产生一定的误解。一般所使用的传统性的方式具有较为严重的不确定性，对传统基于能量的振动级值及功率谱变化，不能完全吻合机电一体化设备的健康状态变化。机电设备故障趋势特征的分析是带有一定困难性的，同时又伴随着非故障状态特征的扰乱视线，使其两者的研究问题逐渐难以分离，因此工作技术人员采用故障趋势特征提取算法进行解决，可以在很大程度上解决非故障能量变化信息对研究机电设备故障预警所带来的困扰，排除无用信息，更为准确地了解其相关特征参数和特征模式，确定设备故障发展趋势。目前，设备故障诊断方法的发展趋势主要表现在混合智能、智能机内测试技术和基于 Internet 的远程协作等方面。

1. 混合智能故障诊断方法研究

将多种不同的智能故障诊断方法结合起来构成混合诊断系统是智能故障诊断研究的发展趋势之一。结合方式主要有专家系统与神经网络结合，CBR 与专家系统和神经网络结合，模糊逻辑、神经网络与专家系统结合等。其中模糊逻辑、神经网络与专家系统结合的诊断模型是最具有发展前景的，也是目前人工智能领域的研究热点之一。但尚有很多问题需要深入研究。总的趋势是由基于知识的系统向基于混合模型的系统发展，由领域专家提供知识到机器学习发展，由非实时诊断到实时诊断发展，由单一推理控制策略到混合推理控制策略发展。

2. 智能机内测试技术研究

BIT 技术可为系统和设备内部提供故障检测和隔离的自动测试能力。随着传感器技术、超大规模集成电路和计算机技术的日益发展，BIT 技术也得到了不断完善。国内外近年来的研究表明，BIT 技术是提高设备测试性的最为有效的技术途径之一。目前，BIT 技术与自动测试设备（ATE）日渐融合，应用领域不断拓宽，已发展为具有状态监控与故障诊断能力的综合智能化系统。

3. 基于 Internet 的远程协作诊断技术研究

基于 Internet 的设备故障远程协作诊断是将设备诊断技术与计算机网络技术相结合，用若干台中心计算机作为服务器，在企业的关键设备上建立状态监测点，采集设备状态数据，在技术力量较强的科研院所建立分析诊断中心，为企业提供远程技术支持和保障。当前研究的关键问题主要有：远程信号采集与分析；实时监测数据的远程传输；基于 Web 数据库的开放式诊断专家系统设计通用标准。

4. 设备故障诊断技术研究热点

目前，设备故障诊断方法的研究热点很多，大致可归纳如下：

① 多传感器数据融合技术；

② 在线实施故障检测算法；

③ 非线性动态系统的诊断方法；

④ 混合智能故障诊断技术；

⑤ 基于 Internet 的远程协作诊断技术；

⑥ 故障趋势预测技术；

⑦ 以故障检测及分离为核心的容错控制、监控系统和可信性系统研究。

思 考 题

1. 试述形成设备故障诊断技术的原因及故障诊断技术的发展趋势。

2. 简述故障及故障诊断的定义及分类。

3. 机电设备故障诊断的主要技术手段有哪些？

4. 用框图表示出设备故障诊断的基本过程，并对整个过程进行概述。

5. 故障诊断常用的判断标准有哪些？

6. 思考学习机电一体化设备故障诊断技术需要掌握哪些方面的相关知识。

第 *10* 章　微机电系统技术

【导读】　微机电系统(MEMS)是将微电子技术与机械工程融合到一起的一种工业技术，它在微米范围内操作，更小的在纳米范围内操作的技术称为纳机电系统。微机电系统通常是指能进行大量生产，将微型传感器、信号处理、微型机构、控制电路以及接口、电源与通信等集成为一体的系统或者微型元件。MEMS 主要包括微执行器、微型传感器等，它也可由独立的微器件嵌入尺寸较大的系统中，这能够使系统的可靠性、智能化及自动化水平得以提升。微机电系统最大的目的在于实现集成化以及微型化，以及向着新功能与新技术方向不断创新发展。微机电系统技术是一门融合了微电子、微机械、微流体、微光学和微生物学等多种现代信息技术的新兴、交叉学科，它正以润物细无声的方式进入人们的日常生活，并不动声色地改变着人们的生活方式。办公室投影仪中的 DLP 系统、笔记本电脑中的硬盘碰撞保护系统、喷墨打印机的喷墨头、iPhone 的运动感应、数码照相机和数码摄像机的防抖系统以及家庭影院系统等全都已经引入了 MEMS 技术，它的发展已经对 21 世纪人类的生产和生活方式产生了重要的影响，并会在未来高科技竞争中起到举足轻重的作用。

10.1　微机电系统概述

微米和纳米均是长度单位，1 微米为百万分之一米($1~\mu m = 10^{-6}~m$)，1 纳米为十亿分之一米($1~nm = 10^{-9}~m$)。微米尺度是指 $1 \sim 100~\mu m$，纳米尺度是指 $1 \sim 100~nm$。一般来说，微纳米技术研究的尺度范围是指 $1~nm \sim 1~mm$。

微纳米技术是通过在微纳米尺度范围内对物质的控制来创造并使用新的材料、装置和系统的。微机械、微系统或微机械电子系统(微机电系统)是大意相同的 3 个名词，兴起于 20 世纪 80 年代后期，其含义十分广泛，一般可定义为由微米($10^{-6}~m$)和纳米($10^{-9}~m$)加工技术制作而成的，融机、电、光、磁以及其他相关技术群为一体的，可以活动和控制的微工程系统。目前，人们泛称的是微机械电子系统（Micro-Electro-Mechanical Systems, MEMS）。它是以微传感器、微执行器以及驱动和控制电路为基本元器件组成、自动性能高、可以活动和控制、机电合一的微机械装置。其基本特点是体积小、质量轻、功耗低。用它进行的操作是极其微细的，有的操作已经达到了单个细胞乃至分子范围；有的微型敏感元件能进行原子量级的探测。如此细微的工作状况，用肉眼是不能直接分辨的，必须借助显微技术或专用仪器来观察和控制。

传统（宏观）机械的最小构成单元通常是毫米量级，而微机械的最小零件尺寸要下降3～6个数量级，即进入到微米和纳米的尺度范畴。

微机械装置不仅节省空间和原材料，还节省能源。以微传感器在航空航天上的应用为例：现在一架航天飞机需要安装3000～4000只各种用途的传感器，若用质量只有几克的微传感器取代那些千克级质量的传统传感器，显然对减轻飞机质量、减少能源供应和储存、增加航程及可携带更多的有用设备等方面都有积极的作用。

微机电系统是国际上近二十余年来新兴起的一项热点技术。它的由来和产生不是偶然的，而是人类社会和科学技术持续发展的必然结果。人类社会的日益进步，人民生活水平的日益提高，科学技术的日益发展，都需要大量资源的支持。大量资源的耗散，促使自然资源的开发日益扩大。这不仅会使资源日渐枯竭，出现资源危机，还将严重地破坏生态环境，使其失去平衡，给人类造成灾难。发展和应用微机电系统和微型技术，可以满足人类社会实现低能耗、高功效、低成本以及保护环境和维持生态平衡的愿望。

科学技术的进步是社会繁荣的动力。在宏观技术方面，人类已经取得了显著成果，推进了社会发展，创造了人类文明。为了社会的持续发展，科技工作者们正在向微观技术世界进军，包括从原子、分子尺度出发，研究自然界各种现象的行为和规律。微机电系统研究的兴起，集中地反映了人类开拓微观技术世界这一发展趋势。

微机电系统不像集成电路（IC），只涉及单一的电学参数，而是涉及机、电、光、磁、热等多门学科范畴，并模糊了学科界限的边缘技术；所以对它的研究，绝不是简单地在原有技术上进行适当的改进，而是要求开发者具有新的思维。

尽管研究和发展 MEMS 技术的难度很大，但它对人类未来的影响已吸引了众多科学家和工程师们对它的不懈追求与探索。在实验室里，他们力求创造出能改造传统工程系统的各种微机械装置，以满足人类社会的持续发展，特别是满足不断追求尺寸微型化的航空航天、生物工程、临床医学、信息技术、环境监测及预防等诸多方面的迫切需求。

可以预见，将来人类的活动会与微机械技术（或称微型技术）密切相关，它将影响人类生活和社会的各个方面。概括地说，微机械技术是21世纪引人注目的技术，它将使世界发生改变。

值得指出的是，尽管微技术的应用将遍及各种工程和科学领域，但它不能完全取代宏观技术。微技术有微的妙处，宏观技术有宏的作用，二者将相伴共存。不过，各类宏观技术如舰艇、飞机、汽车等传统装置本身待挖掘的技术潜力已近殆尽，一味地追求它们本身的最优化已无意义，而应将重点转移到把微技术植入传统装置中，提高它们的数字化、信息化及智能化水平，以提高其综合效能。

10.2 微机电系统的特征及分类

10.2.1 微机电系统的特征

微纳米材料具有以下特征：

（1）微尺寸效应：当粒子尺寸与光波长、德布罗意波长以及超导态的相干长度或投射深度等物理特征尺寸相当或更小时，粒子的声、光、电、磁、热、力学等特性均会呈现新的尺寸效应。如光吸收显著、磁有序态向无序态转变等。

（2）表面与界面效应：纳米粒子的直径减小时，表面积则迅速增大，使表面的原子数急剧增加，增强了粒子的活性。

（3）量子尺寸效应：当粒子尺寸降到最低值时，费米能级附件的电子能级由准连续变为离散能级的现象。

尺寸微小是微机电系统的基本特征。当尺寸小到微米至亚微米量级时，会产生微尺寸效应，它的影响将反映到诸如结构材料、设计理论、制造方法、在微小范围内各种能量的相关作用及测量技术等许多方面。也就是说，工程上常用的尺寸缩放法不适用于由微尺寸元器件组成的微装置。因而，传统的设计理论、方法及一些物理定律不能完全套用，许多理念需要更新和重新建立，所以必须从新的构思出发去探索微机械由于尺寸效应形成的一些特殊现象和规律。如果不仔细研究微尺寸效应带来的物理现象，就很难构造出完美的微机械装置。

微尺寸效应对于元器件间的作用力有很大影响。随着尺寸的减小，与尺寸 3 次方成比例的如惯性力、体积力及电磁力等的作用将明显减弱，而与尺寸 2 次方成比例的如黏性力、表面力、静电力及摩擦力等的作用则明显增强，并成为影响微机械性能的主要因素。在微机械中，又由于表面积与体积之比相对增大，使热传导的速度也相对增加，所以在微机械设计中，对元器件间作用力的分析、控制及利用不同于传统的宏观机械。如在传统的电机设计中，多利用电磁力驱动，而在微型电机设计中，则多利用静电力驱动。又如微机械的能源很小，因而应尽可能地降低摩擦阻力造成的能耗，必要时可利用悬浮机理技术等措施实现零摩擦，最大限度地降低摩擦、磨损是保证微机械功能和寿命的关键，因而研究微机械中摩擦、磨损的特性与机理也就成为一项主要研究课题。

随着元器件尺寸的减小，元器件材料内部缺陷出现的可能性减小，因而元器件材料的机械强度会增加。所以微型元器件的弹性模量、抗拉强度、疲劳强度及残余应力均与大零件有所不同。

由于微尺寸效应，导致微机电系统的惯性小、热容量低，容易获得高灵敏度和响应快的特点。又由于微尺寸效应，导致微机电系统的前端装置如微传感器的输出信号十分微小，传统的测量工具和仪器难以实现如此微弱信号的检测，必须创造新的测量设备。

微机电系统尺度的缩小，集成化程度的提高，会导致工序增多，成本增高，所以应在试制前对整个微机电系统的器件、工艺及性能进行模拟分析，对各种参数进行优化，以保证微系统的设计合理、正确，降低研制成本，缩短研制周期。显然，传统的设计方法（基本上为试凑法）已难以满足上述新要求，必须寻求新的设计途径，其中最流行的就是微机电系统的计算机辅助设计(MEMS CAD)。运用 MEMS CAD,除了借鉴已有的机械 CAD 和电子CAD 工具外,还必须针对特定的微系统,开发专用的 CAD 建模软件,这方面有大量的工作要做。

总而言之,微机电系统自身的一些特征和内在规律,几乎都是由微尺寸效应引发而产生的,从而形成了微工程技术体系。

10.2.2 微机电系统分类

1. 传感 MEMS 技术

MEMS 技术指用微电子微机械加工出来的,用敏感元件如电容、压电、压阻、热电耦、谐振、隧道电流等来感受转换电信号的器件和系统。它包括速度、压力、湿度、加速度、气体、磁、光、声、生物、化学等各种传感器,按种类分主要有:面阵触觉传感器、谐振力敏感传感器、微型加速度传感器、真空微电子传感器等。目前,传感器的发展方向是阵列化、集成化、智能化。由于传感器是人类探索自然界的触角,是各种自动化装置的神经元,且应用领域广泛,未来将备受世界各国的重视。

2. 生物 MEMS 技术

利用 MEMS 技术可以制造化学/生物微型分析和检测芯片或仪器。例如,将微型驱动泵、微控制阀、通道网络、样品处理器、混合池、计量、增扩器、反应器、分离器以及检测器等元器件集成为多功能芯片,可以实现样品的进样、稀释、加试剂、混合、增扩、反应、分离、检测和后处理等分析全过程。它把传统的分析实验室功能微缩在一个芯片上。生物MEMS 系统具有微型化、集成化、智能化、成本低的特点。功能上有获取信息量大、分析效率高、系统与外部连接少、实时通信、连续检测的特点。国际上生物 MEMS 技术的研究已成为热点,不久将为生物、化学分析系统带来一场重大的革新。

3. 光学 MEMS 技术

随着信息、光通信等技术的迅猛发展,MEMS 发展的又一领域是与光学相结合,即综合微电子、微机械、光电子技术等基础技术,开发新型光器件,称为微光机电系统(MO-EMS)。它能把各种 MEMS 结构件与微光学器件、光波导器件、半导体激光器件、光电检测器件等完整地集成在一起。形成一种全新的功能系统。MOEMS 具有体积小、成本低、可批量生产、可精确驱动和控制等特点。目前较成功的应用科学研究主要集中在两个方面:一是基于 MOEMS 的新型显示、投影设备,主要研究如何通过反射面的物理运动来进行光的空间调制,典型代表为数字微镜阵列芯片和光栅光阀;二是通信系统,主要研究通过微镜的物理运动来控制光路发生预期的改变,较成功的有光开关调制器、光滤波器及复用器等光通信器件。MOEMS 是综合性和学科交叉性很强的高新技术,开展这个领域的科学技术研究,可以带动大量的新概念的功能器件开发。

4. 射频 MEMS 技术

射频 MEMS 技术是射频和 MEMS 技术的结合,可分为三个层面:由微机械开关、可变电容、电感、谐振器组成的基本器件层面;由移相器、滤波器等组成的组件层面;由单片接收机、变波束雷达、相控阵天线组成的应用系统层面。射频 MEMS 器件传统上分为固定的和可移动的两类,固定的射频 MEMS 器件包括本体微机械加工传输线、滤波器和耦合器,可移动的射频 MEMS 器件包括开关、调谐器和可变电容等。例如,射频开关是微波信号和高频信号变换的关键元件,和传统的开关相比,射频 MEMS 开关具有优越的微波特性和固有的重量轻、尺寸小、低功耗等优点。

10.3　微机电系统的材料和制造技术

传统的机电系统,用得最多的是金属材料,采用传统的机械制造工艺制作而成,而微机电系统最常用的则是硅及其化合物材料。

硅是容易获得的超纯无杂的低成本材料,有极好的机械特性和电学特性,非常适合制造微结构,便于利用集成电路(IC)工艺和微机械加工工艺进行批量生产,且硅微结构便于和微电子线路实现集成化。

集成电路制造技术,包括版图设计、刻蚀工艺、薄膜工艺以及模拟技术等已发展得较为成熟,能成功地用于微电子器件和集成电路的制作,但它不能完全满足微机电系统及其器件的制造。MEMS 技术的加工方法及其特性如表 10 - 1 所示。

表 10 - 1　MEMS 技术的加工方法及其特性

加工方法		公差/μm	材料	特性
蚀刻	湿法腐蚀	0～10	金属	高粗糙度
	电化学沉积	0～10	金属	低粗糙度
	LIGA	0～1	金属	低粗糙度
腐蚀	电火花加工	0～10	金属	结构化
	线切割	0～100	金属	结构化
	高频腐蚀	0～10	陶瓷	高粗糙度
蒸镀	Nd - YAG 激光器	0～10	金属、塑料、陶瓷	结构化
	准分子激光器	0～1	金属、塑料、陶瓷	结构化
	铜-气体激光器	0～1	金属、塑料、陶瓷	高粗糙度
	电子束	0～1	金属	低粗糙度
成型	注塑		塑料	高粗糙度
	金属压铸	0～10	金属	高粗糙度
	陶瓷压铸	0～10	陶瓷	高粗糙度
微加工	金刚石切削	0～1	金属、塑料、陶瓷	低粗糙度
	磨削、研磨、抛光	0～1	金属、陶瓷	低粗糙度

微机电系统及器件多种多样,像各种原理和结构的微传感器、微执行器及微结构等,不仅和微电子之间有交联,还和外界其他物理量相互作用,并且为体型结构。例如硅膜片在压力作用下会发生变形;悬挂在硅梁上的质量块受加速度作用后,会使硅梁变形,质量块也随之往复运动,而硅压力传感器和加速度传感器就是在上述机理的基础上分别设计和制造而成的。其间,传感器的敏感结构要和硅衬底相连,硅衬底还要装配在壳体上,传感器总体形成层与层之间互不相同的三维体结构。所以,微机电系统及器件的制造,远非 IC

加工工艺所能及，必须在 IC 工艺基础上扩展一些专用的微机械加工技术，包括体型加工技术、表面加工技术、构件间的相互组装技术、键合及一些封装技术等，才能制造出具有一定性能的微器件和微机电系统。

其实，微机电系统及器件的不同结构，这主要取决于掩膜版图的设计，它们的制备工艺和过程则是相似的，可归结为：① 掩膜版图的设计和制造；② 利用光刻版术将平面图形从掩膜版上转移到立体结构的硅晶片表面上；③ 通过 IC 工艺和专用的微机械加工技术，制造出所需要的微机电器件及系统；④ 封装和测试。

必须指出，性能优良的微器件及系统是经过不断改进版图设计和加工工艺而得到的，尤其是微加工工艺。如果没有高精度（nm 量级）的微加工工艺，版图设计改进得再理想，也不能获得性能优良的微器件及系统，换言之，高精度的微加工工艺是得到性能优良的微器件及系统的头等关键技术。

10.4　微机电系统的测量技术

由于微尺寸效应，导致微传感器、微执行器等的输出量衰减到微弱信号级，如运动位移、振幅及形变小到亚微米和纳米量级，将它们变换成可供接收和处理的电信息时，相应的电压量小到微伏、亚微伏乃至纳伏，电流量小到纳安，电容量小到 0.1～0.001 pF，为了把如此微弱的有用信号从强噪声背景下提取出来，从设计上考虑，必须遵循的原则是：设计合理的集成检测电路布局；检测电路必须与微机械装置（如微传感器）尽量靠近，最好能与传感器实现单片机集成或混合集成；尽量减短微系统的尺寸链，其目的都是为了尽量避免寄生信号的产生和干扰。

对于如此微弱信号的检测，目前还缺少标准化的测量方法和设备，因此，研究和开发微弱信号的测量技术和相应的设备，是保证微机电系统取得成功的另一项关键技术。

还有，微机电系统器件的制造，涉及纳米量级的加工精度。器件本身的几何量检测，都是传统的测量工具难以实现的。像如何测量微器件的尺寸和结构的误差，如何评价器件表面的原子和分子的几何结构；如何评价薄膜表面的平整度和起伏等，都是摆在测量技术面前的重要课题。

目前，能够在纳米范围内进行测量的仪器，是 20 世纪 80 年代中前期基于量子隧道效应创造的扫描隧道显微镜（Scanning Tunneling Microscopy，STM）或称扫描探针显微镜。其工作原理是利用超细的金属纳米探针（纳米尖）和被测样件表面的 2 个电极，当探针尖与样件表面非常接近（如 1 nm）时，在探针与表面形成的电场作用下，将产生隧道电流效应，即电子会穿过二者之间的空隙从一个电极流向另一个电极，隧道电流的大小与空隙大小有关。当空隙增大时，电流指数形式衰减，灵敏度极高。

测出探针在非常接近的被测样件表面上扫描产生的隧道电流变化，即可得知样件表面在纳米尺度内各点位置的微细变化，即表面的三维空间形貌。

在 STM 的基础上，现已发展了多种扫描探针的显微技术，以适应不同领域的需要。这些显微技术都是利用探针与样件的不同相互作用，探测表面在纳米尺度上表现出来的微细变化。如原子力显微镜（Atomic Force Microscopy，AFM），就是利用探针和被测表面之间微弱力的相互作用这一物理现象，对被测样件表面进行扫描测量，得知纳米形貌。AFM 的探测力极其微弱，形成与被测表面轻微接触或接近于非接触（相互作用力仅为几微牛）的模式。这种程度的接触模式是不会使样件表面产生形变和损伤的。

AFM 除与 STM 一样，可以对导体进行探测外，还可以用于绝缘体表面的探测；因而具有更广的适应性。图 10.1 是用 AFM 扫描测量出的多晶硅芯片的表面粗糙度。尽管有 21 nm 的凹凸不平度，但给人的直观感觉仍是非常光滑的表面。

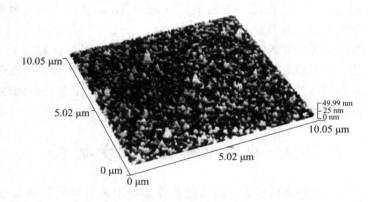

图 10.1　AFM 扫描测量结果示例

还应指出，STM 和 AFM 扫描显微镜可视为微型坐标测量仪，除含有核心部分—纳米探针外，还含有扫描装置、信息处理及图像分析部分。扫描装置确保探针相对样件表面产生三维(x，y，z)扫描运动；信息处理和图像分析部分除对探针得到的信息进行处理外，还应控制三维扫描系统正确工作，最终给出样件表面的三维图像特征。

10.5　微机电系统的应用

微机电系统及微器件在各种工程和科学领域的应用大有发展前途，可用它实现信息获取（微传感器）、信息处理（微电子技术）乃至信息执行（微执行器）等多种多样的功能。优先应用的主要领域包括航空航天、生物医学、微流量控制、微探头和显微技术、信息科学、微光学技术、微机器人及环境监测等。它是改变人类生活的一项尖端技术。

10.5.1　在航空航天方面的应用

微机电系统在飞行器的电子设备、飞行器设计及微小卫星等技术方面都有重要的应用。图 10.2 所示为机载分布式大气数据计算机，它由全压-静压-攻角为一体的多功能微型大气数据探头（或称组合式空速管）、微型压力传感器（静压、差压及动压）以及信号处理单元直接组成，其封装在壳体内，形成一个微机电系统。多功能微型大气数据探头把感受的大气数据直接输入相应的微传感器，并将其变换为电信号，再经信号处理单元解算和补偿后，以总线信号方式提供给飞机上飞控、火控、导航及环境控制等各系统使用。与现在飞机上使用的常规型分离式大气数据计算机相比，其体积和质量下降 1～2 个数量级，减轻质量和减小体积，对于飞机和空间飞行器来说是至关重要的。

类似情况，集合微陀螺、微加速度计及其信号处理单元，便可构成微型惯性导航系统。该系统也是以硅材料为主，用微机械加工工艺制造而成的，其体积和质量比常规惯性导航系统至少下降 2～3 个数量级。这种微型惯性系统，在未来飞机和航天器的姿态控制、测量及导航方面具有重要的应用价值。

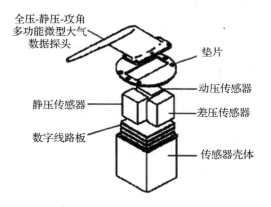

图 10.2　机载分布式大气数据计算机

现代飞机和飞行器的结构更多地采用复合材料，已成为发展趋势。尤其引人注目的是在复合材料内分布嵌入微机电系统功能单元(微传感器＋微执行器＋微电子线路)，便可得到期望的、程序可控的材料和结构组态。这些材料和结构被称为 Smart(机敏)材料和Smart 结构，这种 Smart 结构具有自我监测和检测的功能，能连续地对结构的应力、振动、声、加速度、气动阻力及结构完好性(或损伤)等多种状态实施监测和检测。例如，若将能测量和控制气动涡流和扰动气流的 MEMS 单元分布嵌入飞机机翼表面，使其成为主动柔性表面，便可对气流扰动或涡流形成主动抑制，就能明显地降低气动阻力，改善飞机飞行的机动性。类似的主动活动表面也可用于转动直升机的桨叶、燃气轮机的叶片，以达到减振降噪、提高功效的目的。

可以预见，利用具有程序可控、动态可调的 Smart 材料和结构继而可以研发活动机翼的飞机，这种新型飞机会像鸟儿一样飞翔，用活动机翼调节空气阻力达到节省燃油、提高性能的目的。

Smart 材料和结构在其他方面的重要应用：有源和无源结构的振动阻尼及其控制；有源和无源噪声阻尼及其控制，像潜艇用 Smart 结构表面(蒙皮)即可提高潜艇的减噪功能和隐身性能；桥梁、高速公路及地震结构的监测与报警等。

微机电系统对发展微小卫星起着重要的促进作用，它的应用使微小卫星的质量降至10 kg 以下。不久的将来，含有多种微传感器、微处理器、天线、微型火箭及微控制器等在内的集合体，将会用微米和纳米制造技术把它们制作在同一块硅基片上，成为单片微小卫星。这些微小卫星发射上天后，形成星团(或称浮动层)，这个星团就是分布在一定轨道上的微小卫星结构体系，可以保证在任何时刻对地球上的覆盖区进行监视。

微机电系统也推动了无人驾驶微型飞机的实现。利用微、纳米制造技术制造出来的微型飞机样机可以放在手掌上，其翼展仅有 15 cm，靠体积仅有纽扣大小(直径＜1 cm)的涡轮喷气发动机或微型马达来驱动，这种微型飞机可用于常规军用侦察机监观不到的巷道和阴山背地的地方侦察，搜集情报。

现在仅有 1 cm 大小的直升机样机已经被制造出来，它由两台微型马达提供动力。尽管微型飞机尚未完全达到可实战应用的阶段，但军事部门对制造微型飞机表现出极大的兴趣。

10.5.2　在生物医学方面的应用

微传感器、微执行器及微系统在生物医学和工程方面的应用，对促进医疗器械的改善，加速疾病的预防、诊断及治疗都有重要作用。主要应用场合有：腔内压力监测、微型手术、生物芯片、细胞操作、仿生器件等。

腔室压力测量已应用于临床，如颅内压力、胸腔压力、心脏房室及其他血管等部位的压力监测等。图 10.3 所示为用于颅内压力监测的微系统，它由微型压力传感器（如硅电容式压力微传感器）和遥测单元组成。植入颅内腔的压力微传感器可以实时监测颅内病灶部位的压力变化，如脑出血时压力会增高。微型压力传感器实时检测信息，经内导线传给遥测单元输出，供医生做出正确判断，以便确定适宜的治疗方案。

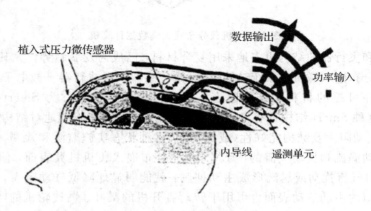

图 10.3　颅内压力监测微系统

在治疗头颅外伤和神经外科的疾病时，颅内压力实时监测非常重要。以往临床上采用的导管系统测定方法不安全，因为导管仅能保留几天，必须撤换，超期使用会增加感染的危险。

微机电系统或微执行器在微型手术方面有广阔的应用前景，新近问世的用于做细微手术的微小型机械手就是一例，这种机械手由 3 个微型驱动器驱动，在直径 12 mm 的机械手尖端有长 10 mm 的指尖，可以执行"抓住"和"转动"等动作，并能深入到一般机械手所不能及的患部实施如缝合、结扎等微细手术，进一步提高和完善这种微型机械手的可操作性有望代替只有熟练医生才能实现的手术动作和质量。

在医学超声成像技术中，应用已开发出的通过体腔直接靠近受检脏器的微型成像探测器（探头），对提高医疗水平和质量大有帮助。

以往的超声成像探头，都是通过体表对内部脏器发射超声频率，对受检者患部进行探测。由于超声在体内的衰减与频率成比例，所以超声频率受到患者体征和检查部位的限制，导致探测的分辨率低，难以显示细微的组织结构和更多的生理、病理信息，乃至造成误诊。而采用直接插入体内患部的超声波微探测器，则会明显提高探测分辨率和图像清晰度，并能获得更多的生理、病理信息，便于对疾病做出正确的判断，早发现，早治疗。

如超声波对癌症的诊断，通过将一个微型探测器插入肿瘤，利用声波脉冲为周围组织成像并显示的方法，可对肿瘤进行实时鉴定和分类，判断是良性还是恶性。这种直接探测的方法，能通过侵入程度最低的快捷方式，达到与外科活组织检查相同的效果。

利用 MEMS 器件微小和智能的特点，可以实现在人体器官内部实施细微操作和检查，对疾病的治疗大有裨益，这是 MEMS 技术对生物医学发展的一大贡献。

生物芯片是 MEMS 医用器件潜在的应用领域。芯片是采用微、纳米加工技术在面积不大的基片(如硅片、玻璃片及尼龙片等)表面有序地排列若干固定点阵，点阵中每一个微元部是一个微传感器探针，构成微传感器阵列，可用于生物基因检测和分析等。例如，对人类基因组 DNA(脱氧核糖核酸)长链上的化学序列的测定、基因(密码)图谱鉴定以及基因突变体的检测和分析等，都可在制作好的 DNA 芯片上进行操作和处理。

由于检测、分析及处理都是在芯片上进行的，故可称为芯片实验室 LOC。芯片实验室基因分析法与传统的实验室基因分析法相比，检测效率大大提高，工作量明显减少，可比性显著增加。

综上所述，生物芯片分析，实际上是微传感器检测和分析的组合。芯片技术的需求，必然会促进医用或生物微传感器的发展，反之，医用或生物传感技术的研发，也必然会促进生物芯片技术的发展和应用。

长期以来，生物医学界一直期望能对单一细胞和生物大分子进行探测和操作。采用 MEMS 微小器件能使这一期望得以实现。生物细胞和生物大分子(如 DNA)一般在 $1 \sim 10~\mu m$ 的量级，利用微、纳米加工技术能按这个尺寸的大小加工、组装具有一定功能的微小装置，探测和操作细胞的运行、并能引导细胞进行自我组合。例如细胞融合技术，就是利用遥控的微操作机器人，先把两个要融合的细胞导入融合室，然后通过电场作用，将两个细胞沿电场方向排列并融合起来，构成一个新的细胞，实现细胞融合。

运用 MEMS 微小器件实现的细胞操作技术，不仅被用于探测细胞的运行机制，分析生物纳米大小的结构和性能，还可以发现，甚至修复一个个分子上出现的小故障，并通过开关基因来抵御疾病的发生，这些，对生物医学的影响是难以估量的。

MEMS 器件也应用于仿生器官。仿生器官由许多模仿生物器官组织的基本微结构构成，每个基本微结构类似有机体的一个细胞、基因甚至某生物体。借助 MEMS 制造技术可将这些微结构加工、组装成仿生微装置或微系统。该微系统在人或动物体内就能像蛇那样完成柔性运动、这样的微系统在医学上，如低侵袭性外科手术和人工器官组织更换等方面，有着重要的应用。当然，这些仿生微系统应选用与生物机体的物性类同的材料制成。

电子鼻是仿生器官的一种。它是模仿人和动物嗅觉器官功能的仿生系统，由气敏传感器阵列、模式识别及相关的信号处理电路构成，用来探测和识别各种气味。如今，借助于 MEMS 技术，电子鼻越做越小甚至可以将上百、上千个微型气敏传感器(相当于生物的嗅觉感受器)及其相关部分集成在同一芯片上，成为电子鼻芯片，其功能更接近于生物的嗅觉感官(人类鼻子具有上万个气敏传感器的功能)。

电子鼻的应用领域十分广泛，其中较早、较多的是食品工业领域。如今它在医药、卫生、大气监测、有毒气体检测、汽车尾气检测、安全生产、公安及军事等诸多领域都有应用。

10.5.3 在微流量系统方面的应用

微流量系统由微阀、微泵及微型流量传感器等器件组成，经微机械加工，将这些微器件制作在同一块硅衬底上，形成微流量共同体，微流量通道（含孔和沟渠）刻蚀在与硅衬底键合在一起的硼硅酸玻璃片上。如图 10.4 所示为一种微流量化学分析系统的原理结构，其整体尺寸只有 $0.9~cm^2$，含 2 个压电驱动膜片泵、2 个热电式微型流量传感器、1 个化学反应室，具有体积小、所需样品量少的优点，在性能上还能确保被分析、化验及检验的流量感受到同样的温度分布、吸热反应、清洁反应过程及精确的流量控制。这些都是运用 MEMS 技术实现的，是过去那种分离式的常规流量系统无法做到的。

微流量系统在其他方面也有重要的应用，如太空微型推进系统、喷墨嘴、射流元件以及气体与液体的色谱分析等。

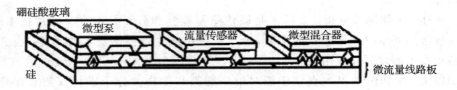

图 10.4　微流量化学分析系统原理结构

10.5.4 在信息科学方面的应用

信息本身没有质量和尺寸，但信息存储、交换、操作及传输过程中外接的微型化、低功率的 MEMS 器件却是不可或缺的基础件，如计算机系统中的微机械存储器、激光扫描器、磁盘和磁头及打印头等，它们不仅具备信息交换和存储的能力，同时也有助于改进信息的敏感度及显示的密度和品质。

射频（RF）MEMS 器件，包括 RF 微机械开关、微机械谐振器、微机械可调电容器、微机械电感器和滤波器、微机械天线以及雷达系统用的 RF 器件等，它们都是无线电通信设备中不可少的基础组成件。人们正以极大的兴趣，采用 MEMS 制造技术，对这类微型器件进行开发和实用化研究。

MEMS 器件和系统在信息科学中的应用，对移动通信及信息技术实现微型化、低功耗等都具有重要作用。

10.5.5 在微光学方面的应用

利用微米和纳米制造技术，现已开发出许多用于传感器、通信及显示系统的分立式或阵列式微型光学器件，它们可以实现传统光学设备所能实现的如折射、衍射、反射及致偏等功能，而且实现了小体积、轻质量及低功耗。

这些微器件包括光纤传感器、光开关、光显示器、光调制器、光学对准器、变焦距反射镜、集成光编码器、微光谱仪及微干涉器等。它们又各有主要的应用场合。例如光开关主要应用于光纤通信系统，而光显示器的主要应用领域有投影显示、通信设备及测量显示等；又如在 F-22 战机的驾驶舱中，采用了 7 个多功能彩色液晶显示器，其中显示彩色图像的就是数字式反射镜器件；等等。

10.6　微机电系统的发展

10.6.1　微机电系统的发展历史及研究现状

1954 年，Western Reserve University 的 C. S. Smith 教授在 Bell 实验室进修时发表了关于压阻效应的文章，为压力传感器和应力传感器等器件的研究提供了良好的理论基础。1959 年，诺贝尔物理奖获得者 Richard Feynman 发表文章 *There is Plenty of Room at the Bottom*，从而开辟了微细加工的新纪元，Richard 指出"在微尺度上操控物体的研究还是一片空白"，而这个领域"可能会展现出很多在复杂情形下出现的有趣而奇怪的现象"。他预言该领域"将会有大量的工程应用"。Richard 的远见卓识一直激励着许多科学家向微小世界挺进，此后产生了 MEMS 技术和纳米技术。1982 年，K. E. Peterson 在 *Hilton Head Workshop* 上发表了 *Silicon as a Mechanical Material* 的文章，从此"微机械"这个词应运而生。随着 MEMS 技术发展和人们对这项新型技术重要意义的深入理解，各国不断提高对 MEMS 技术的重视程度。1987 年，首届有关 MEMS 的"微型机器人和远程操控技术"研讨会在美国海恩尼斯举行。1989 年，美国 NSF（National Science Foundation）开始资助 MEMS 的研究并启动了第 1 组 MEMS 计划。两年以后，日本也开始实施了一个为期 10 年的"微型机械加工技术"大型研究开发计划，这两个计划对世界 MEMS 发展有着重大影响。在学术领域，与 MEMS 相关的很多会议和期刊也不断创立。1981 年，*Sensors and Actuators* 期刊创办，同年，第 1 届国际传感器大会（Transducers）在美国波士顿举行；1988 年，第 1 个 MEMS 的会议"MEMS，MST，Microsystems，Micromachining"在美国举行；1992 年，第 1 期 MEMS 的专业期刊"微电子机械系统"（JMEMS）发行。从此，MEMS 技术使人们眼前豁然开朗，大量的资源投入到 MEMS 技术研究和产品开发领域，人们寄予 MEMS 技术极大的期望。在过去的 20 多年中，人们对 MEMS 展开了大量研究和探索，并取得巨大进展，使 MEMS 技术从单个器件阶段发展到系统集成阶段，从单一器件如物理传感器发展到了多样化的阶段，从实验室的研究阶段逐渐发展到了大规模生产和应用的阶段。成功的工业产品和突出的科研成果主要有以下几方面：

（1）HP 公司的喷墨打印机喷头。它利用微加工技术制造出微小的底部有加热元件的喷腔阵列，工作时，加热元件被电脉冲急速加热，使加热元件附近的墨水汽化，形成气泡，气泡会将一定量的墨水挤压出喷嘴，从而完成一个喷墨过程。MEMS 打印喷头在打印机行业占有很大的市场份额。

（2）通用 Nova Sensor 公司的压力传感器。MEMS 压力传感器是最早开始研制，也是最早开始产业化的 MEMS 产品，已广泛应用于医疗、汽车和工业控制等领域。

（3）Analog Devices 公司的加速度传感器和陀螺仪。传统的加速度传感器和陀螺仪精度很高，但结构复杂，成本高，体积大，一般仅用于导航领域，难以用于消费品领域。MEMS 加速度传感器和陀螺仪体积小，成本低。由于器件质量和体积的限制，其测量精度还难与传统的陀螺仪相媲美，但已经足以在汽车工业、照相机及电视游戏等消费品、玩具和医用仪器领域发挥广泛的应用。

(4) TI 公司的数字光学控制器（DLP）。其核心是一种数字微镜器件（DMD），通过数字信息控制数十万到上百万个微小的反射镜，每个微镜的面积只有 $16~\mu m \times 16~\mu m$，微镜按阵列排布，每个微镜可以在二进制数字信号的控制下，在两个不同的位置上进行切换转动，从而将图像投影在屏幕上。

(5) 生物芯片和微流体器件迅速发展。生物芯片和微流体器件是微加工技术、微流体理论和生物医学技术结合的产物。这一领域将成为 21 世纪微机电系统发展的一个热点。微加工技术可以制造各种尺寸微小的结构，因此微型化的生物芯片仅用微量生物采样即可以同时检测和研究不同的生物细胞、生物分子和 DNA 的特性，并有集成、并行和快速检测的优点。

(6) MEMS 技术在通讯领域的应用。在移动通信领域，MEMS 的产品主要有可变电容、高 Q 值的电感、低损耗的开关及低损耗的射频滤波器。射频滤波器已大量应用于移动通信器材中。另一个重要领域是光通信，建立全光交换系统一直是光通信的发展方向。基于 MEMS 技术的光开关被认为是实现全光交换最有希望的技术。微加工技术可以在硅片上制造出三维的微小反射镜阵列，每一个反射镜都有一个可活动的并被电信号控制的微镜支架，控制信号可以使微反射镜从水平方向站立起来，从而将入射光信号反射制定到指定位置。

在过去的 30 年中，由于大量资源的投入，高等院校和工业界基本上对 MEMS 的各个领域都进行了很充分的研究，积累了大量的经验，使得 MEMS 技术从一种概念和设想发展成为了一项成熟的技术。技术的发展和完善将大大缩减 MEMS 的研发周期，克服 MEMS 技术商业化的昂贵弊端，从而大大加快 MEMS 技术的发展。另外，多年的发展已经使 MEMS 技术深入人心，同时人们在各个领域尝试了 MEMS 技术的应用，并开拓和培养了潜在的市场。市场的多元化发展和日益成熟，也给 MEMS 技术带来了良好的发展机会。一种技术的健康发展总是遵循着从实验室研究到工业化生产，然后再用产品所赚取利润资助实验室研究，从而进一步完善技术的过程。现在 MEMS 技术已经进入了工业化的阶段，并且很多产品已经开始赚取丰厚的利润。更可喜的是很多公司已经渐渐开始资助大学及研究机构进行更深层次的实用科研工作，使 MEMS 技术的发展进入了一个良性循环的过程。MEMS 技术在军事、航天、信息、医学、工业和农业等领域有着广阔的应用前景，受到了世界各国的高度重视，相继投入了大量的人力、物力开展了对 MEMS 器件的研究。美国、欧洲、日本、新加坡等国家均制订了国家级发展计划加以推动。我国的 MEMS 研究始于 20 世纪 90 年代，清华大学、北京大学、上海交通大学、中科院上海冶金研究所等几十所高校和研究所成立了研究小组，主要从事微机械动力学等基础理论的研究，并在微电机、微马达、微惯性测量等方面取得了阶段性的成果。

10.6.2 微机电系统的发展趋势

(1) 微型化、细分化。MEMS 器件的体积小，重量轻，耗能低，惯性小，谐振频率高，响应时间短。MEMS 系统与一般的机械系统相比，不仅体积缩小，而且在力学原理和运动学原理，材料特性、加工、测量和控制等方面也发生了变化。在 MEMS 系统中，所有的几何变形是如此之小（分子级），以至于结构内应力与应变之间的线性关系（虎克定律）已不存在。MEMS 器件中摩擦表面的摩擦力主要是由表面分子之间的相互作用力引起的。

MEMS 器件以硅为主要材料。硅的强度、硬度和杨氏模量与铁相当，密度类似于铝，热传导率接近铜和钨，因此 MEMS 器件机械电气性能优良，深度的微型化和细分化是微机电系统的发展趋势。

（2）生产批量化、规模化。由于 MEMS 应用领域广，需求市场大，采用类似集成电路（IC）的生产工艺和加工过程，用硅微加工工艺在一硅片上可同时制造成百上千个微型机电装置或完整的 MEMS，使 MEMS 有极高的自动化程度，批量生产可大大降低生产成本，而且地球表层硅的含量为 2%，几乎取之不尽，因此 MEMS 产品在经济性方面更具竞争力。在规模经济的驱使下，各企业会继续批量生产，追求生产成本最小化。从这个意义上来讲，规模化和批量化的生产是微机电系统的发展方向。

（3）广度的集成化。MEMS 可以把不同功能、不同敏感方向或制动方向的多个传感器或执行器集成于一体，或形成微传感器阵列和微执行器阵列，甚至把多种功能的器件集成在一起，形成复杂的微系统。微传感器、微执行器和微电子器件的集成可制造出高可靠性和稳定性的微型机电系统。未来一段时间，微机电系统的研发重点是如何更广的实现不同传感器和执行器的集成，实现机电一体化。

（4）扩展方便化。由于 MEMS 技术采用模块设计，因此设备运营商在增加系统容量时只需要直接增加器件/系统数量，而不需要预先计算所需要的器件/系统数，这对于运营商是非常方便的。

（5）多学科交叉进一步深化。MEMS 涉及电子、机械、材料、制造、信息与自动控制、物理、化学和生物等多种学科，并集中了当今科学技术发展的许多尖端成果。通过微型化、集成化可以探索新原理、新功能的元件和系统，将开辟一个新技术领域。

（6）微流动系统快速发展。微流动系统作为微机电系统的一个重要分支，近年来取得了很大的进展。微流动系统是由微型泵、微型阀、微型传感器等微型流动元件组成的，可进行微量流体的压力、流量和方向控制及成分分析的微电子机械系统。作为微机电系统的一个较大分支，微流动系统同样具有集成化和大批量生产的特点，同时由于尺寸微小，可减小流动系统中的无效体积，降低能耗和试样用量，而且响应快，因此有着广泛的应用前景。如液体和气体流量配给、化学分析、微型注射和药物传送、集成电路的微冷却、微小型卫星的推进等。

思 考 题

1. 为什么工程上常用的尺寸缩放法不适用于对 MEMS 的研究？
2. 何为纳米技术？微型化可能引发新一轮工业革命吗？
3. 试述 MEMS 技术的特点。
4. 论述 MEMS 对航空航天仪表发展的作用。

第 *11* 章 典型机电一体化技术应用的实例分析

【导读】 汽车 ABS 系统和日常生活中的电梯是机电一体化技术应用的典型产品，综合应用机电一体化系统的基本组成、原理、设计方法等知识，剖析其机械系统、传感器及检测技术、伺服系统以及控制技术等，对掌握机电一体化整体系统的设计原则和技术方法，掌握机电一体化系统的设计思路与设计方法，真正了解和掌握机电一体化的重要实质，从而能够灵活地运用这些技术进行机电一体化产品分析、设计与开发，充分发挥机电一体化在实现系统高性能、智能化、节能降耗、微小型化等方面有着重要意义，能达到举一反三的目的。

11.1　汽车 ABS 系统

11.1.1　ABS 的定义

汽车在行驶过程中，经常要用制动的方式来降低车速，若是遇到紧急情况，驾驶员可能会过度制动，而过度制动会使车轮抱死，完全抱死的车轮会使轮胎与地面的摩擦由滚动摩擦变为滑动摩擦，从而使摩擦力下降，制动距离变长。如果前轮抱死，汽车将失去转向能力；如果后轮抱死，汽车可能出现侧滑甩尾，驾驶员无法控制汽车的行驶方向。这种保证汽车在任何路面上进行紧急制动时，具有自动控制和调节车轮制动力、防止车轮完全抱死的系统称为制动防抱死系统 ABS。没有 ABS，要想将汽车停得快停得稳，就需要经验丰富的老驾驶员不断点刹，才能达到最佳效果；有了 ABS，一旦检测到车轮滑移失控就不断调节刹车管路压力，从而让车辆在最短的距离稳定地制动。也就说，ABS 像老驾驶员的操作方式一样，不过频率比老驾驶员快多了，还不会失误。ABS 系统概念的提出是在 1908年。直到 1978 年德国 Bosch(博世)公司才将第二代 ABS 系统装于奔驰、宝马车上，使其成为实用系统。目前，ABS 正向着与自动巡航控制、稳定性控制等车辆控制技术集成化的方向发展。

11.1.2 车轮滑移率及对车辆制动的影响

汽车在运行时可能会由于某种原因产生侧滑力，这种侧滑力实际上是由离心力造成的。侧滑力可以由摩擦力予以平衡，使汽车沿着驾驶员指定的方向运行。这种摩擦力称为侧滑摩擦力。而决定这种侧滑摩擦力大小的摩擦系数称为侧向附着系数，常用 μ_S 表示。另外还有一个附着系数，它能决定制动时制动力的大小，称为制动附着系数 μ_B。汽车在正常行驶时可以认为车轮是纯滚动状态，此时车速与轮速相等。当车轮抱死时，车轮在路面上为纯滑动状态，此时轮速为 0。而在制动情况下，若车轮未抱死，则车速与轮速之间出现了一个速度差。车轮的状态用滑移率 S 表示为

$$S = \frac{车速 - 轮速}{车速} \times 100\%$$

可以看出，正常行驶时 $S=0\%$；车轮抱死时 $S=100\%$；而制动、车轮未抱死时，$0\% < S < 100\%$。滑移率 S 与侧向附着系数 μ_S、制动附着系数 μ_B 之间存在着一定关系，这种关系可以用图 11.1 说明。可以看出，当路面与轮胎的滑移率 $S > 20\%$ 时，路面提供的附着力将会逐渐减小，因此制动效果也将降低，当 $S = 20\%$ 时，μ_B 达到最大值，而且 μ_S 的值也较大，这时就能获得最大的制动力，从而缩短车辆制动距离，也能获得较大的抗侧滑能力，具有较好的制动效果。ABS 系统就是要将 S 控制在 20% 左右。

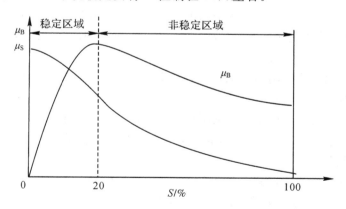

图 11.1 S 与 μ_S、μ_B 之间的一定关系示意图

11.1.3 理想制动过程

由上面的讨论可知，当 $S = 20\%$ 时可以取得最好的制动效果，称该点的 μ_B 为 μ_{Bmax}。实际制动距离还与达到该点的时间有关。时间越长，则制动距离越长；时间越短，则制动距离越短。当该时间 $T=0$ 时，制动距离最短，称为最佳控制。由于轮胎运行时的 μ_{Bmax} 变化范围很大，在结冰道路上 $\mu_{Bmax}=0.1$，而在干燥混凝土路面上 $\mu_{Bmax}=0.8$。因此要人为控制制动过程是不可能的。利用机电一体化系统中的传感器、ECU 和机械装置的共同配合可以完成这一过程。控制过程描述如下：车轮旋转刚刚超过稳定界线进入非稳定区时，迅速、适当地降低制动力，使制动力矩略小于车轮转矩，使滑移率再次进入稳定区，同时靠近

$S=20\%$的点；随后再次将制动力加大到使 S 略微超出稳定界限，再减小制动力；如此反复，使 S 稳定在 $S=20\%$ 点附近的狭小范围内。这样不仅可以保证驾驶员对车辆的控制，同时也可以保证获得最短的制动距离。

11.1.4 ABS 的组成

ABS 是在普通制动系统的基础上加装车轮速度传感器、ABS 电控单元、制动压力调节装置及制动控制电路等组成的，其构成如图 11.2 所示。

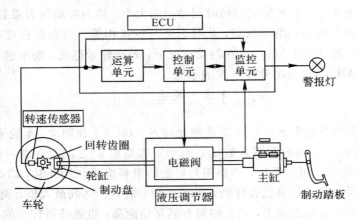

图 11.2 ABS 的组成

制动过程中，ABS 电控单元不断地从前轮速度传感器和后轮速度传感器获取车轮速度信号，并加以处理，分析是否有车轮即将抱死，如有，则立即向制动压力调节装置发出指令调节制动轮缸压力。ABS 与传统制动方式最大的区别在于 ABS 需要控制制动力，因此在制动系统的结构上也与传统制动系统有很大的不同。ABS 各组成部分的功能如下：

1. 轮速传感器

轮速传感器测出与车轮或驱动轴共同旋转的齿圈齿数，产生与车轮转速成正比的交流信号，从而测量车轮的转速，并以此判别车轮是否有抱死的情况发生。

2. 电控制单元(ECU)

电控单元具有运算功能，能接收轮速传感器的交流信号并计算出车轮速度、滑移率等，通过对这些信号进行分析，对制动压力发出控制指令。ABS 的 ECU 内部电路框图如图 11.3所示。

3. 制动压力调节器

制动压力调节器用来调整车轮的制动力。它由电磁阀、液压泵和储液器组成。制动压力调节器接受 ECU 的指令，控制电磁阀动作，通过电磁阀的阀芯移动达到控制制动压力的目的，这样便能控制制动力的大小，使车轮处于最佳滑移状态。制动压力调节器主要由电磁阀、电动泵和蓄能器等组成，各组成部分功能如下：

1）电磁阀

电磁阀通常为三位三通和二位二通、二位三通、二位四通。对于 ABS 制动系统来说，每个制动轮都有一个电磁阀用来控制其制动压力。这种阀的阀芯位置取决于电流的大小。当电流为 0 时，阀芯处于最下端；小电流时阀芯处于中间位置；大电流时阀芯移动到上部。

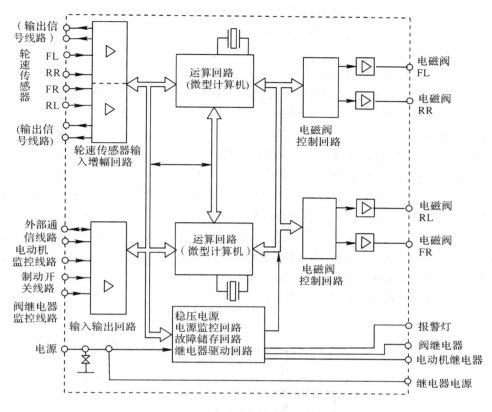

图 11.3　ABS 的 ECU 内部电路框图

2）电动泵

电动泵为直流电动机和液压泵的组合，用来为 ABS 刹车系统提供刹车压力。电动泵的工作由设置在泵出口的压力控制开关控制。当蓄能器内的制动液压力低于设定值时，压力控制开关闭合，启动电动泵，将制动液泵入蓄能器。当压力超过设定值时，压力控制开关断开，电动泵停止工作。

3）蓄能器

蓄能器的主要作用在于向制动助力器、制动轮缸或调压缸供给高压制动液，作为制动的能源。并不是所有的 ABS 系统都带有蓄能器，对于直接控制式 ABS 系统，就不用蓄能器。在这种情况下，当 ABS 工作时驾驶员会感觉到刹车踏板"弹脚"。另外还有储油器，也将其归为蓄能器范围。但储油器压力低，主要用于接纳回流的制动液。

11.1.5　ABS 工作原理及控制程

1. ABS 的形式

ABS 制动系统按照传感器的数量和控制车轮的数量可以分为以下几种形式。

（1）四传感器四通道式。这种形式的制动系统共有 4 个轮速传感器和 4 个液压控制通道，可分别对 4 个车轮的制动力进行控制。

（2）三传感器三通道式。两个轮速传感器分别装于两个前轮上，第三个轮速传感器装于差速器上。控制时，两个前轮分别控制，两个后轮同时控制（使用同一条液压管路）。

（3）四传感器三通道式。两个轮速传感器分别装于两个前轮上，两个后轮的轮速传感器信号经 ECU 计算后控制两个后轮同时动作。

（4）四传感器二通道式。两个传感器分别控制两个前轮，两个后轮传感器信号送 ECU 计算出基准速度，利用对角前轮的制动压力控制后轮。

（5）二传感器二通道式。二传感器二通道式 ABS 属于机械式 ABS，用于摩托车。

（6）一传感器一通道式。一个传感器，一条液压管路，只控制后轮。

2. 控制过程

如前面所述，ABS 控制过程是要控制滑移率在 20％附近。这一控制过程是通过液压系统实现的。整个控制过程可以分为加压、保压和减压。ABS 的工作过程主要分为以下 4 个阶段：

（1）正常制动（ABS 不工作）。车辆在行驶过程中，当驾驶员踏制动踏板发出制动信号时，制动器开始工作，正常制动时制动力较小，车轮尚未抱死滑移，ABS 不起作用，来自制动主缸的制动液经三个电磁控制阀直接进入四个轮缸，产生制动作用。放松制动踏板解除制动时，轮缸中的油液经电磁控制阀流回主缸。图 11.4 是对常规制动过程的一个描述。在常规制动过程中，电磁阀不通电，柱塞位于最下端，主缸与轮缸直接相通，主缸可以直接控制制动压力。在这种情况下，电动泵不工作。

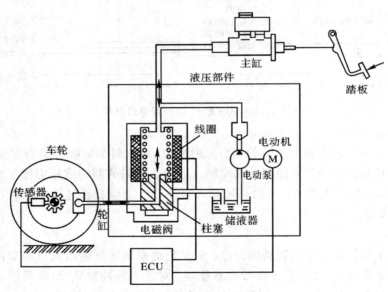

图 11.4　ABS 不工作（常规制动过程）

（2）降压状态。当汽车制动使车轮处于即将抱死状态时，ECU 根据传感器的信号发出指令，通往主缸的油路被关闭，而 4 个轮缸与储压器相通，轮缸内的高压油经电磁阀流入储压器，制动压力降低，防止车轮抱死；与此同时，受 ECU 的指令，电动油泵开始工作，把流入储压器的油液加压后输送回主缸，为下一次制动做好准备。如图 11.5 所示，给电磁阀施加大电流，电磁阀的柱塞被提升至高位。此时轮缸与储液器通过电磁阀阀腔直通，使得制动力降低。与此同时电动泵启动，将油液压入主缸。这里的电动泵称为再循环泵，其作用是把减压过程中轮缸流出的制动液送回到高压端，以保证 ABS 工作时制动踏板的行程不会变化。因此，此电动泵在 ABS 工作过程中必须常开。

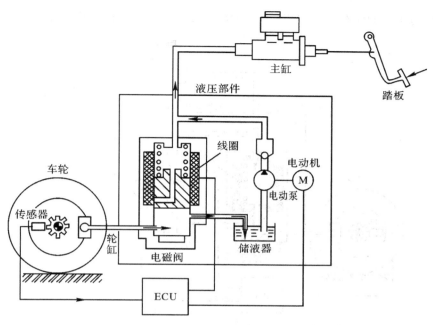

图 11.5　ABS 工作(减压过程)

（3）保压状态。当制动分泵减压（或增压）到最佳制动状态时，根据轮速传感器发出的信号，ECU 发出相应的指令，各阀口关闭，保持轮缸中的油压。此过程中电磁阀被通以小电流，柱塞位于中位，轮缸的油路被堵死，从而保证轮缸的油压力不变，进而保持制动力（见图 11.6）。

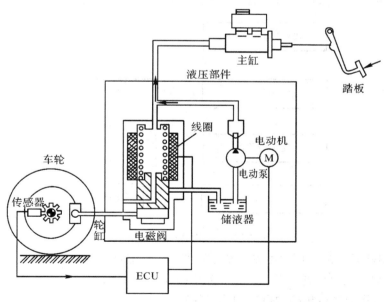

图 11.6　ABS 工作(保压过程)

（4）升压状态。当制动力不足时，ECU 发出信号，主缸和轮缸再次相通，主缸中的高压制动液经三位电磁阀进入轮缸，使制动力迅速上升。该过程中电磁阀被断电，柱塞被置于下位。此时主缸的油路与轮缸相通，从而将制动踏板的压力传递给轮缸（见图11.7）。

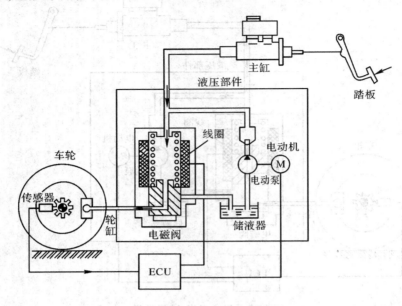

图 11.7　ABS 工作（升压过程）

　　ABS控制上述降压、保压、升压状态，使之相互交替进行，控制滑移率保持在10%～20%，从而保证汽车获得最佳制动效果。ABS控制原理如图11.8所示。在制动过程中，确定车辆实际纵向速度非常困难，因此大多数ABS系统都是由电控单元根据各车轮转速信号，应用一定的估算算法估计出车辆的参考速度，再计算出车轮的滑移率。

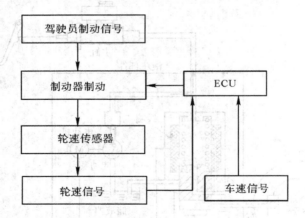

图 11.8　ABS 控制原理图

　　从这个ABS系统的实例中可以清楚地看到，在系统收到制动指令（踏动制动踏板）后，制动系统是如何协同反应的。此系统中，传感器检测轮速；ECU计算滑移率，向电磁阀发出控制指令，而作为执行机构的电磁阀用来执行ECU的指令。由于ABS系统的动作频率很高，可以达到每秒钟十几次，因而要求电磁阀能够有足够的响应速度，这样才能达到ABS系统的工作要求。

11.2　电　梯

11.2.1　电梯概述

1. 电梯的定义及发展

电梯是指用电力拖动轿厢，并运行于垂直的或垂直方向倾斜角度不大于 15°的两侧刚性导轨之间，可以运送乘客和(或)货物的固定设备。简单地说，电梯是垂直运行的轿厢、倾斜方向运行的自动扶梯、倾斜或水平方向运行的自动人行道的总称。电梯经过 160 多年的发展，在技术上日趋成熟，特别是随着微型计算机控制技术在电梯上的广泛应用，安全、可靠、高效、高速、智能化控制的电梯作为运输设备，已成为城市交通的重要组成部分，为人们的社会活动提供了便捷、迅速、优质的服务。如今，电梯不仅是代步的工具，也是人类物质文明的标志。随着我国现代化建设规模的不断拓展，我国已成为世界上最大的电梯市场，整个电梯行业的发展蒸蒸日上，具有极其广阔的前景。

未来随着国民经济的增长、科学技术的进步和人与自然的生存发展，我国电梯行业的发展要面向新的创新和需求，朝着以下几个方向发展：

(1) 绿色节能电梯：改进电梯的机械传动和电力拖动系统；对电梯采取能量回收技术，使用超级电容回收多余的电能；使用太阳能给电梯供电。同时要加大对传统电梯进行节能改造的力度；采用新材料、新技术对电梯的基本设备进行生产，节约资源等。

(2) 物联网监管电梯：使用物联网技术，对电梯的实时状态进行监管。

(3) 智能化电梯：具备智能化系统、更好的人机交互性能及更多的输入和输出功能。

2. 电梯的种类

1) 按照驱动方式分类

按照驱动方式可将电梯分为以下几种：

(1) 直流电梯。直流电梯指的是以直流电动机拖动的电梯。直流电动机具有起动转矩大的特点，适合于电梯这样的恒转矩负载。

(2) 交流电梯。这种电梯采用交流电动机拖动。电动机可以是单速电动机、双速电动机、调压调速电动机或交流变频调速电动机，其中以交流变频调速电动机拖动舒适性为好。

(3) 液压电梯。利用液压缸驱动电梯运行。由于液压驱动的性质，这种电梯工作平稳性好，但是必须配备泵站，另外液压油泄漏的问题也必须注意。

(4) 齿轮齿条式电梯。这种电梯不需要曳引钢索，利用装置在电梯轿厢上的电动机驱动齿轮，通过齿轮与固定在构架上的齿条的啮合驱动轿厢运行。

(5) 螺旋式电梯。螺杆作定轴转动，螺母固定在轿厢上，通过螺母与螺杆的相对运动驱动轿厢运行。

2) 按照控制方式分类

按照控制方式，可将电梯分为以下几种：

(1) 手柄操作式电梯。手柄操作式电梯需要有司机值守。通过司机手动操纵手柄实现电梯的运行控制。

(2) 简单按钮控制电梯。简单按钮控制电梯利用按钮发出指令控制电梯的运行。此类电梯分为自动门和手动门两种。

（3）信号控制电梯。这种电梯具有较高的自动化程度，有司机值守。除了具有自动平层、自动开门功能以外，这种电梯还具有层站召唤登记、自动停层、命令登记等功能，而司机的作用只是根据客人的要求按下楼层按钮，而后用启动按钮启动电梯即可。

（4）集选控制电梯。集选控制电梯为全自动电梯，无需司机值守。这种电梯可以集中各个信号，由控制器决定电梯的运行方向。由于为无人值守机，电梯必须配备自动称重装置，避免电梯超重。另外，电梯还需要配备防夹设施，避免人员被电梯门夹伤。

集选控制电梯分为双向集选控制和单向集选控制。所谓双向集选控制，是指应答所有层站按钮的召唤指令。而单向集选控制只应答一个方向的召唤信号（向上集选控制或向下集选控制），其中以向下集选控制应用最多，只有当电梯向下运行时才顺序应答层站的召唤信号。

（5）并联控制电梯。并联控制电梯由 2～3 台电梯构成，每台电梯均具有集选控制功能，所有电梯共用层门外召唤信号。电梯的基站位于底层，当两台电梯完成所有指令后，自动返回基站。第三台电梯完成指令后停靠在最后停靠的楼层，称为备行电梯。有新的召唤时，备行电梯首先响应。在这种控制方式中，哪台电梯为备行电梯并非固定。

（6）群控电梯。群控适合于 3 台以上电梯的控制，与并联控制有很多相似之处。这种控制方式中所有电梯的信号采集及运行指令的发出均由计算机完成，主要适合于大型写字楼、饭店等场所的电梯控制。由于客流不均匀，各时段电梯的运行频度也不同。在客流少的时候，电梯在返回基站一段时间后，经过一段时间无运行指令则自动切断电源，从而达到减少电力消耗的目的。

（7）智能控制电梯。

3）按电梯用途分类

按电梯的用途可分为乘客电梯、货用电梯、观光电梯、病床电梯、住宅电梯、杂物电梯、船用电梯、汽车用电梯等。

4）按电梯运行的速度分类

按电梯运行的速度，可分为以下几种：

（1）低速电梯：电梯的运行速度 $v \leqslant 1$ m/s，货梯的运行速度多在这个速度区间内。

（2）中速电梯：电梯运行速度 1 m/s$ < v \leqslant 2$ m/s，多层（15 层以内）客梯及住宅电梯运行速度多在此速度区间内。

（3）高速电梯：电梯运行速度 2 m/s$ < v \leqslant 3$ m/s，一般用于高层写字楼。

（4）超高速电梯：电梯运行速度 $v > 3$ m/s，用于实行分区控制的高层大厦。

此外，交流电梯又可分为交流单速电梯、交流双速电梯、交流调压调速及交流变压变频调速电梯；若按曳引机有无减速箱则可将电梯分为有齿轮电梯和无齿轮电梯；按有无机房可将电梯分为有机房电梯和无机房电梯等。

3. 电梯的结构组成

电梯具有动力、传动、控制和反馈等环节，是一种要求安全性很高的设备，其结构如图11.9 所示。宏观上，电梯可分为四部分：厅门、轿厢、井道和机房。若按照电梯的基本组成，则可分为八大系统，分别为：

（1）曳引系统：主要由驱动电机、减速器（对有齿轮电梯而言）、曳引轮、机架、减震橡

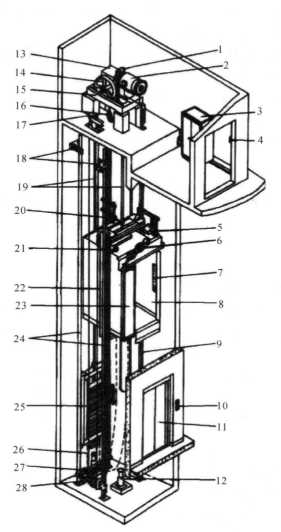

1—制动器；　2—曳引电动机；　3—电气控制柜；　4—电源开关；　5—位置检测开关；　6—开门机；
7—轿内操纵盘；　8—轿厢；　9—随行电缆；　10—呼梯盒；　11—厅门；　12—缓冲器；　13—减速箱；
14—曳引机；　15—曳引机底盘；　16—导向轮；　17—限速器；　18—导轨支架；　19—曳引钢丝绳；
20—开关碰块；　21—终端紧急开关；　22—轿厢框架；　23—轿厢门；　24—导轨；　25—对重；　26—补偿链；
27—补偿链导向轮；　28—张紧装置

图 11.9　电梯结构

胶垫、导向轮、制动器及曳引钢丝绳等部件组成，具有输出与传递动力的功能。

（2）导向系统：主要包括导轨、导靴和导轨架等，其作用是为电梯的运行提供一个运行
轨道，并减缓轿厢和对重在运行中的振动，提高运行性能。

（3）门系统：主要包括轿门、层门（厅门）、开门机构及门安全装置等；

（4）轿厢：主要由轿厢架和轿厢体组成，轿厢架包括上梁、下梁（底梁）、立柱和拉条等
用以运送乘客和（或）货物的组件。

（5）重量平衡系统：主要包括平衡补偿装置、对重、对重架等，用于平衡电梯的轿厢、
轿架及载重的质量，能够节约能源。

（6）电力拖动系统：主要包括供电装置、曳引电动机、调速装置、速度反馈装置等，为电梯的运行提供动力设备，对电梯实行速度控制。

（7）电气控制系统：常见的控制系统主要包括继电器、可编程序控制器和微机控制系统，对电梯的运行实行操纵和控制。

（8）安全保护系统：主要包括限速器、安全钳、上行超速保护装置、对重缓冲器、终端保护、门安全保护装置及相关安全电气开关、电气保护装置、救援设施等，保证电梯安全使用，防止一切危及人身安全的事故发生。

11.2.2 电梯的机械组件

电梯的机械结构主要包括机械传动、电梯的曳引系统、轿厢的导向系统、开关门系统和安全保护系统。根据本书的要求，下面只对其中有代表性的部分作分析说明。

1. 电梯的机械结构

1）门机构

电梯门包括轿门和层门。轿门也称轿厢门，是为了确保安全，在轿厢靠近层门的侧面，设置供司机、乘用人员和货物出入的门。轿门按结构形式分为封闭式轿门和网孔式轿门两种，按开门方向分为左开门、右开门和中开门三种。层门也叫厅门。层门和轿门一样，都是为了确保安全，而在各层楼的停靠站、通向井道轿厢的入口处，设置供司机、乘用人员和货物等出入的门。电梯门的开关包括手动开关门机构和自动开关门机构两种。在此仅讨论自动开关门机构。这种门机构包括两个部分，即开/关门机构和门锁机构。

（1）开/关门机构。图 11.10 所示为电梯的开/关门机构。由图 11.10 可以看出，该机构

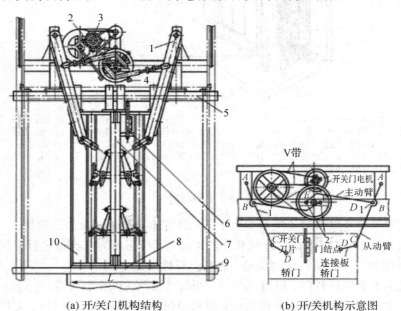

(a) 开/关门机构结构 (b) 开/关机构示意图

1—摇杆(从动臂)；2—皮带轮；3—开/关门电机；4—开/关门调速开关；5—吊门导轨；
6—门刀；7—安全触板；8—门滑块；9—轿门踏板；10—轿门

图 11.10 电梯的开/关门机构

实际上是两套连杆机构，分别控制两个门。摇杆在 A 点与电梯的构架相连，使摇杆可以绕 A 点摆动。需要开、关门时，电动机通过皮带传动减速，使皮带轮转动。而与皮带轮在 E 点相连的主动臂随着 E 点的运动而运动，进而带动摇杆绕 A 点摆动。这一摆动运动通过连接板（CD 杆）转变成为 D 点的平动，从而带动电梯门的开、关。当电梯开、关门时，开关门电动机的转向相反。

电梯门机构在刚刚启动时和运动结束时的速度较慢，而在运行中间的速度较快。为了达到这一目的，需要对电机进行调速。装置在门机构上的调速开关其作用就是用来控制电动机转速，从而达到控制开、关门速度的目的。其他形式的开/关门机构还有变螺距滚珠螺杆传动开/关门机构和摆杆式开/关门机构。

电梯的每个层门都应装设层门锁闭装置（钩子锁）、证实层门闭合的电气装置、被动门关门位置证实电气开关（副门锁开关）、紧急开锁装置和层门自动关闭装置等安全防护装置。确保电梯正常运行时不能打开层门（或多扇门的一扇）。如果一层门或多扇门中的任何一扇门开着，那么在正常情况下，应不能启动电梯或保持电梯继续运行。这些措施都是为了防止坠落和剪切事故的发生。中开封闭式层门如图 11.11 所示。

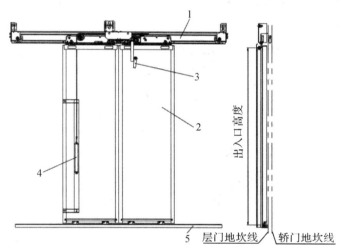

1—层门装置；　2—层门；　3—门锁；　4—强迫关门装置；　5—地坎

图 11.11　中开封闭式层门

（2）门锁机构。门锁装置一般位于层门内侧，是确保层门不被随便打开的重要安全保护设施。层门关闭后，将层门锁紧，同时接通门联锁电路，此时电梯方能启动运行。电梯在运行过程中所有层门都被门锁锁住，一般人员无法将层门撬开。只有电梯进入开锁区，并停站时层门才能被安装在轿门上的刀片带动而开启。在紧急情况下或需进入井道检修时，只有经过专门训练的专业人员方能用特制的钥匙从层门外打开层门。门锁装置分为手动开关门的拉杆门锁和自动开关门的钩子锁（也称自动门锁）两种。自动门锁只装在层门上，又称层门门锁。钩子锁的结构形式较多，按 GB 7588—2003 的要求，层门门锁不能出现重力开锁，也就是当保持门锁锁紧的弹簧（或永久磁铁）失效时，其重力也不应导致开锁。常见自动门锁的外形结构如图 11.12 所示。

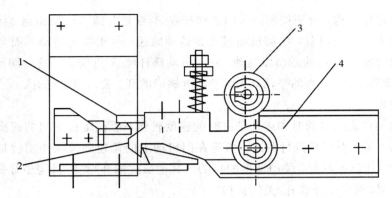

1—门电联锁接点；2—锁钩；3—锁轮；4—锁底板

图 11.12　常见自动门锁的外形结构

2）电梯的对重、补偿及称重装置

（1）如果在曳引装置中简单地使用电动机、减速机、钢索驱动电梯，那么电动机不单单要克服乘员质量所产生的阻转矩，同时还要克服轿厢质量所产生的阻转矩。这样做经济性不好。在实际应用中，可使用对重来平衡轿厢的质量，从而减小电机的功率。对重及补偿装置的形式如图 11.13 所示。

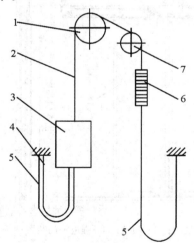

1—曳引轮；2—曳引钢索；3—轿厢；4—电缆；5—补偿绳；6—对重；7—导向轮

图 11.13　对重及补偿装置的形式

（2）补偿绳的作用同样是为了减小电机的功率。在没有补偿绳的情况下，轿厢位于最下端与最上端时，由于曳引钢索的长度的变化，使得电动机不但要克服乘员所引起的阻转矩，同时又要克服曳引钢索引起的阻转矩，这同样会使电动机的功率加大。参考对重的做法，引入补偿绳可以有效地平衡曳引钢索长度变化引起的电动机牵引重量的变化。

（3）电梯的设计是以安全为第一位的。因为电梯超重将会严重地影响电梯的安全运行，所以电梯的称重装置就成为电梯的必备装置。称重装置的作用是：当电梯过载时，使电梯不能启动，同时发出警报。

电梯的称重装置分为机械式、橡胶块式和压力传感器式。按照称重装置的安装位置，可以分为轿底称重装置、轿顶称重装置和机房称重装置等。

（1）活动轿厢称重方式。活动轿厢称重方式属于轿底称重方式。这种方式中，整个轿厢被置于橡胶块之上。在轿厢的下部置有两个微动开关。当轿厢中的乘员超过规定值时触发微动开关。通常当达到 80% 负载时认为是满载，此时电梯只能响应轿厢内的呼叫，而对轿厢外的呼叫不予理睬。当达到 110% 负载时认为是超载，此时的微动开关接通警报，并禁止电梯运行。

（2）轿厢活动地板称重方式。轿厢活动地板称重方式同样为轿底称重方式。这种方式与活动轿厢式基本上相同，目前大多数的电梯都采用这种方式。二者的不同在于这种方式下，只有轿厢的地板浮动而轿厢的其他部分均固定。

图 11.14 所示为机械式轿底称重装置原理图。电梯乘员的总体重量施加在支撑杠杆上，又通过压杆传递到称重杠杆。调节砣的作用是设定报警质量。当乘员质量超过调节砣设定的质量时，触到行程开关，发出警报。

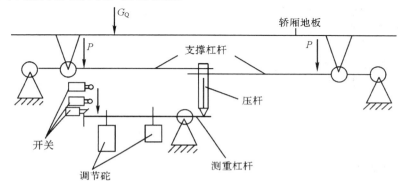

图 11.14　机械式轿底称重装置原理图

（3）机房机械式称重装置或轿顶机械式称重装置。图 11.15 所示为两种装置的结构图，可以看出，这两种装置都利用了杠杆原理，使称重装置与轿顶或机房中的绳头悬挂板结合在一起，它们的结构基本相同，只是安装方式不同而已。图 11.15（b）中，秤杆的头部铰支在轿厢上梁的秤座上，尾部浮支在弹簧座上，摆杆装在上梁上，尾部与上梁铰接。采用这种装置时，绳头板装在秤杆上，当轿厢负重变化时，秤杆就会上下摆动，牵动摆杆也上下摆动，当轿厢负重达到超载控制范围时，摆杆的上摆量使其头部碰压微动开关触头，从而切断电梯控制电路。

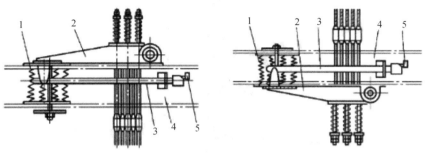

(a) 机房机械式称重装置　　　　　　　　(b) 轿顶机械式称重装置

1—压簧；2—秤杆；3—摆杆；4—承重梁；5—微动开关

图 11.15　机房机械式及轿顶机械式称重装置

（4）橡胶块式称重装置。橡胶块式称重装置利用的是橡胶受压变形的原理，它属于轿顶式称重，其结构如图11.16所示。曳引钢丝绳从轮中绕过产生向上的曳引力。而乘员以及轿厢、补偿绳的重量形成向下的力，两个力的共同作用使橡胶块压缩。当乘员的重量使橡胶块的压缩量足够大时，微动开关被触动，发出警报。

（5）传感器式称重装置。上面讨论的称重装置有一个共同的特点，就是它们只能设定很少的几个重量限值。若利用称重传感器则可实现重量的连续测量，也就是说设定点可以是连续的。这种方式非常适合计算机控制的方式。传感器式称重装置如图11.17所示。这种方式中传感器的安装位置通常为轿顶或轿厢底板下。

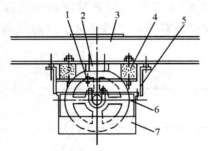 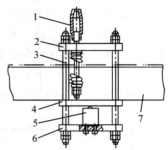

1—触头螺钉；2—微动开关；3—上梁；4—橡胶块；　　1—绳头锥套；2—绳吊板；3—拉杆螺栓；4—托板；
5—限位板；6—轿顶；7—防护板　　　　　　　　　　5—传感器；6—底板；7—上梁

图 11.16　橡胶块式称重装置的结构　　　　　　图 11.17　传感器式称重装置

2. 电梯的机械安全装置

1）电梯门防夹装置

电梯门防夹装置可分为接触式和非接触式。

（1）接触式。图11.18所示为接触式防夹装置。这种防夹装置在轿门上设置有触板，

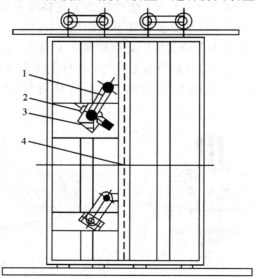

1—控制杆；2—限位螺钉；3—微动开关；4—门触板

图 11.18　接触式防夹装置

触板在门运行方向上超前轿门一定的距离，一般是 30～ 35 mm。当触板触及到人员或物体时会使微动开关动作，切断关门电路同时接通开门电路，使轿厢门开启。

（2）非接触式。非接触式防夹装置有光电式、超声波式、电磁感应式和红外线光幕式几种。在此不作详细介绍。

2）缓冲装置

缓冲装置是电梯极限位置的安全装置，在电梯超越底层或顶层时，利用缓冲装置吸收轿厢或对重的冲击，达到保护乘员的目的。缓冲装置的形式有弹簧缓冲器和液压缓冲器两种（见图 11.19～图 11.21）。相比而言，液压缓冲器的性能好于弹簧缓冲器。液压缓冲器常用于速度较高的电梯系统中。

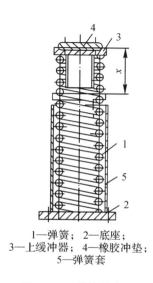

1—弹簧；　2—底座；
3—上缓冲器；　4—橡胶冲垫；
5—弹簧套

1—液压缸；　2—柱塞；
3—锥形柱；　4—底座；
5—复位弹簧

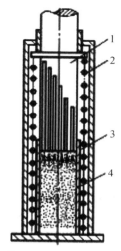

1—带油槽柱塞；　2—复位弹簧；
3—油缸体；　4—油

图 11.19　弹簧缓冲器　　图 11.20　带锥形柱及环形孔的液压缓冲器　　图 11.21　油槽式液压缓冲器图

3）限速器与安全钳

限速器与安全钳是成对使用的。限速器的作用是检测速度，而安全钳的作用是限制轿厢或对重的运动。换句话说，限速器的作用是在轿厢或对重快速坠落时停止限速器绳的运动，而安全钳是在出现轿厢或对重坠落的情况时，将它们固定在导轨上，避免发生坠落。在轿厢一侧必须要安装安全钳与限速器，而在对重一侧，通常也安装一套安全钳与限速器。安全钳被置于轿厢上，限速器则安装于机房内，而张紧装置则位于底坑内。可以通过图 11.22分析安全钳与限速器系统的工作过程。正常工作时，限速器绳与轿厢同步上下运行。这时连杆系统不动作。当轿厢（或对重）急速下坠时，限速器将限速器绳卡住使其不能运行，而轿厢则在自身重量的作用下下滑。这一动作使连杆系统动作，而连杆又使安全钳动作，紧紧抱住导轨，阻止轿厢继续下滑。

（1）限速器。有几种形式的限速器，它们的工作原理大同小异。由于限速器需要在轿厢超速下坠时夹紧限速器绳，对于限速器的设计就要求不能对限速器绳产生明显的损坏或变形。图 11.23 为离心式限速器，比较适合于低速电梯；图 11.24 为抛球式限速器，较为适

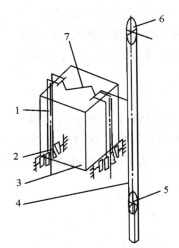

1—导轨; 2—安全钳; 3—轿厢; 4—限速器绳;
5—张紧轮; 6—限速器; 7—连杆系统

图 11.22　限速器、安全钳联动原理

合于高速电梯。在图 11.23 的结构中,两个甩块通过连杆连接。这样做的目的是为了保证两个甩块动作同步。当绳轮超速运转时(表示轿厢超速下降),甩块在离心力的作用下被甩开,首先是超速开关运作,使电梯制动器失电抱闸。如果绳轮转速进一步加快,甩块则会撞击锁栓,使其松开摆动钳块。摆动钳块下落后与固定钳块一起将限速器绳夹住,限速器绳便不能继续运行。以保证可靠触发安全钳的工作。图 11.24 的工作原理与图 11.23 相似,绳轮的转动通过伞齿轮转变为抛球系统的转动。转动越快,球被抛起的越高。球被抛起的同时,带动活动套向上运动,进而带动杠杆系统运动。超速时,杠杆带动钳块Ⅰ顺时针摆动到位,将限速器绳夹住。

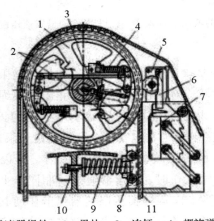

1—限速器绳轮; 2—甩块; 3—连杆; 4—螺旋弹簧;
5—超速开关; 6—锁栓; 7—摆动钳块; 8—固定钳块;
9—压紧弹簧; 10—调节螺栓; 11—限速器绳

图 11.23　离心式限速器

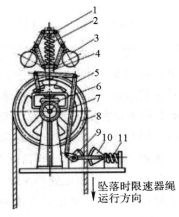

坠落时限速器绳
运行方向

1—转轴; 2—转轴弹簧; 3—抛球; 4—活动套;
5—杠杆; 6—伞齿轮Ⅰ; 7—伞齿轮Ⅱ; 8—绳轮;
9—钳块Ⅰ; 10—钳块Ⅱ; 11—绳钳弹簧

图 11.24　抛球式限速器

　(2) 安全钳。安全钳的作用是:当轿厢(或对重)高速下坠时,对其进行刹车,以保证安全。安全钳分为瞬时式和渐进式。瞬时式安全钳刹车时的冲击大，只适合于低速电梯。而渐进式安全钳冲击小，适合于高速电梯。安全钳安装于轿厢之上（对于对重也安装有限速器的情况，则对重上同样安装安全钳），随着轿厢一起沿着导轨运行，当出现曳引钢索断离等情况导致轿厢坠落时，安全钳会在限速器的驱动下，抱紧导轨，使轿厢刹车，保证乘员的安全。

图 11.25 所示偏心轮式安全钳即属于瞬时式安全钳。当限速器工作时，安全钳的提拉杆 2 被提起，使偏心轮抱住导轨 3。由于轿厢向下运动，所以一旦偏心轮与导轨接触，就会因轿厢的重力导致制动力自动加大，使电梯迅速刹车。图 11.26 所示双楔渐进式安全钳是一种典型的渐进式安全钳。导轨从两个楔块中间通过，在限速器没有动作之前，轿厢可以自由运行。

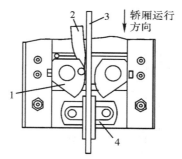

1—偏心轮；2—提拉杆；3—导轨；4—导靴

图 11.25　偏心轮式安全钳

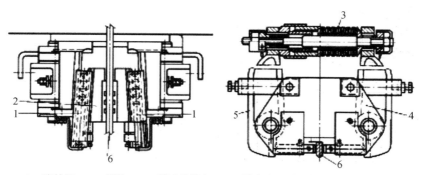

1—滚柱组；2—楔块；3—蝶形弹簧组；4—钳座；5—钳臂；6—导轨

图 11.26　双楔渐进式安全钳

在楔形块和钳座之间装有滚柱组。滚柱组可以有效地减小摩擦，使楔形块运动灵活。限速器动作时将楔形块提起，使其与导轨接触。由于这一过程需要一定的时间，而且楔形块与导轨的接触是渐进的，所以这种安全钳具有较小的冲击。

此外，电梯的机械结构还包含曳引系统（由曳引机、导向轮、钢丝绳和绳头组合等部件组成）、轿厢（由轿厢架、轿底、轿壁、轿顶、轿门等部件组成）、导向系统（由导轨、导靴和导轨架组成）等。

11.2.3　电梯电气控制系统构成

电气控制系统由控制柜、操纵箱、指层灯箱、召唤箱、限位装置、换速平层装置、轿顶检修箱等十几个部件，以及曳引电动机、制动器线圈、开关门电动机及开关门调速装置、端站限位和极限开关等几十个分散安装在电梯井道内外和各相关电梯部件中的电气元件构成。

1. 控制柜

控制柜是电梯电气控制系统完成各种主要任务、实现各种性能的控制中心。控制柜由柜体和各种控制电气元件组成，如图 11.27 所示。对于控制柜中装配的电气元件，其数量和规格主要与电梯的停层站数、额定载荷、速度、拖动方式和控制方式等参数有关，不同参数的电梯，采用的控制柜不同。

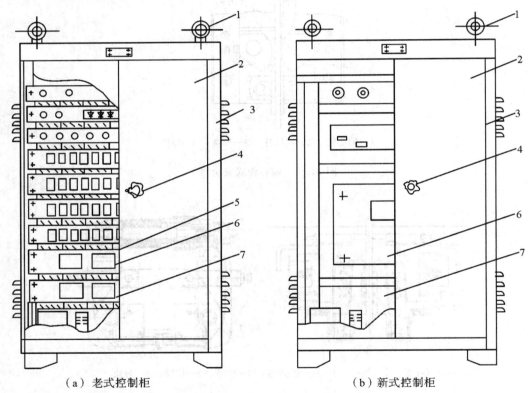

（a）老式控制柜　　　　　　　（b）新式控制柜

1—吊环；2—门；3—柜体；4—手把；5—过线板；6—电气元件；7—电气元件固定板

图 11.27　电梯控制柜

2. 操纵箱

操纵箱一般位于轿厢内，是司机或乘用人员控制电梯上下运行的操作控制中心。操纵箱装置的电气元件与电梯的控制方式、停站层数有关，如图 11.28 所示。

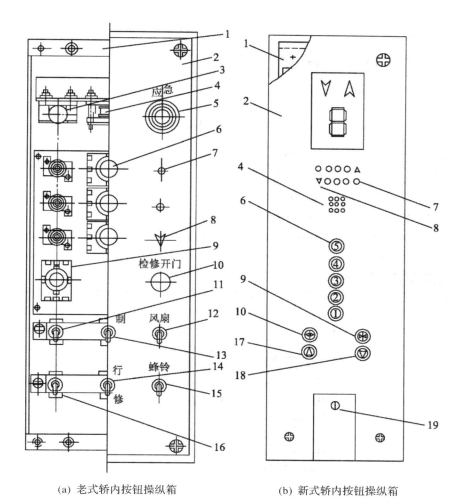

(a) 老式轿内按钮操纵箱　　　　　(b) 新式轿内按钮操纵箱

1—盒；2—面板；3—急停按钮；4—蜂鸣器；5—应急按钮；6—轿内指令按钮；7—外召唤下行位置灯；
8—外召唤下行箭头；9—关门按钮；10—开门按钮；11—照明开关；12—风扇开关；13—控制开关；
14—运、检转换开关；15—蜂鸣器控制开关；16—召唤信号控制开关；17—慢上按钮；
18—慢下按钮；19—暗盒

图 11.28　轿厢内按钮操纵箱

操纵箱上装配的电气元件通常包括以下几种：发送轿内指令任务、命令电梯启动和停靠层站的元件，如轿内手柄控制电梯的手柄开关；轿内按钮控制、轿外按钮控制、信号和集选控制电梯的轿内指令按钮；控制电梯工作状态的手指开关或钥匙开关；控制开关；急停按钮；电动开关门按钮；轿内照明灯开关；电风扇开关；蜂鸣器；外召唤信号所在位置指示灯；厅外召唤信号要求前往方向信号灯等。

但是近年来已出现操纵箱和指层箱合为一体的新型操纵指层箱，其暗盒内装设的元器件一般不让乘员接触，如照明灯开关盒电梯状态控制开关等。

3. 指层灯箱

指层灯箱是给司机和轿内、外乘用人员提供电梯运行方向和所在位置指示灯信号的装置，如图 11.29 所示。

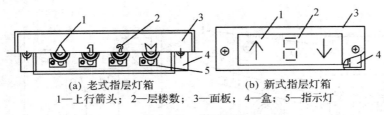

(a) 老式指层灯箱　　　(b) 新式指层灯箱

1—上行箭头；2—层楼数；3—面板；4—盒；5—指示灯

图 11.29　指层灯箱

除杂物电梯外，一般电梯都在各停靠站的厅门上方设置有指层灯箱。但是，当电梯的轿厢门为封闭门，而且轿门上没有开设监视窗时，在轿厢内的轿门上方也必须设置指层灯箱。位于厅门上方的指层灯箱称为厅外指层灯箱，位于轿门上方的指层灯箱称为轿内指层灯箱。同一台电梯的厅外指层灯箱和轿内指层灯箱在结构上是完全一样的。

近年来普遍采用把指层灯箱合并到轿内操纵箱和厅外召唤箱中去的情况，而且采用数码显示，既节能又耐用。

4. 召唤按钮(或触钮)箱

召唤按钮箱是设置在电梯停靠站厅门外侧、给厅外乘用人员提供召唤电梯的装置，如图 11.30 所示。

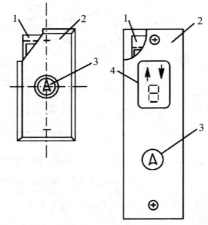

(a) 老式单钮召唤箱　　　(b) 新式单钮召唤箱

1—盒；2—面板；3—辉光按钮；4—位置、方向显示

图 11.30　单钮召唤箱

上端站只装设一只下行召唤按钮、下端站只装设一只上行召唤按钮的召唤按钮箱称为单钮召唤箱。但是若下端站又作为基站，召唤箱上还需加装一只厅外控制上班开门开放电梯和下班关门关闭电梯的钥匙开关。位于中层站者，则装设一只上行召唤按钮和一只下行召唤按钮的双钮召唤箱。近年来出现了召唤和电梯位置及运行方向合为一体的新式召唤指层箱。

5. 限位开关装置

为了确保司机、乘用人员、电梯设备的安全，在电梯的上端站和下端站处，设置了限制电梯运行区域的装置，称为限位开关装置。在国产电梯产品中，限位开关装置分为两种：适用于中低速梯的限位开关装置、适用于直流快速梯和高速梯的端站强迫减速装置。

6. 极限位置保护开关装置

常用的极限位置保护开关装置有两种：强制式极限位置保护开关装置和控制式极限位置保护开关装置。

强制式极限位置保护开关是一种在 20 世纪 80 年代中期以前用于交流双速电梯，作为当限位开关装置失灵，或其他原因造成轿厢超越端站楼面 100～150 mm 距离时，切断电梯主电源的安全装置。

控制式极限位置开关装置由行程开关和接触器构成，其结构较之强制式极限位置保护开关相对简单，效果也比前者好。

7. 换速平层装置

换速平层装置是一般低速或快速电梯实现到达预定停靠站时，提前一定距离把快速运行切换为平层前慢速运行、平层时自动停靠的控制装置。常用的换速平层装置有：干簧管换速平层装置、双稳态开关换速平层装置、光电开关换速平层装置等。

8. 底坑检修箱

底坑检修箱上装设的电气元件有急停按钮、底坑检修灯和两孔电源插座等。

9. 轿顶检修箱

轿顶检修箱位于轿厢顶上，以便检修人员安全、可靠地检修电梯，其结构如图 11.31 所示。检修箱装设的电气元件一般包括控制电梯慢上慢下的按钮、电动开关门按钮、急停按钮、轿顶正常运行和检修运行的转换开关和轿顶检修灯开关等。

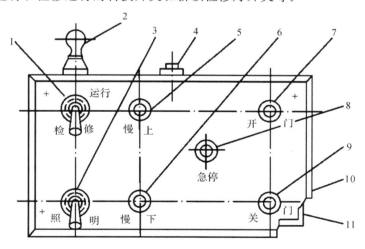

1—运行检修转换开关；2—检修照明灯；3—检修照明灯开关；4—电源插座；5—慢上按钮；
6—慢下按钮；7—开门按钮；8—急停按钮；9—关门按钮；10—面板；11—盒；10—选层器

图 11.31　轿顶检修箱结构

【知识链接】

选 层 器

选层器设置在机房或隔音层内，是模拟电梯运行状态、向电气控制系统发出相应电信号的装置，如图 11.32 所示。20 世纪 80 年代中期后，国内各厂家已不再生产这种装置，但国内至今仍有采用这种装置的在用电梯，因此对这种电梯用户的维修人员仍有参考价值。

按与电气控制系统配套使用情况，选层器可分为两种：用于货、医梯电气控制系统的层楼指示器及用于客梯电气控制系统的选层器。

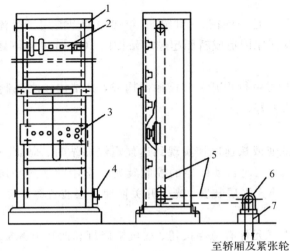

1—机架；2—层站定滑板；3—动滑板；4—减速箱；5—传动链条；6—钢带牙轮；7—冲孔钢带

图 11.32　选层器

晶闸管励磁装置

晶闸管励磁装置是国内各种快速和高速直流电梯的主要电气控制装置。它能将交流电变换成直流电，作为发电机-电动机组的发电机励磁绕组的供电电源。根据电梯的运行特点和要求，该电源极性可变，电压值可按预定规律变化，从而使发电机输出电压满足曳引直流电动机启动、制动时的要求，实现按预定的速度曲线运行，并进行速度调节和控制。

在实际应用中，用于快速直流梯和高速直流梯的晶闸管励磁装置略有区别，其调速系统的结构原理结构框图如图 11.33 所示。随着直流梯的淘汰，这种装置也不再生产。作为我国曾广泛采用的一种电梯拖动控制装置，从电梯拖动控制技术的知识性出发，本书仍予以简要介绍。

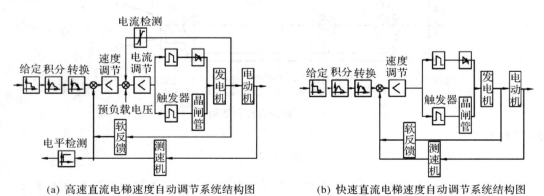

(a) 高速直流电梯速度自动调节系统结构图　　　　(b) 快速直流电梯速度自动调节系统结构图

图 11.33　直流电梯速度自调节系统结构图

除上述电梯电器部件外，还有一部分与机械部件紧密结合的电气器件，如曳引电动机、制动器线圈、开关门电动机、厅轿门电联锁等。

11.2.4　电梯电力拖动与控制

电梯技术紧跟着科技的步伐，不停地推陈出新。电梯的控制方式也经历了从人工控制的方式到现在多台电梯群控等智能化控制方式的转变。控制元件则是从继电器、可编程序控制器、发展到电梯专用电脑板。电力驱动从交流单速、交流双速、直流调速、交流调速，到变频调速。曳引机从蜗轮蜗杆、行星齿轮，到无齿轮永磁同步曳引机。电梯的驱动包括对轿厢的驱动和对于电梯门的驱动。由于电梯门的驱动电动机功率很小，在此不做讨论。而对于轿厢的驱动来说也有多种形式，这里只对电力拖动作一简单介绍。

1. 电梯的驱动

1）直流电动机拖动

直流电动机具有调速性能好的特点，在采用他励的情况下，只要改变电枢电压就可以实现恒转矩调速。由于电梯属于恒转矩负载，因此直流电动机适合于电梯的电力拖动。直流电动机也有其不足，主要体现在有电刷，因此存在机械磨损，需要定期维护，而且价格较高。

2）普通交流电动机拖动

在这种驱动系统中，多采用交流双速电机作为驱动电动机。工作时用快速绕组串电阻或电抗器启动；电梯运行时快速绕组工作，而慢速绕组用于平层及停车。这种驱动方式主要用于低速电梯。

3）交流调压调速拖动系统

由于双速电机采用串电阻或电抗器启动，变级平层的方式工作，带来的问题是，启动、制动加速度大，乘坐舒适性和平层精度差。采用晶闸管取代启动电阻可以有效地改善舒适性和平层精度。

电梯工作时，无论启动、稳速运行阶段是否对电动机进行控制，在停车阶段都要对电动机进行控制。对于交流调压调速拖动系统来说，启动阶段可以利用晶闸管控制启动电压，而在制动（停车）阶段可以利用的方法就比较多。常见的有：能耗制动型、涡流制动器调速系统型和反接制动型。

4）变压变频电动机拖动

电动机采用串电阻启动或降压启动都会造成转矩的减小。由于电梯为恒转矩负载，为了达到启动转矩的要求，最简单的办法就是加大电动机的功率。这势必造成能量浪费。另外一个办法就是使用绕线转子电动机，这样成本会比较高。利用变频调速系统就能够有效地解决这一问题。另外，利用变频器灵活的启动、制动曲线的设定，可以使电梯的启动平稳，平层精度高。利用变压变频拖动技术还可以节约电能。

由于电动机在低频段输出扭矩会有所减小，因此需要进行电压补偿以维持其输出扭矩基本恒定。由此构成了变压变频电力拖动系统。

5）永磁同步电动机拖动

永磁同步电动机又经常被称为无刷直流电机。前面所讨论的几种驱动方式的共同特点就是电机通过减速机对轿厢进行驱动，而采用永磁同步电动机可以做成电动机直接驱动伺服系统。这样做的好处是系统的响应加快，同时由于没有减速机，噪声也减小了。对于电梯的舒适度以及平层的精度来说，采用永磁同步电动机效果很好。

2. 电梯的控制

1）电梯控制系统组成

（1）门运行控制系统：对门的运行曲线进行控制，在接到开关门的信号后，门控制系统应对门的运行曲线进行控制，以确保自动门的运行是稳定和安全的。

（2）轿厢运行控制系统：通过收集轿内信号、层站召唤信号和轿厢的位置信号，并经控制系统的逻辑分析，作出轿厢运行方向、目标层站及运行速度曲线的选择，保证电梯运行以最合理的时间和运行质量满足乘客意愿。

（3）安全控制系统：通过对风险的分析，在风险集中位置设置各种安全控制装置，对运行中的轿厢进行超速、越层的保护，以及对层门、端站和轿顶人员的保护。

（4）制动系统：制动系统是电梯运行控制系统中不可或缺的部分。当制动系统参与运行控制时，应根据电梯的运行曲线，来确定制动位置，完成自动和有效制动；当制动系统不参与运行控制时，应在电梯完成整个运行速度曲线，电机失电无扭矩时，及时制动，以保证轿厢保持在停止状态。

（5）驱动控制系统：运行控制系统在收集分析电梯的各种信息后，发出电梯驱动装置的运行指令，确保轿厢的运行按正确运行信号和准确的运行速度有效地完成运行曲线。

2）电梯控制方式

电梯的电气控制主要有继电器控制、PLC控制和微机控制几种。

（1）继电器控制。这种控制方式在早期的电梯控制中应用非常广泛。其最大的特点是简单、易掌握。由于这种控制方式中应用了大量的继电器和接触器，工作时的噪声会比较大。另外，由于继电器的体积比较大，因此电控柜的占地面积也比较大。继电器的最大特点是利用接点的通、断控制电梯，众多的继电器、众多的触点会降低系统的可靠性。继电器控制方式的最大不足是其柔性差，如果需要更改程序，几乎是不可能的。

（2）PLC控制。采用PLC控制是电梯的控制上了一个台阶。PLC具有体积小、耗电少、工作噪声非常小以及更改程序容易的特点。另外，PLC程序执行快，可以很快地响应系统提出的请求。由于PLC系统的柔性好，使得PLC不仅在电梯控制上，在其他的自动控制中也得到了广泛的应用。

（3）微机控制。微机具有其他控制方式不具备的功能。它强大的计算功能使得它在多台电梯的群控中得到了广泛的应用。利用微机的快速响应、高速处理的特点，结合电梯的群控技术，可以使多台电梯的统一调配变得简单。由于微机的应用，可以使乘客的待梯时间减到量少，同时乘梯的舒适性也大为增加。

3）电梯控制发展特点

（1）电梯的控制技术较多地依赖于电子技术的发展，最早的电梯是简单的继电器-接触器控制方式，而现在的电梯较多的是运用可编程序控制器（PLC）、微机控制和一体化控制器，控制方式也从最早很笨拙的需要人为的控制方式发展为现在的全自动的控制方式，使电梯运行更为智能便捷，维修保养也更为方便。

（2）电梯的拖动技术也由直流调速电梯发展为交流调速电梯，目前普遍采用变频调压调速电梯。

（3）由于楼层以及用梯频率的增加，高速、超高速电梯的数量越来越多，控制系统应能合理地调节各种位置乘客的乘梯需求，交通流量分析有效地结合到控制系统中。

（4）用户乘梯的各种需求均应得到满足，电梯的控制系统较多地附加了一些操作系统，如刷卡系统、消防员专用、应急救援操作等。

（5）电梯的智能控制管理系统也得到了广泛地应用。

思 考 题

1. 试述 ABS 系统中滑移率的含义及要求。

2. 试述 ABS 系统的组成及原理。

3. 说明 ABS 的控制过程。

4. 电梯由哪几大系统组成？谈谈你对各系统功能的认识及理解。

5. 电梯安全保护装置有哪些？它们各自的保护范围是什么？

6. 试列举其他应用机电一体化技术的产品，说明其组成、性能及原理。

试卷 A

试卷 B

试卷 A 答案

试卷 B 答案

附录　机电一体化技术主要相关课程简介

1. 高等数学

本课程是理工科各专业学生的一门通识课程和一门重要基础理论课程与核心课程，是机电一体化技术专业基础课程及专业课程的基础，为学习机电一体化技术后继课程和进一步获得知识奠定必要的数学基础，同时培养学生一定的抽象思维能力、逻辑推理能力、空间想象能力以及自学能力，并加强学生创造性思维的训练，也是硕士研究生招生考试的重要课程。本课程教学目的与要求是使学生学习体会研究问题解决问题的一般科学方法，培养学生用数学方法解决实际问题的意识、兴趣和能力。通过本课程的学习，主要使学生获得一元及多元微积分学、微分方程、无穷级数等的基本概念、基本理论、基本方法、基本运算技能及其应用。主要内容包括：函数、极限与连续、导数和微分、微分中值定理与导数的应用、函数的积分、定积分的应用、无穷级数、向量与空间解析几何、多元函数微分学、多元函数微分学的应用、多元函数积分学、常微分方程。本课程可结合 Mathematica 软件或 MATLAB 软件来学习，以便展示数学理论的应用价值，增强学生的应用能力。

2. 概率论与数理统计

本课程是机电一体化专业的学科基础课，是研究随机现象统计规律性的一门数学课程，其理论及方法与数学其他分支、相互交叉渗透，已经成为许多自然科学学科、社会与经济科学学科、管理学科重要的理论工具。由于其具有很强的应用性，特别是随着统计应用软件的普及和完善，使其应用面几乎涵盖了自然科学和社会科学的所有领域。本课程是学生打开统计之门的一把"金钥匙"。本课程由概率论与数理统计两部分组成。概率论部分侧重于理论探讨，介绍概率论的基本概念，建立一系列定理和公式，寻求解决统计和随机过程问题的方法。其中包括随机事件和概率、随机变量及其分布、随机变量的数字特征、大数定律和中心极限定理等内容。数理统计部分则是以概率论作为理论基础，研究如何对试验结果进行统计推断，包括数理统计的基本概念、参数统计、假设检验、非参数检验、方差分析和回归分析等。通过本课程的学习，学生能用掌握的方法具体解决遇到的各种机电一体化技术问题，如可靠性、故障诊断、信号分析等，为学生进一步专业课打下坚实的基础。

3. 线性代数

本课程是机电一体化专业的学科基础课。由于线性问题广泛存在于科学技术的各个领域，某些非线性问题在一定条件下可以转化为线性问题，尤其是在计算机日益普及的今天，解大型线性方程组、求矩阵的特征值与特征向量等已成为科学技术人员经常遇到的课题，因此学习和掌握线性代数的理论和方法是掌握现代科学技术以及从事科学研究的重要基础和手段，同时也是实现机电一体化专业培养目标的必备前提。本课程主要内容包括：行列式、矩阵及其运算、矩阵的初等变换与线性方程组、向量组的线性相关性、矩阵的特征值与特征向量、二次型、线性空间与线性变换。通过本课程学习，学生能了解行列式的定义，掌握行列式的性质及其计算；理解矩阵（包括特殊矩阵）、逆矩阵、矩阵的秩的概念；熟练掌握矩阵的线性运算、乘法运算、转置及其运算规律；理解逆矩阵存在的充要条件，掌握矩阵的求逆的方法；掌握矩阵的初等变换，并会求矩阵的秩；理解 n 维向量的概念。掌握向量组的线性相关和线性无关的定义及有关重要结论；掌握向量组的极大线性无关组与向量组的秩；了解 n 维向量空间及其子空间、基、维数等概念；理解克莱姆（Cramer）法则；理解非齐次线性方程组有解的充要条件及齐次线性方程组有非零解的充要条件；理解齐次线性方程组解空间、基础解系、通解等概念；熟练掌握用行初等变换求线性方程组通解的方法；掌握矩阵的特征值和特征向量的概念及其求解方法；了解矩阵相似的概念以及实对称矩阵与对角矩阵相似的结论；了解向量内积及正交矩阵的概念和性质；了解二次型及其矩阵表示，会用配方法及正交变换法化二次型为标准形；了解惯性定理、二次型的秩、二次型的正定性及其判别法，为学习机电一体化技术后续课程和进一步提高知识水平打下必要的数学基础。

4. 复变函数与积分变换

本课程是理工科学生继高等数学后的又一门数学基础课程。通过本课程的学习，学生初步掌握复变函数的基础理论和方法，对复数的概念、表示法、解析函数的概念和性质、复变函数的积分、解析函数的幂级数展开式、留数理论及共形映射等内容有比较深刻的了解和认识，掌握傅里叶变换与拉斯变换的性质、方法；学生在学习该课程知识时还可以巩固和复习微积分的基础知识，提高数学素养，具备较熟练的演算技能和初步的应用能力；能满足 21 世纪新科技发展的需求及工作需求，能运用所学相关思想方法解决学习生活中遇到的实际问题，为学习有关后续课程和进一步扩大数学知识奠定必要的数学基础。同时，该课程在培养学生的抽象思维能力、逻辑推理能力、空间想象能力和科学计算能力等方面也起着十分重要的作用。本课程主要内容包括：复数与复变函数、解析函数、复变函数的积分、级数、留数、傅里叶变换、拉普拉斯、Z 变换等。

5. 大学物理

本课程是理工科各专业学生的一门通识课程，既为学生打好必要的物理基础，又在培养学生科学的世界观，增强学生分析问题和解决问题的能力，培养学生的探索精神、创新意识等方面，具有其他课程不能替代的重要作用。物理学的理论体系具有完美性和系统性。物理思想的表述，定律、定理的表达式，问题的科学处理方法，物理常量的测量等形成了完美的理论体系，对学生后续课程的学习具有重要的意义，为学生的创新奠定基础。通过本课程的学习，要求学生能够：对物理学的内容和方法、概念和物理图像、物理学的工作语言、物理学发展的历史、现状和前沿及其对科学发展和社会进步的作用等方面在整体上有一个比较全面的了解，对物理学所研究的各种运动形式，以及它们之间的联系，有比较全面和系统的认识，并具有初步应用的能力；熟练掌握矢量和微积分在物理学中的表示和应用。了解物理学在自然科学和工程技术中的应用，以及相关科学互相渗透的关系。主要内容包括：质点的运动、功和能、刚体的定轴转动、流体的运动、气体动理学理论、热量的传递、热力学定律、静电场、稳恒磁场、电磁感应、振动基础、波动基础、声波、波动光学、热辐射、激光、等离体、传感器、狭义相对论、量子物理等。

6. 机械制图

本课程是机电一体化技术的专业基础课，主要内容包括：投影知识；基本体、组合体三视图的画法及读图；机件的表达方法；常用件、标准件的画法；零件图的画法及读图、技术要求，零件测绘；装配图的画法及读图；计算机绘图软件的使用。通过本课程学习，学生应当能够正确绘制基本体、组合体三视图；掌握常有机件的表达方法；理解技术要求的重要性，掌握尺寸公差与形位公差的基本知识，能正确绘制常用件、标准件、零件图和装配图，掌握零件、装配体的测绘方法和步骤；会使用有关标准、手册，索取有关信息；能使用AUTOCAD软件绘制机械图。本课程使学生掌握表达工程构件的基本方法，具备绘制和阅读机械图样的能力；培养学生初步具有查阅与本课程有关的工程数据的初步能力。进一步培养学生徒手画图及计算机绘图的能力，同时培养学生良好的自学能力以及认真负责的工作态度和严谨细致的工作作风，为后续课程的学习打下识图、绘图的坚实基础。

7. 理论力学

本课程是一门理论性较强的技术基础课，它是各门力学课程及机械设计类课程的基础，在许多工程技术领域中有着广泛的应用。本课程的任务是使学生掌握质点、质点系和刚体机械运动（包括平衡）的基本规律和研究方法，为学习有关的后继课程打好必要的基础，并为将来学习和掌握新的科学技术创造条件，使学生初步学会应用理论力学的理论和方法分析、解决一些简单的工程实际问题，结合本课程的特点培养学生的辩证唯物主义世界观，培养学生的工程应用能力。本课程主要从静力学、运动学、动力学三方面进行阐述，其内容包括：牛顿力学概要、拉格朗日力学、力学的变分原理、有心运动、刚体的运动和哈密顿力学。

8. 材料力学

本课程是一门工科专业学生最早接触到的与工程实际紧密结合的变形固体力学入门的技术基础课，以高等数学和理论力学为基础，是结构力学、弹性力学和机械设计等其他技术基础课和专业课的基础。其研究内容属于两个学科。第一个学科是固体力学，即研究杆件在外力和温度作用下的应力和变形，称为应力分析。第二个学科是材料科学中材料的力学行为，即研究材料在外力和温度作用下的变形性能和失效行为，称为力学性能研究。因此，材料力学是在实验的基础上，为工程中的杆件设计提供理论依据和方法，以保证它们具有足够的强度、刚度和稳定性。本课程主要内容包括：绪论、轴向拉压应力与材料的力学性能、轴向拉压变形、扭转、弯曲内力、弯曲应力、弯曲变形、应力与应变状态分析、强度理论及其应用、组合变形、能量法、静不定问题分析、压杆稳定问题和交变应力简介。

9. 流体力学

本课程以高等数学和大学物理为基础，研究流体平衡和运动规律，同时它又是研究流体机械工作原理的理论基础，在许多工程技术领域和国民经济各生产部门有广泛的应用。通过本课程的学习，学生能了解流体力学这一学科及其在工程中的应用，掌握流体力学的基本概念、基本原理、基本方法和流体力学的基本实验技能，初步具备理论联系实际和研究分析实际问题的能力，为以后从事流体机械与液压气动的学习及相关工作打下基础。本课程主要内容包括：流体物理性质，流体静力学，流动特性，动力学分析基础，量纲分析与相似原理，不可压缩黏性流体的内部、外部流动，不可压缩无黏流动，可压缩流体的流动，计算流体力学等。

10. 程序设计基础(C 语言)

本课程为机电一体化技术的专业基础课。通过对 C 语言的基础知识、基本概念、基本技能的学习和训练，了解结构化程序设计的基本思想、基本方法，熟悉程序设计环境，掌握程序调试的技能，初步具备运用 C 语言开发单片机和嵌入式系统的能力，为"微机原理及应用"等后续课程和教学环节奠定程序设计基础。本课程主要内容包括：程序设计基础、数据类型、运算符与表达式、C 语言程序的控制结构、数组与函数、指针、结构与链表、文件、Turbo C 图形程序设计以及实验等。

11. 电工电子学

本课程为机电一体化技术的专业基础课，是学习机电一体化技术中电的重要基础，它和机电装备及其自动化的相关程度越来越紧密，应用越来越广泛。通过本课程的学习，学生应当能够了解电工安全常识，掌握电工电子技术必要的基本理论，基本知识和基本技能，熟练使用常用的电工电子仪器仪表，具备分析、解决基本电子线路问题的能力，掌握必备的电子线路设计与调试技术，能够运用电路的定理、定律建立电路的分析计算方法，培养分析和解决实际问题的能力，并为后续专业课的学习和毕业后在工程技术岗位上的自学、深造、拓宽和创新打下坚实基础。本课程主要内容包括：电路的基本定律及基本分析方法、正弦交流电路、三相电路、电路的暂态分析、变压器、电动机、继电接触器控制系统、可编程控制器、半导体二极管及直流稳压电源电路、半导体三极管及放大电路、集成运算放大器及其应用、电力电子技术、组合逻辑电路、时序逻辑电路、半导体存储器以及模拟信号与数字信号的转换等。

12. 机械原理

本课程是机电一体化专业的一门主要课程，它是一门研究机械共性问题的，它的任务是使学生掌握机械和机械动力学的基本理论、基本知识和基本技能，并初步具有确定机械运动方案，分析和设计机械的能力。它在培养机械类高级工程技术人才的全局，具有增强学生对机械技术工作的适应性，培养其开发创新能力的作用。本课程主要内容包括：平面机械的结构分析、平面机构的运动分析、凸轮机构及其设计、齿轮机构及其设计、空间齿轮机构及其设计、轮系及其设计、其他基本机构、机械的平衡等。

13. 机械设计

本课程是机电一体化专业的一门专业基础课，是在机械原理的基础上，从深度和广度方面进行必要的开拓，是培养机械工程类专业学生机构设计能力，丰富机构设计知识的一门技术基础课程。通过学习，学生应当能够：掌握常用机构的结构、工作原理、应用特点，初步具有分析和选用常用机构的能力；具备机械通用零件、机械传动装置和简单机械设计的基本计算能力和标准选用能力；能查阅图表、标准、规范、手册、图册等有关技术资料；初步应用相关软件(如 ANSYS 等)进行设计能力，初步具备分析和解决生产实际中有关机械设备故障的能力。本课程主要内容包括：机械设计概论、机械零件的疲劳强度、摩擦学设计、传动总论及机械传动方案的设计、带传动、链传动、齿轮传动、蜗杆传动、螺旋传动、轴的设计计算、滚动轴承、滑动轴承、螺纹连接、弹簧、机械结构设计概论、轮与轴的连接、滚动轴承轴系结构设计、联轴器与离合器、润滑方式与密封装置等。

14. 微机原理与应用

本课程是工科学生学习和掌握微机硬件知识和汇编语言程序设计的入门课程。本课程的任务是使学生从理论和实践上掌握微机的基本组成、工作原理、接口电路、硬件的连接及其典型应用，建立微机系统的整机概念，使学生具有面向工业制造领域机电一体化设计开发的初步能力。由于本课程实践性较强，为培养出综合型的人才，还要上机实验，以培养学生的实际理解和动手能力，为今后从事计算机开发、应用提供必要的基础知识。本课程主要内容包括：微型计算机的基础知识、8086/8088 微处理器及其体系结构、8086/8088指令系统、汇编语言及汇编程序设计、存储器、输入输出及 DMA 控制器、中断系统和中断控制器 8259A、接口技术等。

15. 互换性与技术测量

本课程是机电一体化专业的必修专业基础课，在基础课与专业课之间起到桥梁作用。通过本课程的学习，学生应正确地理解标准化、互换性的基本原理，有关国家标准构成特点、内容，有关国家标准的基本概念、名称、术语、定义；正确地选用各类公差标准的原则；学会对机械产品零件进行几何精度设计计算的原则和方法；具备有关几何精度检测的基本能力；了解有关检测的基本原则；对我国互换性与技术测量学科的发展和现状有一定的了解。本课程主要内容包括：孔与轴的极限与配合、几何量测量基础、几何公差与检测、表面粗糙度与检测、光滑工件尺寸的检测、常用结合件的互换性、圆柱齿轮的公差与检测、尺寸链等。

16. 控制工程基础

本课程是机电一体化专业的必修专业基础课，主要介绍经典控制理论的基本原理和基本方法。通过本课程为进一步开展控制理论研究和从事控制领域的工程实践构筑扎实的理论基础，了解现代控制理论相关的基本方法。基本具备设计、具有分析控制系统的能力，为未来的学习与发展提供有力的理论支撑。本课程主要内容包括：线性定常控制系统数学模型的建立、控制系统的时域分析法、根轨迹分析法和频域分析法，系统设计与校正、采样控制系统的分析与设计，用描述函数法和相平面分析法分析非线性控制系统等。

17. 机械工程测试及传感技术

本课程是机电一体化专业的必修专业基础课，具有很强的工程实践性。该课程以机械工程中常见机械量的电测法为出发点，研究测试技术基础理论及信号变换、测量、实验数据处理方法的技术基础课，其目的和任务是使学生掌握测试系统的设计和分析方法，能够根据工程需要选用合适的传感器，并能够对测试系统的性能进行分析，对测得的数据进行处理，培养学生具有测试系统的机械技术、电子技术、计算机方面的总体设计能力，培养学生学会选择与运用合适的测试方法的能力，培养学生从事科学研究的初步能力。通过本课程的学习，学生应能达到较正确地选用测试装置并初步掌握进行动态测试所需要的基本知识和技能，为今后进一步学习、研究和处理机械工程技术问题打下基础。本课程主要内容包括：测试系统的基本特征、信号分析基础、信号调理及信号处理（含数字信号处理）、传感器技术、振动测试、噪声测试、机械参量测试、测试系统设计等。

18. 液压与气压传动

本课程是机械类专业必修的专业基础课。液压与气压传动是当代先进科学技术之一，它不但渗透在各种工业设备中，而且是科学实践研究，自动化生产的有机组成部分。通过本课程的学习，学生能了解和掌握液压与气压传动技术的基本知识，典型液压元件的结构特点和工作原理；掌握液压基本回路的组成，典型液压传动系统的工作原理；掌握液压传动系统的设计计算及其在工程实际中的应用等；对液压元件结构及液压传动系统有更深刻的认识，并掌握必要的实验技能和一定的分析和解决问题的实际能力。本课程主要内容包括：液压油和液压流体力学基础、常用液压元件的结构原理、液压基本回路、典型液压系统实例分析及气压传动等

19. 工程材料

"中国制造2025"指出：以特种金属功能材料、高性能结构材料、功能性高分子材料、特种无机非金属材料和先进复合材料为发展重点，加快研发先进熔炼、凝固成型、气相沉积、型材加T、高效合成等新材料制备关键技术和装备，加强基础研究和体系建设，突破产业化制备瓶颈。积极发展军民共用特种新材料，加快技术双向转移转化，促进新材料产业军民融合发展。高度关注颠覆性新材料对传统材料的影响，做好超导材料、纳米材料、石墨烯、生物基材料等战略前沿材料提前布局和研制。加快基础材料升级换代。

本课程是机电一体化专业必修的重要专业基础课，是从机械工程材料的应用角度出发，阐明工程材料的基础理论；了解材料的化学成分、加工工艺、组织结构与性能之间的关系；介绍常用工程材料及其应用等基本知识。通过本课程的学习，学生能掌握工程材料的基本理论知识和实验技能，获得有关金属学、热处理的最基本的理论以及常用工程材料的基本知识，初步了解工程材料的常用成型方法，达到具有合理选用工程材料、正确选定热处理工艺方法，妥善安排工艺路线等方面的初步能力。本课程主要内容包括：金属材料的性能、金属的结构与结晶、二元合金的相图与结晶、铁碳合金与铁碳相图、金属及合金的塑性、变形和再结晶、钢的热处理、合金钢、铸铁、有色金属及其合金、非金属材料、复合材料、机械零件的选材等。

20. 机械制造技术基础

本课程是机械类专业的一门与生产实践紧密结合的主要专业课。通过本课程的学习，学生获得有关机械加工工艺规程方面的基本知识；机械加工精度和机械加工表面质量的知识；机器装配工艺规程的制订和机床夹具设计的知识；具备查阅切削加工过程中的各种工艺参数和图册的基本能力；具有分析机械加工过程中出现质量问题的能力和具有设计中等复杂零件夹具的能力；熟悉制订工艺规程的原则、步骤、方法，同时配合生产实习、课程设计等实践性教学环节，使学生具有制定机械零件加工工艺规程和装配工艺规程的初步能力及专用夹具设计的初步能力。了解先进制造技术的发展及体系结构、现代设计技术、先进制造工艺技术、制造自动化技术和先进制造生产模式等基本知识，为以后从事制造行业工程技术工作、管理工作和决策工作打下基础。本课程主要内容包括：金属切削加工的基本知识、"六点定位原则"及定位误差的计算方法、常用机床夹具的基本知识、刀具的结构与选择、常用夹具的设计方法、典型零件加工工艺的编制及常用工艺装备的设计。

21. 三维设计仿真分析

本课程是机械类专业的一门专业选修课，介绍基于Pro/ENGINEER的机构运动学与动力学分析和仿真的工作流程，然后以机构设计及运动分析的基本知识为基础，用大量基本和复杂的机构实例详尽地讲解了Mechanism模块的基本操作方法，在重点讲解Pro/ENGINEER机构运动学及动力学仿真分析操作的同时，大量渗透机构分析设计及反向设计等方面的专业知识。本课程的目的和任务是：培养学生应用Pro/ENGINEER绘制三维图形的能力。要求熟练掌握Pro/ENGINEER的绘图环境，初步建模、草绘、特征的生成和加

入、特征操作、零件库的设定、零件设定与分析工具、装配基础，能够画出工程图样。通过对本课程的学习和上机实训操作，使学生能够熟练掌握 Pro/E 软件的三维零件设计和加工的理论及应用，提高计算机三维辅助设计的能力，为今后进行结构设计和解决工程实际问题提供必要的 CAD 知识和三维设计方法。本课程主要内容包括：机构运动学与动力学仿真简介、建立机构仿真分析模型、设置运动环境、运动学与动力学仿真、基本平面连杆机构的仿真与分析、齿轮机构的设计仿真与分析、基本凸轮机构的设计、仿真与分析、实例讲解等。

22. 机电控制技术

本课程是机电一体化专业的重要专业课，从机电一体化技术需要出发，为机械电子领域培养既具有较高的理论知识，又具备一定的分析和解决实际问题能力的高级技术人才。本课程是原理和应用并重，元件和系统紧密结合，实践性较强的专业课，集电机、电器、电工电子学、可编程序控制器、自动控制系统与一体，使学生了解机电传动控制的一般知识，掌握电机、电器、晶闸管等的工作原理、特性、应用方法，掌握常用的开环、死循环控制系统的工作原理及应用，掌握常用的机电传动断续控制；PLC 的原理及其应用技术；伺服控制、步进电机控制的工作原理、特点、性能、应用场所及设计，了解最新控制技术在机械设备中的应用，为学习后续课程与毕业后从事机电一体化工作打下理论基础和实践基础。本课程主要内容包括：常用低压电器、继电器控制的基本原理与线路分析、可编程控制器基础知识、小型 PLC 性能与指令系统、可编程控制器的程序设计、可编程控制器应用系统的设计、变频器的原理、选用和控制方法、步进电机控制的原理、选用和控制方法、掌握伺服电机控制的原理、选用和控制方法等。

23. 计算机测控技术

本课程是一门用以培养学生在机电控制领域以微型计算机为主进行控制设计能力的一门专业课程，是机电系统基础、自动控制理论、计算机技术和现代检测技术相结合的综合应用技术，它是计算机接口和控制技术在机电系统中的应用，是一门理论性和实践性都很强的学科，主要研究微型计算机检测和控制技术，研究如何将计算机接口技术和自动控制理论应用于机电系统工业生产过程，并设计出所需要的计算机控制系统，对机电一体化专业学生创新性培养具有深远的影响。通过本课程的学习，学生能获得机电系统中计算机接口技术和控制技术的基本理论和基本应用技术，掌握计算机接口和计算机数字控制技术的基本设计方法，初步具备分析和设计机电系统中计算机控制系统的能力。能够使学生对微机测控系统具有明确的基本概念，具备必要的基础知识，具有比较熟练的硬件连结、软件（如 Labview 软件、MCGS 组态软件等）设计能力、一定的分析能力和初步解决工业实践和科学研究中遇到的实际问题的实践能力。本课程主要内容包括：可靠性技术和抗干扰设计、过程通道技术、数字程序控制技术、线性离散系统的 Z 变换分析法、计算机控制系统的模拟化设计、计算机控制系统的离散化设计、计算机控制系统一般设计方法等。

24. 智能控制技术

本课程是一门既有理论又反映实践经验的专业课程，智能控制技术是在无人干预的情况下能自主地驱动智能机器实现控制目标的自动控制技术。对许多复杂的系统，难以建立有效的数学模型和用常规的控制理论去进行定量计算和分析，而必须采用定量方法与定性方法相结合的控制方式，智能控制则采取的是全新的思路，它采取了人的思维方式，建立逻辑模型，使用类似人脑的控制方法来进行控制。通过本课程的学习，学生能了解智能控制的基本概念，了解模糊控制、神经网络控制及遗传算法等的基本工作原理和基本设计理论及其在智能控制中的应用；了解先进的控制理论及其应用领域，掌握基本的智能控制系统原理及其设计方法；学会应用 MATLAB 模糊工具箱实现模糊控制器的设计，通过仿真试验，分析控制器的应用效果，使学生具备基本的模糊控制系统的设计与分析能力。本课程主要内容包括：智能控制的基本概念、模糊控制理论基础、模糊控制系统、人工神经元网络模型、神经网络控制论、专家控制、智能优化算法和集成智能控制系统等。

25. 机电一体化系统设计

本课程是机电一体化专业的重要专业课，机电一体化技术是微电子技术和计算机技术像机械工业渗透的过程中逐渐形成并发展起来的一门新型综合性学科，机电一体化技术的应用不仅提高和拓展了机电产品的性能和功能，而且使机械工业的技术结构、生产方式及管理体系发生了巨大的变化，极大提高生产系统的工作质量。通过本课程的学习，对于学生掌握机电一体化系统开发的基础知识，拓宽学生的知识面是很有意义的。本课程是学生在学完技术基础课、专业基础课之后的专业技术课程内容的综合应用，对于培养学生综合应用基础和专业知识，掌握以系统论、信息论和控制论为核心的机电一体化系统的设计基本原理和方法，掌握机电一体化技术的关键技术有着重要意义。本课程主要内容包括：机械系统部件及其设计、检测传感器及其接口电路、执行元件及控制、单片机及接口电路设计、机电一体化系统的抗干扰设计、机电一体化系统设计实例等。

26. 机械设备状态监测与故障诊断

本课程具有很强的工程实践性，是机电一体化专业的重要专业课，以监测机械设备的状态和诊断设备的故障为出发点，研究设备各种故障方法以及监测手段，其任务是使学生掌握机械设备状态监测与诊断技术的一般原理和方法，了解转轴组件、齿轮和滚动轴承的失效形式，掌握机械设备状态监测的测点布置、信号获取和监测系统构建方法，能够运用信号处理方法分析设备状态及提取特征信号并能诊断设备存在的故障，提出相应措施，避免不良事故的发生。通过本课程学习，学生能了解故障诊断技术的发展前沿和机械故障时域、频域及时频分析方法及其建模与识别，掌握转轴组件、滚动轴承和齿轮的失效形式及其诊断方法和转子动平衡理论与方法、振动监测技术、声学监测诊断技术以及润滑油样分析等，旨在使学生理解和掌握机械监测诊断领域的基础理论和方法及系统深入的专门知识，提高独立解决工程实际中设备运行维护与维修问题的能力，培养学生的科研创新能力。本课程主要内容包括：机械故障诊断的基本原理、故障诊断的信号分析与处理技术、振动诊断的理论基础、机械故障的振动诊断技术、机械故障诊断的油样分析技术、机械故障诊断的温度监测方法、无损检测技术、故障诊断的最新进展、设备常用的维修方法等。

27. 数控技术及其应用

本课程是一门专业理论与实践联系紧密的课程，是机电一体化技术的专业课，是采用计算机实现数字程序控制的技术。这种技术用计算机按事先存贮的控制程序来执行对设备的控制功能。由于采用计算机替代原先用硬件逻辑电路组成的数控装置，使输入数据的存贮、处理、运算、逻辑判断等各种控制机能的实现，均可以通过计算机软件来完成。数控技术是制造业信息化的重要组成部分。通过本课程的学习，学生能熟悉数控机床与数控系统的基本知识，掌握数控加工艺与数控编程的基本原理和方法，具备简单零件的数控编程能力，获得数控机床及其管理方面的基本知识；掌握数控加工工艺设计的主要内容、工艺分析方法、工艺路线设计、工序设计及数控加工工艺文件的编制方法；掌握数控车床、数控铣床、数控加工中心及数控电火花线切割机床的操作与加工；了解数控加工 CAD/CAM 方面的基本知识，掌握 UG NX4.0 等软件的应用。课程教学通过将理论教学与集中性实践教学相结合，培养学生制定数控加工工艺规程、进行数控编程及实际数控机床操作的能力。本课程主要内容包括：数控机床的特点与发展、数控加工编程、计算机数控系统、数控机床伺服系统、位置检测装置、数控机床中的 PLC 控制、数控机床的电气控制、数控机床的机械结构、数控机床的使用及维护等。

28. 机器人技术

本课程是机电一体化技术的专业课。机器人学是一门高度交叉的前沿学科，机器人技术是集力学、机械学、生物学、人类学、计算机科学与工程、控制论与控制工程学、电子工程学、人工智能、社会学等多学科知识之大成，是一项综合性很强的新技术。机器人技术是当今机电工程学科极为活跃的研究领域之一，它涉及计算机学科、机械学、自动控制、人工智能等多个学科，代表了机电一体化的最高成就。它是一门培养学生具有机器人设计和使用方面基础知识的专业课，主要研究机器人的性能分析与控制方法。通过本课程的学习，学生能掌握机器人运动学、静力学及动力学分析、机械系统设计、机器人传感器及语言和控制等方面的知识。本课程主要任务是培养学生掌握机器人运动系统设计方法，具有进行总体设计的能力；掌握机器人整体性能、主要部件性能的分析方法；掌握机器人常用的控制理论与方法，具有进行工业机器人控制系统设计的能力；了解工业机器人的新理论，新方法及发展趋向，对机器人有一个全面、深入的认识。培养学生综合运用所学基础理论和专业知识进行创新设计的能力。本课程主要内容包括：机器人的发展概况、机器人的结构、机器人的运动学及动力学、机器人的控制、机器人的环境感觉技术、机器人的编程语言、机器人系统等。

29. 机电系统计算机仿真

本课程是机械电子类专业课，它在机电系统设计和仿真等方面有着广泛的应用。科学技术的飞速发展，使得各种机械设备性能要求和机电液一体化程度不断的提高，传动的完成设备工作循环和满足静态特性为目的的设计方法，已不能适应现代产品的设计和性能分析，而对设备进行动态特性分析和采用动态设计方法，已成为机械设计中非常必要和方便可行的重要手段和步骤。通过本课程学习，学生能掌握仿真平台 MATLAB 的使用环境、语法规则和仿真基础，掌握 MATLAB 的基本命令和机电系统仿真方法，利用 MATLAB 语言，能在计算机上模拟和分析实际机电系统的动态特性，从而实现系统的动态设计。要求通过基本内容的学习和实践，掌握机械、电气、液压系统数学模型的建立和计算机仿真实现的方法，能完成一般系统的仿真研究与分析。以构建学生完整的专业知识体系。本课程主要内容包括：机电系统的动力学方程、动力学仿真软件和试验建模方法、面向动力学模型和面向实体模型的机电系统仿真分析方法、MATLAB 系统分析与设计工具、基于传递函数的伺服控制系统设计与仿真、基于状态空间模型的控制系统设计、模糊控制系统设计及仿真的应用、基于 dSPACE 的半物理仿真及辨识试验方法等。

30. 单片机原理与应用

本课程是机电一体化技术重要的专业课。本课程是以 MCS-51 单片机为范例学习微机原理的课程，是一门面向应用的、具有很强的实践性与综合性的课程。通过本课程学习，学生能获得微机原理的有关知识和在相应专业领域内应用单片计算机的初步能力，使学生掌握 MCS - 51 单片机原理与应用的基本知识，掌握汇编语言编程基础，掌握常用接口芯片和接口技术，特别是工业控制计算机接口技术，熟悉数字量的输入/输出和 D/A 及 A/D 转换，获得单片机应用系统设计的基本理论、基本知识与基本技能，掌握单片机应用系统各主要环节的设计、调试方法，为后续学习和工作打下较扎实的理论基础和准备必要的基础知识，加强设计与研究能力的培养，进而得到较好的工程实践训练和具有一定的工作适应能力。本课程主要内容包括：MCS - 51 单片机的内部结构、指令系统、汇编语言和 C 语言程序设计、并行接口和并行设备的扩展、单片机的人机接口、中断系统的结构与应用、定时器，计数器的原理与应用、串行接口与串行通信、模拟量接口以及单片机应用系统的设计技术。

31. 机电创新设计

本课程是机电一体化专业的一门专业课，在培养机电一体化人才的全局中，起着帮助学生积累创新经验、开阔技术视野、培养创新意识和创新精神、增强创新能力的作用。本课程以机电产品的创新设计为研究对象，围绕机构与机械传动设计着重阐述如何建立创新意识、启发创新思维，介绍机械创新设计的基础知识、基本原理与方法，并通过大量机械创新设计实例的分析力求理论联系实际。使学生掌握创新设计的基本原理与方法，构筑创新理念，启迪新机构的创造与发明，改善机构的结构设计，提高机构的传动能力，统一机构分析与综合的方法。本课程主要内容包括：创新思维与创造原理、创新技法、机构创新设计、机构变异创新设计、机械系统功能原理、机电一体化系统创新设计等。

32. 机械电子专业外语

本课程是机电一体化专业的一门专业课，以提高机械类专业学生英语阅读和翻译能力为主要目标。通过本课程的学习，学生将掌握本专业领域使用频率较高的专业词汇和表达方法，进而掌握一些快速、精确阅读理解专业文献的方法，理解传统的机电一体化技术思想和实现方法，提高国际交流能力并了解国际机电一体化领域的最新前沿动态。本课程主要内容包括：机械制图、机械原理、机械设计、公差、液压、金属材料、热处理、铸造、锻压、焊接、金属切削机床、刀具、夹具、计算机辅助设计、计算机辅助制造、柔性制造系统、计算机辅助编程、电火花加工、质量控制、数控原理与加工、电气控制、设备维护等方面的专业英语知识和术语。

33. 电气控制及 PLC 应用

本课程是机电一体化专业的一门重要专业课，是一门理论与实际结合非常紧密的课程。通过本课程的学习，使学生掌握常用电器元件的结构组成、工作原理、三相异步电动机的有关控制和设计问题及可编程序控制器(PLC)的原理以及使用的基本知识。使学生具有独立分析问题和解决一些实际问题的能力，参考相关资料能够独立完成较复杂线路设计和较高的动手能力，并为后续课程的学习打下一个良好的基础。本课程主要内容包括：低压电器及基本控制线路、电动机的控制线路、可编程序控制器基本组成和工作原理、三菱 FX 系列 PLC 的基本编程指令、三菱 PLC 的步进编程指令、三菱 PLC 的功能指令、西门子 S7 - 200PLC、西门子 S7 - 300PLC、PLC 网络通信等。

34. 电机与拖动

本课程是机电一体化专业的一门专业课。电能是现代大量应用的一种能量形式，电能的生产、变换、传输、分配、使用和控制等，都必须利用电机进行。在电力工业中，发电机和变压器是电站和变电所的主要设备；在工业企业中，大量应用电动机作为原动机去拖动各种生产机械；在自动控制技术中，各式各样的小巧灵敏的控制电机广泛地作为检测、放大、执行和解算元件。因此，本课程具有重要的地位和作用。本课程主要研究电机与电力拖动系统的基本理论问题，具有很强的理论性和专业性。本课程的任务是使学生掌握直流电机、变压器、交流电机的基本结构和工作原理，以及电力拖动系统的运行性能、分析计算、电机及拖动系统选择分析计算及试验方法，掌握各种控制电机的类别、构造及特点，各种控制电机在自动控制系统中的应用及发展方向，为相关专业课程准备必要的基础知识。该课程和科学实验、生产实际相联系，充分利用实验教学环节培养学生分析问题、解决问题的能力；通过实验建立本课程与相关系列课程的联系，架起理论与工程实践的桥梁。本课程主要内容包括：直流电机，直流电动机的电力拖动，变压器，交流电机的绕组、电动势和磁动式，异步电动机，三相异步电动机的电力拖动，同步电机，控制电机，电力拖动系统中电动机的选择。

35. 微机电系统技术

本课程为机电一体化专业的专业课程，涉及微机械学、微电子学、自动控制、物理、化学、生物学以及材料科学等学科，是一个多学科、高技术的边缘学科，在机械电子学科中具有重要作用，具有微型化、智能化、多功能、高集成度和适于大批量生产特点。通过本课程学习，学生能掌握微机电系统技术的相关知识，了解常见的产品包括 MEMS 加速度计、MEMS 麦克风、微马达、微泵、微振子、MEMS 压力传感器、MEMS 陀螺仪、MEMS 湿度传感器等以及它们的集成产品，拓展自身的知识面，培养探索微观世界的奥秘兴趣，提高探究和创新能力。本课程主要内容包括：微机电系统概述、微机电系统的材料、集成电路制造工艺基础、微机械加工技术基础、微机电系统的设计技术、微机电系统的系统技术、微机械系统检测技术、微机电系统的应用等。

参 考 文 献

[1] 刘杰，宋伟刚，李允供. 机电一体化技术导论. 北京：科学出版社，2006.

[2] 杨志勤，张子义，郭洪红. 机电一体化应用实例集锦. 北京：国防工业出版社，2008.

[3] 于爱兵，马廉洁，李雪梅. 机电一体化概论. 北京：机械工业出版社，2016.

[4] 王志刚，卜雄洙，李剑峰，等. 机电系统测试与控制，北京：机械工业出版社，2011.

[5] 邵泽强. 机电一体化概论. 北京：机械工业出版社，2015.

[6] 齐庆国，刘晓玲. 机电一体化系统设计. 吉林：吉林大学出版社，2015.

[7] 魏山虎，封士彩，等. 电梯故障诊断与维修. 苏州：苏州大学出版社，2013.

[8] 陈炳森，陈吉祥. 机电一体化技术应用. 北京：中国水利水电出版社，2015.

[9] 刘宏新. 机电一体化技术. 北京：机械工业出版社，2015.

[10] 丁继斌，封士彩. 机械系统设计与控制. 北京：化学工业出版社，2007.

[11] 黄海平. 轻松学机电一体化. 北京：科学出版社，2009.

[12] 刘秀霞，王淑霞. 机电一体化. 武汉：武汉大学出版社，2014.

[13] 张建民. 机电一体化系统设计. 北京：高等教育出版社，2014.

[14] 封士彩. 测试技术学习指导与习题详解. 北京：北京大学出版社，2009.

[15] 赵再军. 机电一体化概论. 杭州：浙江大学出版社，2005.

[16] 海伯勒·格雷戈尔. 机电一体化图表手册. 周正安，译. 长沙：湖南科学技术出版社，2014.

[17] Shetty D，Kolk R A. 机电一体化系统设计. 薛建彬，朱如鹏，译. 北京：机械工业出版社，2016.

[18] 计时鸣. 机电一体化控制技术与系统. 西安：西安电子科技大学出版社，2013.

[19] 郭文松，刘媛媛. 机电一体化技术. 北京：机械工业出版社，2017.

[20] 郑利霞. MATLAB/Simulink 机电一体化应用. 北京：机械工业出版社，2012.

[21] 赵泽华，王枭，张涛. 浅谈机电一体化技术. 机电技术应用，2017.

[22] 张利平. 液压气压传动与控制. 西安：西北工业大学出版社，2012.

[23] 梁景凯，曲延滨. 智能控制技术. 哈尔滨：哈尔滨工业大学出版社，2016.

[24] 王荪馨. 数控技术. 西安：西北工业大学出版社，2015.

[25] 魏巍. 机器人技术入门. 北京：化学工业出版社，2014.

[26] 苑伟政. 微机电系统（MEMS）制造技术. 北京：科学出版社，2014.

[27] 张碧波. 设备状态监测与故障诊断. 北京：化学工业出版社，2015.

[28] 邓星钟. 机电传动控制. 武汉：华中科技大学出版社，2005.

[29] 高森年. 机电一体化. 北京：科学技术出版社，2001.

[30] 戈平厚，刘松杨，等. 机电一体化基础. 哈尔滨：哈尔滨工业大学出版社，2000.

[31] 芮延年. 机电一体化系统设计. 苏州：苏州大学出版社，2017.

[32] 张华. 机电一体化技术应用. 北京：电子工业出版社，2002.

[33] 补家武,左静,等. 机电一体化技术与系统设计. 武汉:中国地质大学出版社,2001.

[34] 周祖德,陈幼平. 机电一体化控制技术与系统. 武汉:华中科技大学出版社,2003.

[35] 赵先仲. 机电一体化系统. 北京:高等教育出版社,2004.

[36] 刘金琨. 先进 PID 控制 MATLAB 仿真. 北京:电子工业出版社,2004.

[37] 王积伟. 现代控制理论与工程. 北京:高等教育出版社,2003.

[38] 诸静. 智能预测控制及其应用. 杭州:浙江大学出版社,2000.

[39] 张国良,曾静,等. 模糊控制及其 MATLAB 应用. 西安:西安交通大学出版社,2002.

[40] 王小平,曹立明. 遗传算法——理论/应用与软件实现. 西安:西安交通大学出版社,2002.

[41] 敖志刚. 人工智能与专家系统导论. 合肥:中国科学技术大学出版社,2002.

[42] 褚健,俞立,等. 鲁棒控制理论及应用. 杭州:浙江大学出版社,2000.

[43] 袁子荣. 液气压传动与控制. 重庆:重庆大学出版社,2002.

[44] 方昌林. 液压、气动传动与控制. 北京:机械工业出版社,2000.

[45] 何存兴,张铁华. 液压传动与气压传动. 武汉:华中科技大学出版社,2000.

[46] 张平格. 液压传动与控制. 北京:冶金工业出版社,2004.

[47] 熊静琪. 计算机控制技术. 北京:电子工业出版社,2003.

[48] 王平,肖琼,等. 计算机控制系统. 北京:高等教育出版社,2004.

[49] 赵玉刚,宋现春. 数控技术. 北京:机械工业出版社,2003.

[50] 黄家善. 计算机数控技术. 北京:机械工业出版社,2004.

[51] 关美华. 数控技术原理及现代控制系统. 成都:西南交通大学,2003.

[52] 贾建军,侯勇强. 数控编程与加工技术. 大连:大连理工大学出版社,2004.

[53] 蔡自兴. 机器人学. 北京:清华大学出版社,2000.

[54] 朱世强,王宣银. 机器人技术及其应用. 杭州:浙江大学出版社,2001.

[55] 王灏,毛宗源. 机器人的智能控制方法. 北京:国防工业出版社,2002.

[56] 封士彩. 测试技术实验教程. 北京:北京大学出版社,2007.

[57] 王伯雄,等. 工程测试技术. 北京:清华大学出版社,2006.

[58] 熊诗波,等. 机械工程测试技术. 北京:机械工业出版社,2006.

[59] 刘广玉,樊尚春,等. 微机械电子系其应用. 北京:北京航空航天大学出版社,2003.

[60] 李德胜,王东红,等. MEMS 技术及其应用. 哈尔滨:哈尔滨工业大学出版社,2002.

[61] 杨天兴. 气动技术的发展现状及其应用前景. 煤,2011(4).

[62] 王磊. 我国气动技术的现状及其发展趋势. 林业机械与木工设备,2013(5).